深海科学研究国际发展态势

高　峰　李超伦　主编

科学出版社

北京

内 容 简 介

　　本书选取深海生物多样性、洋中脊、海洋深层环流、深海生态系统、深海油气、深海矿产资源等深海领域，在综合分析这些领域国际组织和主要海洋国家的研究计划、战略规划报告的基础上，利用文献计量分析方法，对该领域的国际发展态势和热点问题进行了系统研究。

　　本书适合科研院所深海研究相关人员、高等院校师生阅读，也可作为海洋科学研究和管理人员的参考用书。

图书在版编目（CIP）数据

深海科学研究国际发展态势/高峰，李超伦主编. —北京：科学出版社，2020.6
ISBN 978-7-03-065271-3

Ⅰ.①深…　Ⅱ.①高…　②李…　Ⅲ. ①深海－科学研究　Ⅳ. ①P72

中国版本图书馆 CIP 数据核字(2020)第 090498 号

责任编辑：朱　丽　李秋艳　程雷星 / 责任校对：樊雅琼
责任印制：吴兆东 / 封面设计：蓝正设计

科学出版社 出版
北京东黄城根北街 16 号
邮政编码：100717
http://www.sciencep.com

北京虎彩文化传播有限公司 印刷
科学出版社发行　　各地新华书店经销
*
2020 年 6 月第 一 版　　开本：787×1092　1/16
2021 年 7 月第二次印刷　　印张：13　1/4
字数：310 000
定价：129.00 元
（如有印装质量问题，我社负责调换）

前　　言

　　海洋占地球表面面积的71%，蕴藏着巨大的能量和资源，与国家安全和领土权益维护、人类生存和可持续发展、全球气候变化、油气和金属矿产等战略性资源和能源保障等全局性、重大性和长久性问题休戚相关。深海面积分别占海洋和地球面积的92.4%和65.4%，深海蕴藏着人类社会未来发展所需的各种战略资源；同时，深海也成为世界上各先进国家试验、应用和展示高新技术装备的广阔天地。面对未来社会发展对深海资源和空间的巨大期望和需求，深海将成为未来较长时期人类认识自然的重点区域，在深海科学和技术领域产生革命性进步的潜力也非常巨大。

　　党的十八大报告明确提出"提高海洋资源开发能力，发展海洋经济，保护海洋生态环境，坚决维护国家海洋权益，建设海洋强国"的战略。建设海洋强国，首要的任务是提高海洋科技创新能力以及探索和认知海洋的能力，这是开发利用海洋和综合管控海洋的基础和保障。党的十九大报告指出："坚持陆海统筹，加快建设海洋强国。"

　　深海技术是几乎涉及当代所有科学技术领域的综合高技术系统，是一个国家勘探开发海洋资源、确保国家海洋经济可持续发展的重要手段，是海洋科学研究深入发展的关键因素。近年来随着海洋强国战略的推进，我国在深海研究领域的发展突飞猛进，一大批深海装备技术实现突破并投入使用，多个研究领域取得新进展，我国深远海研究正在进入创新突破期，处于从跟跑向领跑的关键转折期。通过定性定量结合的方法，综合分析国际深海研究发展的态势、研究前沿领域、研究热点问题，对我国开展远洋深海研究具有重要意义。

　　本书选取深海生物多样性、洋中脊（深海地质）、海洋深层环流、深海生态系统、深海油气、深海矿产资源等深海领域，在综合分析这些领域国际组织和主要海洋国家发布的研究计划、战略规划报告的基础上，结合德温特分析家和专利分析工具等定量分析方法，对该领域的国际发展态势和热点问题进行系统研究，以期通过这些领域的发展了解国际深海研究的发展态势和走向。

　　本书共8章。第1章是基于文献计量的深海研究国际发展态势分析，由高峰、王金平、刘燕飞、李超伦完成；第2章深海生物多样性研究国际发展态势分析由郭琳、张均龙完成；第3章洋中脊研究国际发展态势分析由王琳、张国良完成；第4章海洋深层环流研究国际发展态势分析由於维樱、唐晓晖完成；第5章深海生态系统研究国际发展态势分析由鲁景亮、李超伦、高峰完成；第6章深海油气资源勘探研究国际态势分析和第

7章深海矿产资源研究国际态势分析由吴秀平、王金平完成；第8章黑潮研究国际发展态势分析由张灿影、张启龙完成。因为黑潮是深远海与近海相互作用的产物，在深海研究中也具有重要地位，因此，也作为一章内容纳入本书中。

全书总体框架构想由高峰、李超伦、李富超、王金平、冯志纲完成，高峰、李超伦、李富超、王金平、冯志纲、吴秀平、陈春、王琳、郭琳、於维樱、张灿影和鲁景亮对初稿进行了统稿和修订。初稿形成后邀请有关专家召开了两次专题研讨会，对选题和报告内容进行了讨论，提出了重要修订意见。中科院海洋研究所孙松研究员、王凡研究员、王辉高级工程师、孙卫东研究员、国家深海基地管理中心刘保华研究员、中国海洋大学高会旺教授审阅了书稿并提出了宝贵意见和建议，中科院海洋先导专项办公室潘诚、孙永坤和赵君等参与了讨论，科学出版社的编辑们为本书的出版付出了辛勤劳动，在此一并感谢。本书由中国科学院战略性科技先导专项"热带西太平洋海洋系统物质能量交换及其影响"（XDA11000000）和青岛海洋科学与技术试点国家实验室鳌山科技创新计划项目"深海专项—总体战略研究"（2016ASKJ11）资助。

本书采取科技情报研究人员与一线科研专家相结合的方法进行资料收集和初稿撰写，之后采取个别专家征求意见和会议集中讨论的方法对初稿进行修订和完善。但由于参与研究人员的知识所限，不足之处仍在所难免，敬请读者谅解。

编　者
2019年6月

目　　录

第1章　基于文献计量的深海研究国际发展态势分析

本章利用汤姆森数据分析工具（Thomson data analyzer，TDA）和网络分析工具 UCINET 对科学引文索引扩展（science citation index expanded，SCIE）文献数据库 2007～2016 年国际深海研究文献数据进行了定量分析，以期揭示深海研究的国际发展现状、趋势和热点分布。分析结果表明：①国际深海研究论文在 2007～2016 年持续增长，美国、英国、德国和法国在深海研究领域的学术影响力最强，其中美国处于研究合作核心地位。②中国科学院、俄罗斯科学院和美国伍兹霍尔海洋研究所（Woods Hole Oceanographic Institution，WHOI）等是主要的发文机构，其中伍兹霍尔海洋研究所处于研究合作核心地位。③与国际深海研究联系最紧密的学科领域包括海洋与淡水生物学、海洋学、地球科学综合、生态学等。④深海研究的方向为深海生物多样性研究、深海营养环境研究、海底无脊椎动物研究，以及海底有孔虫类和食物网分析研究。⑤中国在深海领域的研究发展迅速，但国际影响力较为欠缺。未来，中国需要加强该领域气候变化、海洋生物等方向的研究，并借助高水平的国际合作，进一步提升国家和机构在深海研究方面的国际影响力。

1.1　引　　言

深海作为海洋系统的重要组成部分，蕴含丰富的矿产和生物资源，在整个地球科学和全球变化研究中都处于十分重要的地位。深海研究不仅支撑着国家发展的战略需求，还孕育着地球系统科学新的理论革命（秦蕴珊和尹宏，2011）。但是迄今为止，人类对于深海还知之甚少。深海研究是当前地球科学的前沿领域。人们对深海研究重视程度逐渐增加，国际上不断出现深海研究和探测计划，如"综合大洋钻探计划"、"国际大洋中脊计划"、欧洲"海底观测网计划"、美国和加拿大"海王星"海底观测网络计划、日本"新型实时海底监测网络计划"等，这些深海科学研究和探测计划的实施对深海科学研究的发展具有重要推动作用（郑军卫等，2013）。

鉴于深海科学研究的重要意义，国内外开展了许多关于深海资源开发、深海高新技术和深海生物群落等总体发展趋势的研究。例如，刘少军等（2014）对深海采矿研发现状进行分析后指出，深海资源开发竞争正迅速加剧；高艳波等（2010）对深海高技术发展现状及趋势的总结表明，深海油气资源开发技术和装备是国际海洋高技术竞争的热点，并将引领和支持深海油气产业发展；深海海洋平台（周振威和孙树民，2012）、深海潜水器（刘峰，2016）、滑翔机（俞建成等，2016）等技术开发研究受到高度重视（李硕等，2016）；深海微生物资源开发也成为国际争夺的焦点（赵峰和徐奎栋，2014；曾润颖和产竹华，2012）。以上研究主要侧重深海研究中的某一重点方向，且并未从文献计量这一角度进行分析。在深海领域研究的文献计量分析方面，顾笑迎等（2014）对1900～2012 年深海资源研究进行了文献计量分析，指出深海沉积物与深海生物资源是深海资源研究的热点；Belter（2013）基于文献计量分析总结了美国国家海洋和大气管理局（National Oceanic and Atmospheric Administration，NOAA）在大气和海洋领域的研究，但该研究只针对单一机构，并且重点不在深海研究上（Belter and Kaske，2016；张志强和王雪梅，2007）。

综上，深海研究已经受到广泛关注，为了对近年来深海研究整体状况进行把握，本章基于文献计量学的分析方法，采用数学与统计学方法描述、评价和揭示深海研究的现状、趋势和热点分布，以期为深海领域的相关研究和决策提供参考。

1.2　数据与方法

本书使用的方法是文献计量学方法，文献数据来源于美国科学信息研究所（Institute of Science Information，ISI）的 SCIE 数据库，该科技期刊文献检索系统收录了世界范围内各学科领域内最优秀的科技期刊，收录的论文能够反映科学前沿的发展动态。在 SCIE 数据库中，以检索式为"abyssal" or "dipsey" or "dipsy" or "bathybic" or "benthic" or "bathypelagic" or "hypobenthos" or "abyssalpelagic" or "bathythermograph" or "abysmal sea" or "deep sea" or "deep-sea" or "deep ocean" or "blue water" or ［（"deep-water" or "deep water"）and（sea or ocean）］按主题进行检索；分析数据时段为 2007～2016 年；数据库更新日期为 2017 年 11 月 10 日；文献类型包括研究论文（article）、学术会议论文（proceeding article）和研究综述（review）。共检索到深海领域研究文献 40 678 篇。

利用汤森路透集团开发的数据分析工具 TDA 进行科技期刊引文数据分析，利用社会网络分析工具 UCINET 进行文献数据挖掘与可视化处理。

1.3　结果与讨论

1.3.1　深海研究总体趋势

2007～2016 年 10 年间，全球深海研究领域共发表论文 40 678 篇。全球深海研究论文数量除了 2014 年回落（−9.1%）之外，其他年份均呈增长态势，年均复合增长率为

5.1%，最大年度增长率达 16.3%（2015 年）。以上深海研究相关文献的统计分析表明，2007～2016 年，国际深海研究在全球范围内受到持续关注（图 1-1）。

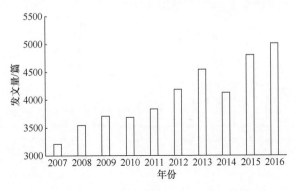

图 1-1　2007～2016 年深海研究论文总量的年代变化

1.3.2　主要研究力量

1. 主要国家

1）主要国家概况

2007～2016 年，国际深海研究较多的国家主要有美国、英国、德国、法国、中国、澳大利亚、加拿大等。其中，美国在该领域具有绝对优势，深海领域研究发文量占国际论文总数的 29.2%，并且总被引次数最高。英国、德国和法国在该研究领域具有较强的学术影响力，其中位居首位的是英国，篇均被引次数达 17.2 次/篇（表 1-1）。中国在深海研究领域显示出迅猛的发展势头，2007～2016 年发文量显著增加，年平均增长率达16.7%，远超德国（7.7%）、英国（5.8%）、法国（5.0%）、美国（4.5%）等国家（图 1-2）。虽然中国发文量位居全球第五，占比 7.9%，但篇均被引次数（8.7 次/篇）位列发文量前10 位国家的末位。以上分析凸显出中国虽然在深海研究领域发展迅猛，但仍然存在学术影响力尚显不足的问题。

表 1-1　2007～2016 年深海研究发文量前 10 位的国家

国家	发文量/篇	发文量占比/%	总被引次数/次	篇均被引次数/（次/篇）
美国	11 867	29.2	190 138	16.0
英国	4 682	11.5	80 645	17.2
德国	4 401	10.8	70 506	16.0
法国	3 682	9.1	59 862	16.3
中国	3 195	7.9	27 710	8.7
澳大利亚	2 781	6.8	42 601	15.3
加拿大	2 681	6.6	40 873	15.2
西班牙	2 680	6.6	34 648	12.9
意大利	2 513	6.2	33 788	13.4
日本	2 221	5.5	24 775	11.2

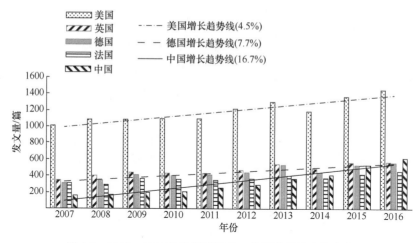

图 1-2　2007~2016 年深海研究前 5 位国家的发文量变化

2）主要研究国家研究主题

表 1-2 为发文量前 10 位国家主要的深海研究主题比较。结果表明，各国在深海研究领域除了大型无脊椎动物、富营养化、底栖生物、生物多样性、稳定同位素、沉积物和有孔虫类等共有的基本研究主题之外，还进行了各自的特色主题研究。例如，美国侧重气候变化、海水缺氧、珊瑚礁等特色主题研究；英国、德国、法国等国家侧重地域影响的南大洋、地中海、北极等主题和海洋生物学的新物种、生物地理学等主题；澳大利亚侧重珊瑚礁、气候变化、南大洋等特色研究。

表 1-2　发文量前 10 位国家主要的深海研究主题比较

国家	特色研究主题词	基本研究主题词
美国	气候变化、海水缺氧、珊瑚礁	
英国	气候变化、南大洋、生物地理学、地中海	
德国	生物分类学、南大洋、新物种、生物地理学、小型底栖生物、北极	
法国	地中海、热液喷口、新物种、气候变化、生物扰动、南大洋、数值模拟	大型无脊椎动物、富营养化、底栖生物、生物多样性、稳定同位素、沉积物、有孔虫类
中国	群落结构、热液喷口	
澳大利亚	珊瑚礁、气候变化、大型藻类、南大洋	
加拿大	气候变化、北极、热液喷口	
西班牙	地中海、南极洲、生物地理学	
意大利	地中海、小型底栖生物、南极洲、群落结构	
日本	生物分类学、新物种、热液喷口、浮游植物	

中国的研究主题有所不同，特色研究主题词偏重生态学和古海洋学与古气候学。比较而言，中国在深海研究领域需要加强气候变化、海洋生物学等方向的研究。

3）主要国家合作情况

在主要国家的深海研究合作方面，美国、德国、英国和法国处于合作的中心位置（图 1-3），这些国家的技术优势和研究实力是使其成为全球合作中心的主要因素。荷兰、意大利、西班牙等第二梯队合作国家，以及澳大利亚、加拿大、挪威等第三梯队合作国家在国际深海研究合作中也具有重要地位。中国在合作关系网络中处于中等偏弱的位置，主要与美国、英国、德国、加拿大和日本等国建立合作关系。

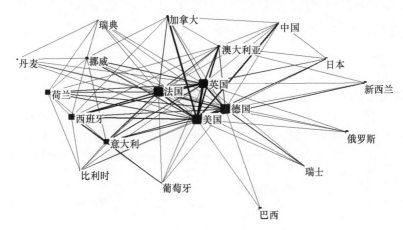

图 1-3　主要研究国家的合作关系

节点大小表示中心度；连线粗细表示相关度大小，后同

国际科研合作与交流不仅是科学发展的必然趋势，也是提升研究水平与研究影响力的重要途径。对中国而言，需要巩固与美、英、德、法等深海研究领域核心国家的合作关系，并拓展国际合作的范围，扩大深海研究影响力。

2. 主要机构

1）主要机构概况

从机构发文量来看，2007～2016 年，国际深海研究发文较多的机构包括中国科学院、俄罗斯科学院、美国伍兹霍尔海洋研究所、法国国家科学研究中心和法国海洋开发研究院等，见表 1-3。中国科学院发文量为 1103 篇，位列第一。从总被引次数和篇均被引次数等指标来看，美国伍兹霍尔海洋研究所的研究影响力优势突出，篇均被引次数达到 26.6 次/篇。中国科学院的篇均被引次数仅为 9.1 次/篇，与国际一流影响力的研究机构存在较大差距，因此，中国研究机构需要在未来进一步提升学术影响力。

表 1-3　2007～2016 年深海研究发文量前 10 位的机构

机构	发文量/篇	发文量占比/%	总被引次数/次	篇均被引次数/（次/篇）
中国科学院	1 103	2.71	10 085	9.1
俄罗斯科学院	760	1.87	4 768	6.3
美国伍兹霍尔海洋研究所	755	1.86	20 089	26.6
法国国家科学研究中心	632	1.55	9 267	14.7
法国海洋开发研究院	617	1.52	9 449	15.3
西班牙国家研究委员会	595	1.46	9 278	15.6
德国不来梅大学	588	1.45	9 289	15.8
日本东京大学	571	1.40	6 899	12.1
法国巴黎第六大学	567	1.39	9 457	16.7
美国地质调查局	554	1.36	7 945	14.3

2）主要机构合作情况

在机构间合作方面，美国伍兹霍尔海洋研究所处于核心地位，如图1-4所示。机构间的合作呈现出很强的区域性特点，主要可分为三个部分：以美国伍兹霍尔海洋研究所为中心的美国研究机构群、以法国海洋开发研究院为中心的欧洲研究机构群，以及由日本东京大学和日本海洋研究开发机构组成的日本研究机构群。值得注意的是，中国科学院在机构合作发文方面处于相对独立的位置，与三个研究机构群均未形成比较强的关联。与国家合作情况类似，对于中国的研究机构而言，促进与国际科研机构的合作与交流同样是其提升研究水平与研究影响力的重要途径。

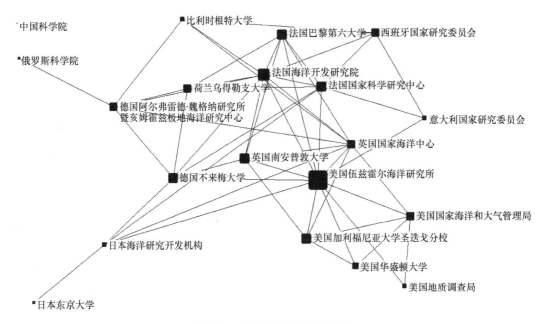

图1-4　主要机构研究合作关系

1.3.3　研 究 热 点

1. 学科领域分布

按照 SCIE 数据库的学科分类，全球深海研究的主要学科领域分布情况见图 1-5。2007～2016 年全球深海研究主要涉及的学科领域包括：海洋与淡水生物学、海洋学、地球科学综合、生态学、环境科学、古生物学、地球化学与地球物理学、多学科科学、水产学、动物学等。

2. 研究热点分析

1）高频关键词分析

通过统计所分析文献中的作者关键词得到，生物多样性（1062 次）、深海（1031 次）、

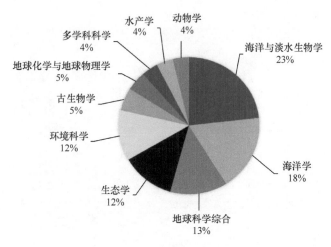

图 1-5　深海研究的主要学科领域分布

百分比表示该学科的文献数占全部文献的比例

有孔虫（966 次）、大型无脊椎动物（925 次）、沉积物（856 次）、底栖生物（819 次）、稳定同位素（708 次）、富营养化（738 次）、硅藻（557 次）、生物分类学（535 次）、群落结构（535 次）、气候变化（523 次）、生物扰动（439 次）、地中海（399 次）和鱼类（384 次）是出现频次最高的关键词。

通过对关键词归类组合发现，深海研究的热点表现为以下 5 类：①古海洋与古气候学，如有孔虫、沉积物、稳定同位素、生物地层学、气候变化、数值模拟、全新世、季节性、碳循环；②深海生态系统，如生物多样性、底栖群落、群落结构、生物扰动、食物网、初级生产、附生生物、入侵物种、栖息地；③深海生物物种，如大型无脊椎动物、底栖生物、底栖无脊椎动物、鱼类、多毛类、甲壳纲；④深海水体环境与水质监测，如富营养化、水质、硅藻、重金属、缺氧、海洋酸化、水框架指令；⑤热门海域，如地中海、南极洲、南大洋、北极、波罗的海、南海。

顾笑迎等对 1900～2012 年深海资源研究的文献计量分析指出，深海资源研究热点主要集中在 5 个方面：①生物物种、进化及多样性；②沉积物；③大洋环流与气候；④有机物；⑤生态环境与群落结构。与本章得到的深海研究热点对比表明，深海生物物种、进化及多样性、生态环境与群落结构、沉积物等深海资源研究热点是深海研究热点的重要组成。

2）关键词年度变化分析

利用 TDA 对排名前 30 的关键词进行年度变化可视化分析，见图 1-6。分析结果表明，大型无脊椎动物、底栖生物、生物多样性、沉积物、群落结构等一直是持续的研究热点；气候变化、珊瑚礁、有孔虫类、富营养化、生物多样性研究在 2007～2016 年持续增长，其中富营养化研究在 2008～2009 年、2011～2012 年和 2014～2016 年 3 个阶段研究突增；稳定同位素在 2007～2013 年增长，而自 2013 年之后出现衰退；生物扰动 2008 年以后出现衰退、2012 年增长之后再衰退再增长；大型无脊椎动物 2007～2013 年增长，随后出现了衰退。

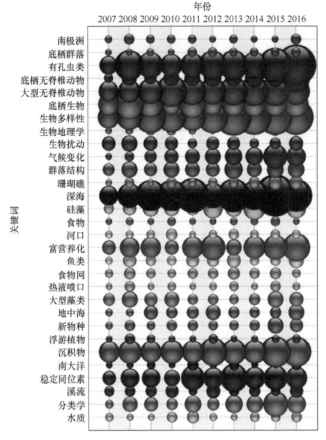

图 1-6　2007~2016 年深海研究前 30 个关键词的年度变化

3）热点关联分析

通过对所分析文献的高频关键词进行关联可视化分析（图 1-7），得到深海研究领域

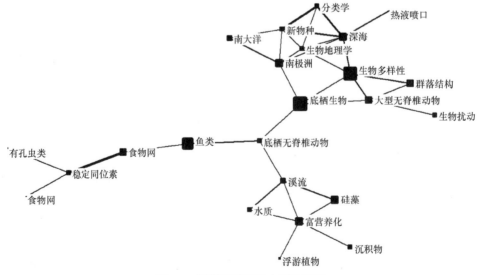

图 1-7　国际深海研究主题关系图

的关键研究方向：①以深海新物种、底栖生物为核心的深海生物多样性研究，并以此延伸出海底群落结构、生物扰动等海洋生态系统研究。②以富营养化为中心，延伸出的水质、硅藻、浮游植物等海洋营养环境研究。③基于稳定同位素分析的海底有孔虫类、食物网研究。

总结而言，国际深海研究的主要研究热点包括：①深海新物种的发现、分类与特征描述；②底栖生物群落的分布、结构、生物多样性、威胁与保护研究；③河口环境底栖生物研究；④全球变化对深海生物的影响；⑤海洋水体富营养化及水质监测；⑥全新世古海洋演变及特征研究；⑦基于稳定同位素分析的食物网研究。未来，随着深海研究新成果和新技术的不断进步，深海研究领域将迎来更大的研究热潮。

1.4　主　要　结　论

（1）2007～2016 年，国际深海研究论文的数量整体呈稳态增长趋势，在全球范围内受到持续关注。英国、美国、法国和德国在深海研究领域的学术影响力最强。其中，美国在深海领域的研究实力显著强于其他国家，并在合作网络中处于核心地位。

（2）深海研究主要的发文机构包括中国科学院、俄罗斯科学院、美国伍兹霍尔海洋研究所、法国国家科学研究中心和法国海洋开发研究院等，其中，美国伍兹霍尔海洋研究所具有明显的影响力优势。在机构间合作方面，美国伍兹霍尔海洋研究所处于核心地位。机构间的合作呈现出很强的区域性特点，主要的研究机构合作关系包括美国、欧洲和日本三个研究机构群。

（3）与国际深海研究联系最紧密的学科领域包括海洋与淡水生物学、海洋学、地球科学综合、生态学、环境科学、古生物学、地球化学与地球物理学、水产学、动物学、自然地理学。

（4）国际深海研究的关键主题包括生物多样性、深海、有孔虫类、大型无脊椎动物、沉积物、底栖生物、稳定同位素、富营养化、硅藻、生物分类学、群落结构、气候变化、生物扰动、地中海和鱼类等。深海研究热点分布在深海生物多样性研究、深海营养环境研究、海底无脊椎动物研究，以及海底有孔虫类和食物网分析研究。

（5）2007～2016 年，中国在深海领域研究势头迅猛，但在该领域研究影响力较为欠缺。研究机构中，中国科学院虽然在深海领域研究发表论文数量较多，但篇均被引次数较少，并在机构合作发文方面处于相对独立的位置。中国深海研究较为侧重生态学和古海洋学与古气候学领域，未来需要加强气候变化、海洋生物等方向的研究，包括：全球变化对深海生物的影响；深海新物种的发现、分类与特征描述；底栖生物群落的分布、结构、生物多样性、威胁与保护研究；古海洋演变及特征研究；海洋水体富营养化及水质监测；基于稳定同位素分析的食物网研究等。并借助高水平的国际合作，进一步提升国家和机构在深海领域研究的国际影响力。

另外，深海技术的发展是深海研究领域中的一项重要内容。本章对 SCIE 文献数据进行分析，可以反映 2007～2016 年全球深海研究的大体趋势。但对以专利形式发表的深海技术揭示不足，下一步的研究中需对专利文献进行深入分析。

参 考 文 献

高艳波, 李慧青, 柴玉萍, 等. 2010. 深海高技术发展现状及趋势. 海洋技术, 29(3): 119-124.

顾笑迎, 熊泽泉, 周健, 等. 2014. 基于 Web of Science 的深海资源研究文献计量分析. 现代情报, 34(6): 107-112.

李硕, 唐元贵, 黄琰, 等. 2016. 深海技术装备研制现状与展望. 中国科学院院刊, 31(12): 1316-1325.

刘峰. 2016. 深海载人潜水器的现状与展望. 工程研究——跨学科视野中的工程, 8(2): 172-178.

刘少军, 刘畅, 戴瑜. 2014. 深海采矿装备研发的现状与进展. 机械工程学报, 50(2): 8-18.

秦蕴珊, 尹宏. 2011. 西太平洋——我国深海科学研究的优先战略选区. 地球科学进展, 26(3): 20-23.

俞建成, 刘世杰, 金文明, 等. 2016. 深海滑翔机技术与应用现状. 工程研究——跨学科视野中的工程, 8(2): 208-216.

曾润颖, 产竹华. 2012. 深海微生物资源研究开发技术进展. 生命科学, 24(9): 991-996.

张志强, 王雪梅. 2007. 国际全球变化研究发展态势文献计量评价. 地球科学进展, 22(7): 760-765.

赵峰, 徐奎栋. 2014. 深海真核微生物多样性研究进展. 地球科学进展, 29(5): 551-558.

郑军卫, 王立伟, 孙松. 2013. 深海探测的新纪元即将到来. 中国科学院院刊, 28(5): 598-600.

周振威, 孙树民. 2012. 深海海洋平台发展综述. 广东造船, 31(3): 63-66, 77.

Belter C W. 2013. A bibliometric analysis of NOAA's office of ocean exploration and research. Scientometrics, 95(2): 629-644.

Belter C W, Kaske N K. 2016. Using bibliometrics to demonstrate the value of library journal collections. College and Research Libraries, 77(4): 410.

第2章 深海生物多样性研究国际发展态势分析

深海生境的特点通常是静水压力高、氧气浓度低、黑暗、寒冷、地质活动频繁且食物匮乏，还易受到深部水团和洋流的影响。深海不是一片荒漠，栖息着多个门类的物种。研究深海生物多样性有助于发现新的物种和生命形式甚至探寻生命起源，深海生物同时也是宝贵的基因多样性资源库。另外，研究深海生物多样性有助于理解光合和非光合作用食物链的物质能量流动，是对生态系统理论的重要补充。随着科技的发展以及人们探索深海大洋能力的增强，有关深海生物多样性的研究计划和项目日益增多。包括国际海洋生物普查计划（Census of Marine Life，CoML）、欧洲海热点生态系统研究及人类活动的影响（Hotspot Ecosystem Research and Man's Impact on European Seas，HERMIONE）、深海生态系统科学考察国际网络（International Network for Scientific Investigation of Deep-sea Ecosystems，INDEEP），以及超深渊生态系统研究计划项目（Hadal Ecosystems Study，HADES）等，获得了大量新发现和研究成果，凸显了该领域研究的国际地位。本章以 SCI-E 中检索到的 8605 篇深海生物多样性相关的研究文献为基础，分析了国际深海生物多样性相关研究的概况和不同时期的研究热点，归纳出国际深海生物多样性的研究热点主要集中在以下几个方面：①深海新物种发现；②深海物种多样性的成因、分布格局和扩散途径；③环境因子对深海生物多样性的影响；④深海生物群落的营养结构与营养循环；⑤深海生物多样化的适应机制；⑥深海生物资源开发利用；⑦人类活动对深海生物多样性的影响；⑧气候变化对深海生物多样性的影响。最后结合国际研究趋势，分析和总结了深海生物多样性研究的难点，对未来深海生物和生态系统的调查及深海生物资源开发利用提出了展望和针对性的建议。

2.1 引　　言

近年来，深海大洋由于其丰富的资源和特殊的政治地位日益成为各海洋国家争夺的战略区域（秦蕴珊和尹宏，2012；汪品先，2013）。深海一般是指水深在 200m 以上的海域，通常包括半深海（bathyal，水深 200～2000m，也称次深海）、深渊（abyssal，水深 2000～6000m）和超深渊区（hadal，水深大于 6000m，也称海斗深渊）（Gage and Tyler，1991）。

与陆地或浅海环境相比，深海环境显得较为"极端"，深海生境的特点通常是静水压力高、氧气浓度低、黑暗、寒冷、地质活动频繁且食物匮乏，还易受到深部水团和洋流的影响。由于水深 200m 以下的区域通常太阳光无法到达，无法进行光合作用，深海生物的食物来源通常为海洋上层及陆地的输入。但在海底热液喷口、冷渗口等特殊生境，还存在着以化能合成生产为基础的生态系统。随着技术的进展和深海调查的开展，越来越多的深海生境已被发掘和描述，包括海山、海脊、深水珊瑚礁、凹坑、碳酸盐丘、卤水池、裂隙及海沟和海斗深渊等不同类型的生境，其生物种类、区系及多样性状况也都各具特色。深海的环境是高度动态的，并非一成不变。而深海也不是一片荒漠，其中栖息着不同门类的物种。

从科学意义上看，研究深海生物多样性有助于探寻全新的物种和生命形式甚至生命起源；且深海生物也是潜在的食品、蛋白等的重要来源，蕴含着养殖生物新品种、微生物新菌种以及新结构化合物和代谢产物等。从生态意义来说，研究深海生物多样性有助于确立当前深海生物的区系和多样性等本底资料，为评估未来的变迁奠定基础，同时有助于理解光合和非光合作用食物链的物质能量流动，是对生态系统理论的重要补充。深海的生物多样性同时也是宝贵的基因多样性资源库，生长在深海环境的生命体发展了特殊的适应机制，如机体结构、酶系统及代谢产物等来生存和繁衍，具有与环境相适应的各种特殊能力，如耐低温、耐高压、耐盐性、耐高温、氧化还原能力、趋磁性、金属富集能力等。如果对执行这些特殊功能的基因加以开发利用，将会在工业、医药、能源等领域产生巨大的经济效益。

与传统的调查方式相比，多种新技术如水下机器人、载人深潜器、着陆器定点观测系统、可视化取样设备、环境调查仪器设备、水动力观测设备及水下影像系统等装备的应用，使得生物调查采集具备原位取样和定点探测能力，以及数据的实时处理、集成和传输能力，实现现场原位实验、船载实验与陆基实验室实验相结合，并且能够与地质、物理、化学、水文等环境因素相结合，深海生物的调查成为更加全面和深入的综合立体研究。

2.2　国际国内主要研究计划和行动

2.2.1　国际主要研究计划

1. 国际海洋生物普查计划

21 世纪伊始，在美国 Sloan 基金会大力支持下，80 多个国家 2700 多位科技人员参加了规模空前的全球海洋生物普查计划（2001～2010 年）（Ausubel et al.，2010；Costello et al.，2010；Snelgrove，2010）。该计划不仅要了解生物的组成、分布和数量，还要研究种群的过去（起源、发生）和现状，并预测其未来的发展趋势，厘清其过程和机制。CoML 计划强调要对全球海洋，特别是过去调查研究不足或尚未涉足的海域及生境（如海山、热泉、冷渗口等）进行调查及标本采集。CoML 计划经过 10 年的实施，使得海洋生物多样性研究与保护受到国际社会的空前重视和支持。截至 2011 年，该计划共发现 6000 多个可能的新物种，已完成 1200 多个新物种的认定（刘瑞玉，2011）。海洋生物普查计划中有三个深海生物相关的子计划，分别介绍如下。

1）深海海洋生物多样性普查

深海海洋生物多样性普查项目（CeDAMar）是 CoML 计划的 7 个初始项目之一。该项目的目标是描述深海真实的物种多样性，了解引起底内生物和底上生物物种多样性时空变化的因子。深海生物多样性调查将发展标准的方案，包括可靠的采集装置，以避免对脆弱的深海生物的损伤。标准方案将保证来自不同海域的结果在现在和将来都具有可比性。深海生物多样性普查也将致力于发展和试验新的、更有效的采集技术。采集的材料将使用现代的系统学方法进行分析。深海生物多样性普查也将提供关于动物组成、季节变化和深海生产力的知识基础（孙松和孙晓霞，2007）。

2）全球海山生物普查计划

全球海山生物普查计划（CenSeam）开始于 2005 年，主要针对两个主题：一是驱动海山生物群落组成和多样性的主要因子是什么？二是人类活动对海山群落结构和作用产生了什么影响？该计划致力于协调已有和即将进行的研究计划，促进新的海山调查研究；统一调查研究方法和数据获取方式，以便为不同研究计划开展比较和合作提供最大可能；并对数据信息进行综合分析，以获取新的认知和发现。该计划还将已有的数据进行整合，并建立了开放获取的海山数据库 Seamounts Online database（Stocks，2009）。海山海洋生物全球普查计划为海山生态系统建立了新的范例，提高了人们对海山的认知。

3）深海化能合成生态系统

海洋生物普查计划 CoML 提出在全球尺度上进行深海化能合成生态系统生物地理学（ChEss）的研究。ChEss 的主要任务是确定深海化能合成生态系统的生物地理学和生物多样性，了解其中的驱动过程。为此，ChEss 提议发展一个长期的国际研究计划，在关键位置不断探索和发现新的化能合成地点。ChEss 致力于研究深海还原型生境，如热液、冷泉、鲸尸、沉木以及与陆架边缘海和海山相交的低氧区的海洋物种的多样性、分布和丰度等。根据化能合成生态系统的类型，ChEss 的研究内容主要包括 3 个方面：热液、冷泉和其他还原型生境的生物多样性和生物地理学（孙晓霞和孙松，2010）。

2. 欧洲海底观测网络

2004 年，英、德、法等国发起了"欧洲海底观测网络"计划（ESONET），针对从北冰洋到黑海不同海域的科学问题，在大西洋与地中海选取 11 个海区（北冰洋、挪威海、爱尔兰海、大西洋中央海岭、伊比利亚半岛海、利古里亚海、西西里海和科林恩海以及黑海等）设站建网，进行长期实时海底观测（IOCCG）。整个系统包括约 5000 km

长的海底电缆。ESONET 将承担系列科学项目,如评估挪威海海冰的变化对深水循环的影响以及监视北大西洋地区的生物多样性和地中海的地震活动等。该计划希望将来囊括从北冰洋到黑海的所有欧洲水域,也将探索从冷水珊瑚到火山等更多的自然现象(李健等,2012)。

3. 深海和极端环境中物种和生态系统的时序模式项目

深海和极端环境中物种和生态系统的时序模式项目 DEEPSETS 项目是海洋生物多样性和生态系统功能计划 MARBEF(Marine Biodiversity and Ecosystem Functioning EU Network of Excellence)的重要方面之一。深海和极端环境的生物多样性和生态系统的长期改变研究相对不足,尽管欧洲有数个极端环境的长期研究位点,但各位点的研究并不一致。DEEPSETS 旨在对若干极端位点如深海沉积物、泥火山、热液喷口和海中洞穴等的生物多样性信息与近海海域位点进行比较研究(MarBef,2009)。

4. 欧洲海热点生态系统研究及人类活动的影响

欧洲海热点生态系统研究及人类活动的影响项目(HERMIONE)的起止时间是 2009 年 4 月~2012 年 9 月,该项目由欧盟第 7 框架计划资助,资助额度为 800 万欧元。项目旨在对欧洲深海边界关键部位的生态系统进行调查,包括海底峡谷、海山、冷泉、开阔的陆坡和深海盆底等。项目提出若干关键科学问题,如气候变化对深海生态系统的影响;深海生态系统功能的改变;人类活动的影响以及如何以可持续的方式使用海洋,从而适应或减轻这些影响等。项目目标是:调查深海生态系统的规模、分布及相互关系;了解关键影响因素如气候变化、人类活动及大规模偶发事件给深海生态系统带来的影响;了解深海生物的生物学功能和具体适应机制,并探讨生物多样性在深海生态系统中的功能;为利益相关者及政策制定者提供科学知识,为可持续性的资源管理和生态系统的保护提供支持。

5. 欧洲深海生态系统功能及生物多样性项目

欧洲深海生态系统功能及生物多样性项目(EURODEEP)得到了 9 个欧洲国家的资助,将进一步探测深海环境,描述深海物种和群落,增加对栖息地环境的物理和地球化学过程的了解。其目的是描述、解释和预测深海栖息地生物多样性的变化、深海生态系统的重要地位及深海和全球生物圈的相互作用。

6. 深海极端生态系统研究:技术推进项目

深海极端生态系统研究:技术推进项目(EXOCE/TD)为期三年,由欧盟委员会资助。主要目标是研发和测试仪器,以对深海生物多样性、深海栖息地、深海群落结构与环境动力学的关系进行研究。还包括可研究物种生理学的船载实验设备。

7. 深海生态系统科学调查国际网络

深海生态系统科学调查国际网络项目(INDEEP)的目标是促进对全球性深海生物

多样性的理解，并对成果进行综合，架设连接科研成果和公众的桥梁，实现可持续性的管理。该项目由项目总基金资助，第一个六年计划为 2011~2016 年。该项目目前共有来自 43 个国家或地区的超过 800 名成员参加。项目首期分为以下几个工作组协调开展工作：分类与演化、种群连通性、生态系统功能、人类活动影响和科学政策。

8. 超深渊生态系统研究计划项目

美国国家科学基金会支持的超深渊生态系统研究计划项目（HADES）由美国伍兹霍尔海洋研究所 Tim Shank 博士领导，使用全海深无人潜水器"海神号"和全海深着陆器对克马德克海沟进行科考研究，致力于解决海斗深渊生态学中最前沿的科学问题：确定海斗物种的分布和组成，海斗压力的作用，食物供给、生理学、深度和海底地形对深海生物群落以及海沟生命演化的影响。

9. 超深渊环境和教育项目

日本和英国资助的超深渊环境和教育项目（Hadeep），是英国和日本之间的一个国际合作项目，已经在全球 5 个海斗深渊中投放了全海深着陆器，对深渊生命科学开展系统研究。由英国阿伯丁大学和日本东京大学海洋与大气研究所共同承担，共有 4 个子项目。2006 年开始由日本基金会支持的第一个"日本–英国深渊科学与教育合作"项目，主要进行了环太平洋海沟的考察活动。2010 年法国基金会支持的 HADEEP 2 "深海食腐动物跨学科调查"启动。2012 年苏格兰海洋科学和技术联盟资助 HADEEP3 考察活动。2014 年启动了 HADEEP4。

2.2.2 国内主要计划和项目

1. 热带西太平洋海洋系统物质能量交换及其影响

中国科学院战略性先导科技专项（A 类）"热带西太平洋海洋系统物质能量交换及其影响"（Western Pacific Ocean System：Structure，Dynamics and Consequences，WPOS），面向国家重大战略需求和国际海洋科技前沿，以西太平洋及其邻近海域海洋系统为主要研究对象，从"海洋系统"的视角开展综合性协同调查与研究，在印太暖池对东亚及我国气候的影响机制、邻近大洋影响下的近海生态系统演变规律、西太平洋深海环境和资源分布特征等领域取得突破性、原创性成果，促进了我国深海研究探测装备的研发与应用，显著提升了我国深海大洋理论研究水平，为我国海洋环境信息保障、战略性资源开发、海洋综合管理、防灾减灾提供了科学依据。与此同时，打造了一支国际先进水平的深海科学研究与技术研发创新团队，促进了我国深海高新技术进步，实现了海洋科技跨越发展，为建设"海洋强国"提供了科技支撑。

2. 海斗深渊前沿科技问题研究与攻关

中国科学院战略性先导科技专项（B 类）"海斗深渊前沿科技问题研究与攻关"（Frontier Study on Hadal Science and Technology，FSHST）旨在发挥中国科学院在前沿科学和工程技术领域成建制的组织优势，以最有可能取得突破的前沿科学问题为研究方向，为建立我国的深渊科学体系打下基础；集成国内最好的工程技术力量，为深渊科学研究提供支撑，同时促进我国深渊技术装备体系和全海深关键技术的全面提升。该专项计划利用 5 年时间完成了 3 次深渊科考航次，突破了若干深渊探测关键技术，获取了深渊基础地质、环境和生命数据，初步形成了我国的深渊学科体系，形成了支撑我国深渊科学研究及探测的技术装备系统，培养出专业的深渊科技人才队伍，并最终建成国家级的深渊科技卓越中心。

3. 超深渊生物群落及其与关键环境要素的相互作用机制研究

国家重点基础研究发展计划（973 计划）"超深渊生物群落及其与关键环境要素的相互作用机制研究"项目，该项目计划历时 5 年，拟解决的关键科学问题包括：超深渊生物群落特征及空间分异机制，超深渊微生物的极端环境适应性机制，超深渊生物群落的营养和能量来源等。

2.3　深海生物多样性的文献计量分析

2.3.1　检索策略

利用美国科学信息研究所（Institute for Scientific Information，ISI）的科学引文索引（science citation index expanded，SCIE）数据库，采用文献计量的方法对国际深海生物多样性研究文献进行分析，了解国际该研究领域的研究概况及发展态势。

检索式为 TS=（（biodiversity or *fauna or species or communit* or *benthos or *plankton or taxonomy or biogeography or endemism* or biomass or biota）AND（Bathyal or Abyssal or hadal or "deep sea" or deepsea or "deep-sea" or "deep ocean"））。

文献类型：（article or review or proceedings paper or book chapter）。

时间跨度：2000～2015 年。

共检索到 8605 篇深海生物多样性相关的研究文献。整体来看，深海生物多样性相关的研究论文总体呈平稳增长趋势，偶有波动（图 2-1）。这表明该领域的研究受到越来越多的重视，可以预见，该领域的研究产出仍将继续增长。

2.3.2　主要研究力量

1. 主要国家

图 2-2 显示了发文量排在前 20 位的国家，可以看出，美国以 2678 篇文章遥遥领先其他国家。德国发表了 1357 篇，约为美国发文量的一半，位于第二，英国比德国稍逊，为 1305 篇，居第三位。中国发表了 421 篇，排名第十。排在中国前面的国家还有法国、日本、西班牙、意大利、澳大利亚和俄罗斯。

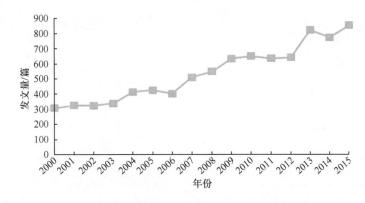

图 2-1　国际深海生物多样性研究发文量变化情况

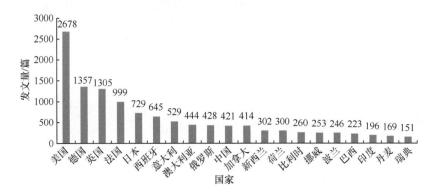

图 2-2　发文量前 20 位的国家

在深海生物多样性研究中，发文量前 30 位的国家间的合作关系使用 Ucinet 6 软件进行了可视化分析，结果如图 2-3 所示。美国位于合作网络的中心，几乎各大洲的国家均与美国有合作关系，美国所拥有的巨大技术优势和研究实力是其成为全球合作中心的主要因素。而德国和英国位于次中心，与美国的合作关系较为密切，除此之外，主要与欧洲国家进行合作。中国的主要合作对象是美国。

2. 机构分布情况

在深海生物多样性研究领域，发文量最多的机构是俄罗斯科学院，发表了 292 篇相关的研究论文，在俄罗斯科学院系统中，该领域主要的研究力量为希尔绍夫海洋研究所、远东分院海洋生物研究所和动物研究所等。美国伍兹霍尔海洋研究所发表了 275 篇，排名第二，法国海洋开发研究院发表了 251 篇，位居第三。中国科学院有 134 篇相关论文，排名 17 位（图 2-4）。

在机构合作方面，英国南安普敦大学、法国海洋开发研究院、德国阿尔弗雷德·魏格纳研究所暨亥姆霍兹极地海洋研究中心、美国伍兹霍尔海洋研究所、美国蒙特雷湾水族馆研究所等是国际深海生物多样性研究的主要合作机构，见图 2-5。

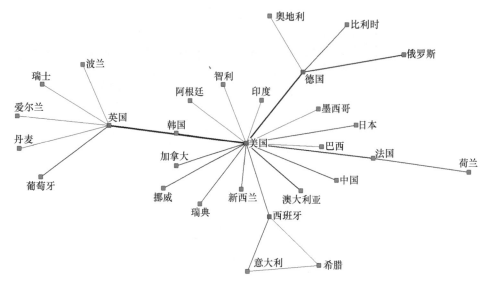

图 2-3　发文量前 29 位的国家合作情况

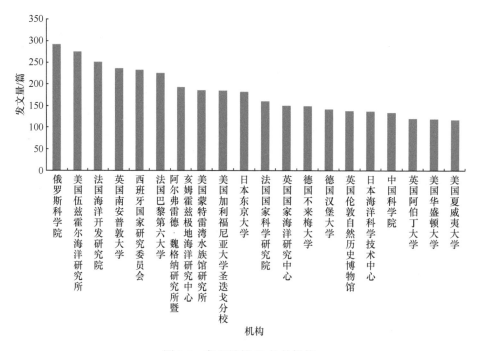

图 2-4　发文量前 20 位的机构

中国科学院与国家海洋局的合作最为紧密，在国际合作方面，主要与美国蒙特雷湾水族馆研究所开展深海生物多样性相关研究。

3. 热点学科门类

从学科年度发文变动来看，环境科学与生态学、地质学、海洋和淡水生物学、海洋学、微生物学和动物学等主要学科稳步增长，如图 2-6 所示。

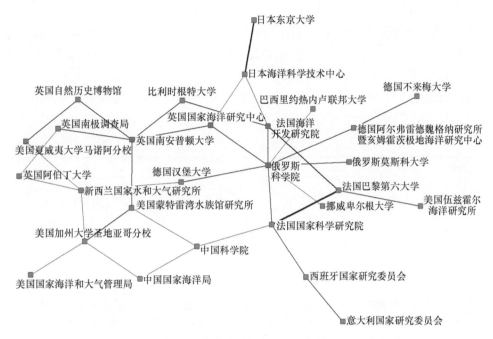

图 2-5　国际深海生物多样性研究主要机构的合作情况

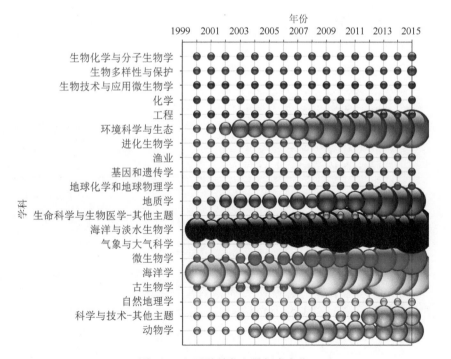

图 2-6　主要学科发文量年度变化

4. 主要期刊

从表 2-1 论文发表期刊来看，深海生物多样性研究论文主要发表的期刊为 *Deep Sea Research Part II：Topical Studies in Oceanography*、*Deep Sea Research Part I：Oceanographic Research Papers*、*Zootaxa*、*PLoS One* 和 *Marine Ecology Progress Series*。总体来看，深海生物多样性相关研究论文的发表期刊以深海或生物学相关期刊为主，这也符合深海生物多样性研究的学科特征。

表 2-1　深海生物多样性研究主要期刊

排名	期刊名	篇数
1	*Deep Sea Research Part II：Topical Studies in Oceanography*	468
2	*Deep Sea Research Part I：Oceanographic Research Papers*	402
3	*Zootaxa*	387
4	*PLoS One*	267
5	*Marine Ecology Progress Series*	265
6	*International Journal of Systematic and Evolutionary Microbiology*	192
7	*Palaeogeography，Palaeoclimatology，Palaeoecology*	164
8	*Marine Biology*	152
9	*Journal of the Marine Biological Association of the United Kingdom*	146
10	*Marine Micropaleontology*	119
11	*Applied and Environmental Microbiology*	102
11	*Biogeosciences*	102
13	*Environmental Microbiology*	100
14	*Progress in Oceanography*	99
15	*Polar Biology*	95
16	*Marine Ecology-an Evolutionary Perspective*	92
17	*International Society for Microbial Ecology*	82
18	*Fems Microbiology Ecology*	78
18	*Limnology and Oceanography*	78
20	*Paleoceanography*	73

2.3.3　基于作者关键词的主要研究内容分析

文章作者给出的关键词可以提供有关文章主题的重要信息，通过对关键词进行分析，可以获得研究前沿和趋势的相关信息，进而发现重要的研究方向（Chiu and Ho，2007；Liu et al.，2011；Sun et al.，2012）。2000~2015 年，深海生物多样性相关的文章共使用了约 13 374 个关键词，但其中 9963 个关键词仅被使用了一次，占 74.5%。1418 个关键词仅被使用了 2 次，占 10.6%。出现这些罕被使用的关键词，一方面说明涉及海山生物多样性的研究点较多，另一方面也反映了对同一科学问题进行持续性的研究较少，还有可能是潜在的新兴研究热点。使用频率最高的前 100 位关键词见表 2-2。

表 2-2 使用频率最高的前 100 位关键词

排名	关键词	使用频次	排名	关键词	使用频次
1	deep sea	1071	41	New Zealand	60
2	taxonomy	323	42	macrofauna	59
3	new species	303	43	Bathymodiolus	58
4	hydrothermal vents	272	43	bivalvia	58
5	biodiversity	211	43	community structure	58
6	diversity	180	43	continental slope	58
7	benthic foraminifera	172	43	deep water	58
8	biogeography	164	43	reproduction	58
9	Antarctica	152	43	symbiosis	58
9	Mediterranean	152	50	Gulf of Mexico	57
11	Crustacea	135	50	Isopoda	57
12	stable isotopes	126	52	deep-sea coral	56
13	meiofauna	117	53	deep-sea hydrothermal vent	54
14	Southern Ocean	115	53	paleoceanography	54
15	foraminifera	109	55	archaea	52
15	polychaeta	109	55	carbon cycle	52
17	16S rRNA	107	55	morphology	52
17	benthos	107	58	climate change	48
19	bathyal	99	59	abundance	47
20	distribution	95	59	Brazil	47
21	cold seep	94	59	meiobenthos	47
22	bacteria	90	59	metagenomics	47
23	sediment	85	59	Pacific Ocean	47
24	seamount	83	64	biogeochemistry	46
25	nematodes	81	64	porifera	46
26	phylogeny	80	64	submarine canyons	46
27	Amphipoda	75	67	biostratigraphy	44
28	deep-sea fish	73	67	Decapoda	44
28	evolution	73	67	fatty acids	44
28	Mid-Atlantic Ridge	73	70	megafauna	43
31	deep-sea sediments	71	70	new records	43
31	North Atlantic	71	72	species richness	42
33	Arctic	70	73	diet	40
34	cold-water corals	69	73	food web	40
35	Atlantic Ocean	68	73	new genus	40
36	fish	66	73	productivity	40
37	ecology	62	77	Lophelia pertusa	39
37	systematics	62	77	microbial diversity	39
39	abyssal	61	77	Ostracoda	39
39	Mollusca	61	77	temperature	39

排名	关键词	使用频次	排名	关键词	使用频次
81	phytoplankton	38	91	scavengers	35
81	Western Mediterranean	38	94	Bay of Biscay	34
83	oxygen minimum zone	37	94	South China Sea	34
83	species diversity	37	96	bioturbation	33
83	vertical distribution	37	96	calcareous nannofossils	33
83	zooplankton	37	96	fisheries	33
87	marine	36	96	Miocene	33
87	NE Atlantic	36	100	Arabian Sea	32
87	seasonality	36	100	copepoda	32
87	thermophiles	36	100	Cretaceous	32
91	biomass	35	100	lipids	32
91	pyrosequencing	35	100	organic matter	32

1. 主要研究生境

从表 2-2 对高频关键词的分析可以看出，深海极端环境特殊生境下的生物多样性研究是深海生物学研究的主要热点区域，包括以下几个生境。

1）热液喷口

热液喷口（hydrothermal vent）发现于 1977 年，通常位于海底火山活动频繁的地区，如洋中脊、构造板块边缘等，含有丰富矿物质和化学能量的水和气自海底喷涌而出。热液喷口支撑着独特的微生物、无脊椎动物（贻贝、蟹类）和鱼类等生物门类。与光合作用提供能量的生态系统不同，喷口处的食物链是基于转化硫化物为能量的硫化细菌。化能合成作用以及极端的物理化学条件，或为地球生命的进化提供线索。尽管在物种多样性方面，热液喷口处的群落可能不及周围的沉积物环境，但其生物量却比周围的深海高出 500～1000 倍。热液喷口处存在着群落演替，甚至可以通过栖居的动物群落推断热液流的年龄（Tunnicliffe et al.，2003）。如果热液流停止喷涌，则其周围营固着生长的生物可能会饿死。热液喷口处的生物或将成为有机化合物（如耐热性蛋白质）的来源，具有潜在的工业或医药价值。

2）冷泉

冷泉（cold seep）通常是指矿物质、硫化氢、甲烷或其他碳氢化合物的液体或气体在重力或压力的作用下发生泄漏或涌出海底区域。与热液喷口相比，冷泉处的排放物与周围海水的温度相近。与热液喷口类似，冷泉也维持着微生物的化能合成作用。冷泉处的群落也是生物量异常丰富，且通常存在着独特的物种。包括与利用甲烷或硫化氢作为能源的细菌共生的大型无脊椎动物等。冷泉处的生物随着与冷渗口距离的不同而呈现出空间变异性。尽管冷泉区存在着压力和毒性的极端条件，但甲烷氧化菌可在冷泉周围繁荣生长（Boetius et al.，2000；Niemann et al.，2006）。

3）海山

海山（seamount）自海底隆起，形成了特殊的地理构造，加之洋流和地形的影响，导致诸如洋流加速、泰勒柱（Taylor column）、内波等物理过程，使得海山形成特殊而又多样化的生物地球化学环境，影响沉积物的沉积速率、食物的丰富度、浮游幼虫的滞留和聚集以及海床的组成等（张均龙和徐奎栋，2013；张武昌等，2014），因而海山区生物多样性有着与周围深海相同而又不同的地方，甚至发育着特有的生物物种。研究表明，海山区是生物多样性的热点地区，吸引着顶级捕食者及迁徙物种（de Forges et al.，2000）。海山周围的深海鱼类正在日益受到商业捕鱼业的追逐，拖网捕鱼已对海山区的底栖群落造成严重的影响。对海山区分布的金属结壳进行开采的行为，以及对海山进行研究和调查，均会不同程度地对海山区的群落和多样性造成影响（Arico and Salpin，2005）。

随着科技的发展以及人们探索深海大洋能力的增强，有关海山生物多样性的研究日益增多，研究涉及诸多方面，主要包括：以海山为栖息地的生物有哪些？它们的分布规律和丰度如何？物种如何扩散到海山并栖居于此？海山是否是物种横跨大洋进行扩散的垫脚石？影响海山生物丰富度的因素是什么？等等。前已述及，国际海洋生物普查计划（CoML）自 2005 年以来启动了全球海山生物普查计划，获得了大量新发现和研究成果（Stocks et al.，2012），大大推动了海山区生物多样性的研究，也显示了海山生物多样性研究在深海生物多样性研究中的重要地位。

4）大陆坡

陆坡和陆隆占地球面积的 13%，通常分布在水深 200～3000m 的海底，大陆坡（continental slope）可以是单一斜坡，也可呈台阶状，形成深海平坦面或边缘海台。陆坡被沟谷刻蚀，加上断层崖壁，滑塌作用形成的陡坎及底辟隆起等，致坡形十分崎岖。大陆坡底质以泥为主，还有少量沙砾和生物碎屑。地貌和底质条件具有高度多样性，加之复杂的洋流条件影响，因而是生物多样性的热点地区，如冷水珊瑚礁等。

5）海斗深渊

"海斗"（hadal）一词是 Bruun 于 1956 年提出的（Bruun，1956），意思是海洋中最深的区域，也称海底超深渊区（ultra-abyssal zone 或 hadopelagic zone），此区域从大约 6000 m 深到海底（Briones et al.，2009）。其形态地貌一般可分为海沟（trench）和海槽（trough）两种。海沟深渊通常是由板块俯冲或断层导致的（Watling et al.，2013），而海槽深渊通常位于深海平原或洋盆。迄今，全球共发现 46 处海斗深渊，30 处位于太平洋，9 处位于大西洋，5 处位于印度洋，2 处位于南大洋，Jamiesson（2015）对海斗深渊区的物种进行了系统梳理和整合，发现海斗深渊处栖息着大部分的海洋生物类群，其中，分布最广、样品最多的门类是环节动物门多毛类（所有调查过的海斗深渊均发现了多毛类），其次是双壳类、腹足类和海参类。

2. 主要研究地点

从表 2-2 可以看出，热点的研究地点有南极（Antarctica）（152 次）、地中海（Mediterranean)（152 次）、南大洋（Southern Ocean）（115 次）、大西洋中脊（Mid-Atlantic Ridge）（73 次）、北大西洋（North Atlantic）（71 次）、大西洋（Atlantic Ocean）（68 次）、新西兰（New Zealand）（60 次）、墨西哥湾（Gulf of Mexico）（57 次）、巴西（Brazil）（47 次）、太平洋（Pacific Ocean）（47 次）等。有关南极和南大洋的研究论文数量较多，凸显了南极丰富的生物多样性资源及其重要性。

3. 主要研究方法和手段

1）稳定同位素

稳定性同位素（stable isotopes）标记及探测技术在对深海生物群落组成进行遗传分类学鉴定的同时，可确定其在环境过程中的功能，提供复杂群落中生物相互作用及其代谢功能的大量信息（林光辉，2010）。例如，Kotelnikova（2002）对深海底层的微生物生产和甲烷氧化进行的综述就涉及稳定同位素技术，而 Colaço 等（2002）则利用碳氮稳定同位素的方法研究了大西洋中脊热液喷口区域无脊椎动物之间的营养关系。

2）16S rRNA

16S 核糖体 RNA（16S ribosomal RNA，或简称为 16S rRNA）是原核生物的核糖体中 30S 亚基的组成部分。由于不同种的 16S rRNA 基因（16S rDNA，真核生物为 18S）是高度保守的，利用 16S rRNA 对各种生物进行系统发育研究由 Woese 和 Fox（1997）开创。利用 16S rRNA/rDNA 基因序列评价生物的遗传多样性和系统发生关系已得到普遍认同（Muyzer et al.，1993）。2003 年，Huber 等便利用 16s rRNA 的方法对深海火山喷发后的细菌多样性进行了检验（Huber et al.，2003）。

3）宏基因组学

宏基因组学（metagenomics），又称元基因组学、微生物环境基因组学。宏基因组学通过直接从环境样品中提取全部微生物的 DNA，构建宏基因组文库，利用基因组学的研究策略研究环境样品所包含的全部微生物的遗传组成及其群落功能。在短短几年内，宏基因组学研究已渗透到各个领域，包括海洋、土壤、热液口、冷泉、人体口腔及胃肠道等，并在医药、替代能源、环境修复、生物技术、农业、生物防御及伦理学等各方面显示了重要的价值（贺纪正等，2008）。Mason 等（2012）综合利用宏基因组学等方法对墨西哥湾深水地平线溢油事件对深海的微生物群落造成的后果进行了研究。

4. 主要研究方向

1）深海物种多样性及分类学

分类学（taxonomy）、新物种（new species）、形态学（morphology）、新记录（new records）；新属（new genus）、物种多样性（species diversity）等关键词高频地使用，说明了物种多样性研究、分类学研究和新物种发现及描述等依然是深海生物学研究中的热点，研究类群主要涉及从细菌（bacteria）到古菌（archaea）到原生动物有孔虫（foraminifera）到无脊椎动物各类群如甲壳动物（crustacean）、软体动物（mollusca）、珊瑚（corals）、多毛类环节动物（polychaeta）、线虫（nematodes）等，以及鱼类（fish）。深海栖居着几乎所有门类的动物，但人们对深海物种的认识还远远不够，因而新物种的发现和新记录种的描述在现阶段的深海生物多样性研究中占据重要地位。

2）深海生态学

生态学相关研究是深海生物多样性重要的研究领域之一。深海生态学研究中与底栖生物（benthos）相关的关键词使用较多，包括从小型底栖生物（meiobenthos）、大型底栖生物（macrofauna）到巨型生物（megafauna），浮游动物（zooplankton）和浮游植物（phytoplankton）也有较多研究。

生物群落及其组成成分、分布情况及其形成原因等也是重要的研究领域之一。相关关键词有：分布（distribution）、群落结构（community structure）、垂直分布（vertical distribution）、季节性（seasonality）、生物量（biomass）、丰度（abundance）、物种丰富度（species richness）等。尽管对深海群落分布的研究尚处于起始阶段，但仍有部分研究观察并记录了深海群落的演替（Kukert and Smith，1992）。

碳循环（carbon cycle）和生物地球化学（biogeochemistry）、食物网（food web）、生产力（productivity）、稳定同位素（stable isotopes）、脂肪酸（fatty acids）等关键词的使用，说明深海生物在生物地球化学循环中的作用也是研究的热点之一。诸多研究表明了深海生物在全球生物地球化学循环中的重要作用（Krembs et al.，2002；Jickells et al.，2005）。

3）生物地理学和系统演化

生物地理学（biogeography）、系统发生（phylogeny）、16S rRNA、系统学（systematics）、进化（evolution）、焦磷酸测序（pyrosequencing）等关键词的使用，说明了生物地理学和系统演化关系的研究也是深海生物多样性领域的研究热点，而分子生物学的研究手段被越来越多地应用于新物种鉴定、系统发生演化和生物地理学等研究中（Clague et al.，2012）。古海洋学（paleoceanography）、生物底层学（biostratigraphy）等也用来研究底质变动与生物的进化和扩布等。

4）环境或人类活动对生物多样性的影响研究

影响深海生物多样性的环境因素或人类活动也是目前研究的热点，相关关键词如沉积物（sediment）、深海沉积（deep-sea sediments）、共生关系（symbiosis）、气候变化（climate change）、食物（diet）、温度（temperature）、低氧区（oxygen minimum zone）、生物扰动（bioturbation）、渔业（fisheries）、有机质（organic matter）等。

2.3.4　深海生物多样性研究热点问题

1. 深海新物种发现及热点生物门类

物种多样性是生物多样性重要的组成部分。深海的地形地貌复杂、多样，加之生物物理耦合作用以及多变的水文条件，导致深海的生境极为复杂化、多样化。对生存在其中的物种的认知，包括新物种的发现、系统关系定位、物种多样性和生物区系相关的研究仍将是未来较长时间内深海生物及生态学研究的首要问题。以海山区为例，目前，*Seamounts Online*（Stocks，2009）中收录了 246 座海山调查所获取的 17 283 条生物记录，涉及的有效种近 2000 种（不包括悬疑种和未鉴定到种的记录）。海山存在的物种数可能远远比目前记录的要多。迄今，在几乎所有调查的海山中都发现了新物种（Stocks，2004）。

排名前 100 位的关键词中，生物门类相关的关键词排序见表 2-3。

表 2-3　涉及各门类的关键词及文章篇数

频次	门类关键词	中文名称
172	benthic foraminifera	底栖有孔虫
135	Crustacea	甲壳动物亚门
109	foraminifera	有孔虫
109	Polychaeta	多毛纲
90	bacteria	细菌
81	nematodes	线虫
75	Amphipoda	端足目
73	deep-sea fish	深海鱼
69	cold-water corals	冷水珊瑚
62	fish	鱼
61	Mollusca	软体动物门
58	Bathymodiolus	深海偏顶蛤
58	Bivalvia	双壳纲
57	Isopoda	等足目
56	deep-sea coral	深海珊瑚
52	archaea	古菌
46	Porifera	多孔动物门
44	Decapoda	十足目
39	lophelia pertusa	刺冠珊瑚（深水造礁珊瑚物种）
39	Ostracoda	介形亚纲
36	thermophiles	嗜热菌
32	Copepoda	桡足纲

从表 2-3 涉及各门类的关键词及文章篇数可以看出，以有孔虫为关键词的论文数量最多，其次为甲壳动物，包括端足目、等足目、十足目和介形亚纲等，多毛类、深海鱼类、冷水珊瑚、细菌和软体动物相关的研究也较多，均出现在前 100 位的关键词列表中。涉及有孔虫的研究最多，原因是其分布广泛，水体和沉积物中均有其存在，为海洋生物、海洋地质、古气候、古海洋等多个学科的研究对象。甲壳动物是深海十分重要的群落，尤其是等足类和端足类。通过改进采样方式、采用携带有诱饵的装置和观测设备等研究发现，在 8000m 以深的海域端足类是占主导地位的腐食性生物，在全海深范围同样繁荣生长，可以捕获数以万计的样品（Blankenship et al.，2006；Jamieson et al.，2009，Eustace et al.，2013）。而深海鱼类研究论文数量同样较多，由于深海鱼类的经济价值和使用价

值其日益成为商业捕渔业追逐的目标，但拖网捕鱼对深海的底栖生物群落造成了严重的影响，已受到广泛关注。在软体动物门中，双壳纲（Bivalvia）和腹足纲（Gastropoda）都是深海区物种和数量比较丰富的类群。

2. 深海物种多样性的成因、分布格局和扩散途径

深海的物种连通水平差别很大，在大洋尺度与局部范围内，海山、海沟、深海平原等的连通性均存在争议。有些物种扩散能力有限，只能在局部范围内分布；而有些物种能扩散到几百到几千千米以外，在相隔较远的深海生境都有分布。深海不同生境的物种起源和分布假说可谓百家争鸣，此处仅以海山物种分布假说为例。

（1）特有种假说与物种源汇假说（张均龙和徐奎栋，2013）。

过去几十年中，海山生物多样性研究的一个重大发现是在海山中发现了特有种。海山特有种假说（endemicity hypothesis）认为，海山的地理隔离、水文特点以及独特生境等产生的一系列机制，使得海山生物区系在生态和进化上都与深海其他生境相隔离，从而形成了较高比例的特有种（de Forges et al.，2000；Koslow et al.，2001；Stocks and Hart，2007）。泰勒柱（Taylor column）被认为是产生特有种现象的物种滞留机制之一（Parker and Tunnicliffe，1994；Mullineaux and Mills，1997）。泰勒柱是指稳定的海流在流经海山时形成的逆时针环流，将物种幼虫滞留和聚集于海山区域，使海山种群与邻近区域种群隔离，造就了海山的高物种多样性。海山孕育了适宜特定类群的多样化生境，许多类群汇集于此并达到非常高的种群密度，成为相邻海山、邻近深海环境或陆坡的物种资源库（Samadi et al.，2006；Stocks and Hart，2007；McClain et al.，2009；Clark et al.，2010）。由此，海山群落也可能成为周围其他非海山区或非最适生境中维持种群密度的幼虫源（McClain et al.，2009）。这被称为海山物种源汇假说（source-sink hypothesis）。

（2）孤岛隔离假说与绿洲假说。

海山的水文条件如泰勒柱等，将物种幼虫在海山区域滞留和聚集，使海山种群与邻近区域种群隔离（de Forges et al.，2000），使海山如同海洋中的岛屿，有着与周围的深海平原或深渊截然不同的生物区系，形成了海山独特的物种多样性。这被称为孤岛隔离假说（insular isolation hypothesis）。但有的少量的遗传学研究（Smith et al.，2004；Aboim et al.，2005；Samadi et al.，2006）不支持种群隔离的观点。而绿洲假说（oasis hypothesis）认为，突出的地貌特征和水团的相互作用使该海域营养物质丰富（Worm et al.，2003；Genin，2004），使得这一区域的物种较多、种群密度较大，但没有与非海山区的种群形成隔离。

（3）灭绝和替代假说。

对于海斗物种的起源，存在大量的争论。Bruun（1956）、Wolff（1960）、Emiliani（1961）等许多学者认为，海斗的动物区系较年轻，古近纪—新近纪后半期海底降温导致了大量物种灭绝，直到第四纪物种才逐渐重新栖居于此，因此现代深海和超深渊的物种都比较年轻；而 Zenkevitch 和 Birstein（1960）则认为，海斗作为避难所，保存了大量的不同时期迁移至此的古老生物。Belyaev（1989）认为这两种观点均是片面的，现代海斗深渊的群落形成于中生代和新生代，但群落的大部分是二次入侵形成的，而深海中

广布的群落很可能是古生代起源的。

（4）简单扩展假说。

Jamieson 等（2010）认为，海斗深渊区系的许多特征是浅水区域的扩展，不同海斗的物种组成之间的差异是所在海沟上方的颗粒有机物 POM 的数量和质量以及海沟的地貌不同造成的，而不是静水压力、温度或与深度相关的其他因素。但他们同时认为，随着化能合成生态系统研究的进展，应该将化能合成生产力的作用整合到新的假说中。迄今，海斗区的化能合成生态系统尚未得到充分研究，其原因之一是超深渊的化能合成地点如热液、冷泉等生境发现甚少。前已述及海斗深渊通常由板块俯冲作用造成，此处的地质活动活跃，而化能合成地点通常与活跃的地质活动有很大的相关性（Suess et al.，1998），相信随着研究的推进，未来会发现更多的化能合成生境，化能合成生态系统理论也会得以完善和补充。

（5）特有种假说。

Wolff 等认为，由于海斗超深渊的地理隔离、静水压力、水文环境及地形地貌特点造就了其独特的生境，海斗超深渊处的特有种比例很高（Wolff，1960，1970；Belyaev，1989）。也有学者认为，特有种是取样困难，人们对海斗深渊生态环境和功能的认知有限而造成的（Jamieson et al.，2010）。France 等对来自马里亚纳海沟、帕劳海沟和菲律宾海沟三处地理位置相互隔离的海斗端足目物种短脚双眼钩虾（*Hirondellea gigas*）进行了外表特征的量化分析（France，1993），结果表明各海斗栖息地的物种分化程度超过在自然界的随机分化程度，结果提示地理位置隔离的种群可能存在较少的基因交流，因而造成形态分化的差异。随着差异的扩大，特有种逐渐形成。Ritchie 等（2015）利用分子生物学的手段，对海斗深渊 Lysianassoidea 总科的端足目物种进行了物种的特有程度和系统发育分析，结果表明，对于该总科的物种间基因交流的隔离，深度起着更大的阻隔作用，而不是水平地理位置。

3. 环境因子对深海生物多样性的影响

影响深海生物多样性的环境因素很多。对不同的生境而言，各环境因子的影响也不一致。水深是影响深海生物多样性及区系的最重要因素之一（Rogers et al.，2007；McClain et al.，2010）。不同水深造就的环境因子差异，会影响底栖生物幼虫的沉降、存活率和生长等。以海山为例，海山群落随水深呈现出分带现象（Cartes and Carrasson，2004；O'Hara，2007；Lundsten et al.，2009）。海底地形与海流的相互作用，会影响沉积物沉积速率、食物的丰富程度、浮游幼虫的滞留和聚集、海床的组成等，从而影响底栖生物群落。珊瑚和其他滤食性生物通常聚集在地势较陡、海流较急的区域，而底内生物主要以斑块状分布在沉积物中（Levin and Thomas，1989；Lundsten et al.，2009）。生活在硬底质区的珊瑚和海绵等固着生物也为其他生物提供生境，提高了底栖生物的多样性（Henry and Roberts，2007），而在锰结核区生物稀少（Pratt，1967）。

4. 深海生物群落的营养结构与营养循环

深海生态系统及其功能与服务、深海化能合成初级生产力、海洋光合/非光合作用食物网、深海生态系统物质、能量循环等都是深海生物多样性和生态学的研究热点。深海中的微生物及其宿主的共生关系，同样也是该领域的研究热点（Olu-Le Roy et al.，2004）。

　　外来生产力在深海物种多样性和丰富度的形成过程中起着重要的作用。Gallo 等（2015）对分别位于新不列颠海沟（New Britain Trench）和马里亚纳海沟的海斗深渊生物多样性进行了比较，目的是比较生产力的差异对底层或底栖群落结构的影响，发现在食物较为丰富的新不列颠海沟，物种多样性和丰富度均较马里亚纳海沟高，这表明了外来生产力的重要作用。

　　深海化能合成生产力也是重要的海洋初级生产力来源。深海化能合成生态系统主要包括热液、冷泉、鲸尸、沉木生态系统以及由其他高度还原型生境形成的生态系统，这些极端生境同样会对深海物种的分布产生影响。Fujikura 等（1999）描述在日本海沟 7326 m 处的硫化物化能合成生境中，一种双壳类索足蛤新物种 *Maorithyas hadalis* 在此处聚集分布，而此处的群落也被认为是迄今发现的最深的化能合成作用支撑的动物群落。利用分子生物学等多种手段，对化能合成细菌的进化关系和遗传多样性进行研究，也是近年来的研究热点之一（Fujiwara et al.，2001；Imhoff et al.，2003）。鲸尸和沉木会为营养贫瘠的深海带来丰富的养分，通常支撑着独特的生物群落。多项研究表明，在鲸尸和沉木的降解过程中，会产生高浓度硫化物并形成类似于热液和冷泉的还原型生境，从而吸引化能合成细菌栖居（Smith and Baco，2003；Treude et al.，2009；Bernardino et al.，2010；Bienhold et al.，2013）。曾有假说认为，鲸尸和沉木可作为热液和冷泉群落进化的跳板（Baco et al.，1999；Distel et al.，2000）。

　　深海生物在海洋营养循环过程中均发挥了重要作用。如果没有深海生物，海洋透光区的初级生产力将会崩溃。据估算，深海沉积物中的微生物占全球原核生物总量的 70%（Beman et al.，2012）。深海微生物在海洋的 C、N、S 等元素的生物地球化学循环中发挥了不可替代的作用（李学恭等，2013）。

5. 深海生物多样化的适应机制研究

　　深海的静水压力比海洋表面甚至高出 1100 倍，且深海的氧气浓度低、黑暗、寒冷、地质活动频繁且食物匮乏，因而深海处生存的物种具有其独特的适应机制和生存策略。

　　渗透调节物质：深海环境静水压力高，研究发现，一些有机物分子在调节细胞的水分平衡之中起着重要作用，这些分子被称为 piezolytes（Martin et al.，2002）。氧化三甲胺（trimethylamine oxide，TMAO）就是其中的一种，研究发现，深海硬骨鱼体内 TMAO 的含量随着深度的增加而增加（Kelly and Yancey，1999；Samerotte et al.，2007）。进一步的研究表明，TMAO 在抵抗静水压力对酶动力学和蛋白质稳定性及装配的影响中发挥着重要作用（Yancey and Siebenaller，1999；Yancey et al.，2001，Yancey et al.，2004）。然而，在海洋最深的 8400～11 000m 处，迄今尚未发现鱼类的存在（Yancey et al.，2014），Yancey 等（2014）认为，TMAO 的含量决定着硬骨鱼的分布，8200m 深处为等渗状态，这是首次有研究提出假设，将静水压力作为鱼类分布下限的障碍因素。

　　细胞膜流动性：随着深度的增加，水压升高而温度降低。对深海细菌的膜脂不饱和度的研究表明，随着深度的增加，这些细菌细胞膜的不饱和脂肪酸含量也在增加（Fang et al.，2000）。细胞膜不饱和度越高则双键数越多，而双键的弯曲导致分子间的距离增大，结合不如饱和链紧密，因而流动性增强，可使膜在低温下保持流动状态而不凝固（席峰等，2004）。

脂质含量：深海通常为寡营养的环境，海洋生物通常会储存脂质作为能量以应付长时间的食物匮乏和饥饿状态（Lehtonen，1996）。Massimo Perrone 等（2003）对超深渊端足类物种 *Eurythenes gryllus* 的脂质含量等生化成分进行了测定，通过对数值的比较认为超深渊的端足类比浅水区的物种更加依赖于脂质的储量。

代谢速率：有研究认为，由于到达深渊的食物有限，极低的呼吸速率与代谢速率被认为是一种深海生存的适应策略（Childress，1971；Collins et al.，1999；Treude et al.，2002）。而近些年来，有研究人员提出"视觉互作假说"（visual interactions hypothesis），认为深渊环境黑暗，阳光无法透入，捕食者与猎物无法看清彼此，追逐躲避的过程和距离较光亮处短，因而运动能力不强，相应降低了代谢速率（Childress，1995；Seibel and Drazen，2007）。

柔性结构：Sabbatini 等（2002）在阿塔卡马海沟（Atacama Trench）的一处 7800m 的海斗区域样品中发现了 546 个软壳有孔虫，Jamieson 等（2010）在日本海沟一处 7703m 的海斗区发现了 3 只软壳腹足纲样品，以及 Gooday（1996）等在 4845～4950m 的深海发现多种软壳有孔虫样品，正是这些软壳物种的发现，包括 Jamieson（2015）在内的一些研究人员认为深渊或超深渊柔软钙质外壳或许也是一种深海适应策略。

巨大体型：多个深渊甲壳动物类群中，有巨大体型物种出现，如端足类物种 *Alicella gigantea*，体长甚至接近 30cm（Jamieson et al.，2013）。Wolff（1960）认为这或许与静水压力对代谢产生的影响有关，Belyaev（1989）也认为，这可能与极低的温度和极高的静水压力有关。但产生巨大体型物种的具体的生物学机制尚不清楚。

特殊消化酶：深海处也存在着鲸尸和沉木等特殊生境，Kobayashi 等（2012）的研究表明，马里亚纳海沟 10 897m 深的海斗沉木处，端足目物种 *Hirondellea gigas* 可以取食植物作为碳源和能源，其体内甚至进化出了特殊的植物纤维消化酶。

6. 深海生物资源开发利用研究

前已述及，深海生物也是潜在的食品、蛋白等的重要来源，蕴含着养殖生物新品种、微生物新菌种以及新结构化合物和代谢产物等。深海的生物多样性同时也是宝贵的基因多样性资源库，生长在深海环境的生命体发展了特殊的适应机制及机体结构、酶系统及代谢产物来生存和繁衍，具有与环境相适应的各种特殊能力，如果对执行这些特殊功能的基因加以开发利用，将会在生物污损防护、抗冷冻剂、抗凝血剂、食物防腐、抗氧化剂及药品和功能基因等领域产生巨大的经济效益（Leary et al.，2009）。从数个深海热液喷口的物种提取的 DNA 聚合酶已经投放市场，并广泛应用于生命科学研究和医疗诊断行业（Leary，2006）。从深海海绵中提取的抗肿瘤药物已经进入临床试验阶段（Fenical et al.，1999）。还有研究表明，深海物质已被用来制造防晒指数更高的防晒乳液（Arico and Salpin，2005）。深海"嗜冷酶"的研究和开发利用也是重要的研究方向之一（Gerday et al.，2000）。从深海热液喷口分离的微生物胞外多糖可作为新型骨修复材料，在骨疾病的治疗及骨组织再生方面具有相当大的潜力（Zanchetta et al.，2003）。

7. 人类活动对深海生物多样性的影响

深海及其蕴含的巨大资源已成为各国追逐的目标。深海渔业、碳水化合物及天然气水合物发掘和开采、深海管道架设、深海采矿、废弃物污染、海洋科研和调查、海底电缆铺设、军事监测和航运活动等均会不同程度对底栖生物造成影响。渔业捕捞作业尤其是底拖网作业破坏严重（Koslow et al.，2001；Althaus et al.，2009；Clark Rowden，2009）。由于深海有富钴锰铁矿石、锰结核、多金属硫化物等，可用来开采铜、锌、铅和金、银等贵重金属（Glover and Smith，2003；Davies et al.，2007），这将对海山生态系统构成巨大的威胁。矿物质开采带来的物理扰动，直接或间接地影响了沉积物的悬浮和沉降，从而影响了生活于此的底栖生物（Glover and Smith，2003）。深海底栖生态系统对人类干扰的耐受力较低，而且受干扰后恢复周期较长。以海山为例，根据现有研究，海山区底栖生物群落，尤其是与陆地或其他海山相隔较远的海山，群落一旦受到破坏，恢复需要几十年甚至几百年的时间（Probert et al.，1997）。

8. 气候变化对深海生物多样性的影响

在深海生物多样性的研究领域，与气候变化相关的研究也是热点科学问题之一。尽管气候变化和人类活动对深海造成的影响仍难以预测，但水体的化学和温度变化，以及脆弱生境遭到破坏，已经导致了生物多样性的巨大变化。诸多在深海环境中生存的物种，其温度适应范围较窄，因而环境的突然变化可能会导致其无法适应并造成严重的后果。尽管气候变化对深海洋流的影响人们还知之甚少，但深海洋流的改变也会对深海生物多样性造成影响。气候变化也会造成初级生产力下降，从而减少沉降到海底的营养物质，减少深海生物重要的食物来源。

9. 深海生物多样性的保护

目前，世界各国已经意识到深海资源和环境所受的破坏，一些相应的政策、法规也在不断完善之中。保护深海生物多样性的最终目的是在保护和利用之间寻求平衡，以实现可持续发展。国际海底管理局已经采取措施对海洋科研、探矿和勘探活动产生的威胁进行有效管理。总体而言，在深海生物资源研究和开发时应作整体规划，确保生态安全，并注重高效利用，避免引起破坏；世界各国应该遵守《联合国海洋法公约》（United Nations Convention on the Law of the Sea，UNCLOS）和《生物多样性公约》等的规定，以平等、合理、有序的方式开展利用（金建才，2005；徐冰冰等，2009）。深海的保护区已有诸多有益的尝试，如南极海洋生物资源保护委员会（the Commission for the Conservation of Antarctic Marine Living Resources）针对南极的深海渔业及深海保护区的建议，已被诸多国家采纳（Gjerde，2007）。

2.3.5　研究趋势及研究前沿分析

前 30 位的关键词年代变化情况如图 2-7 所示，可以看出，近年来增长迅速的关键词有：

半深海（bathyal）：2010～2012 年为 19 篇，2013～2015 年迅速增加到 39 篇。

多样性（diversity）：由 2007～2009 年的 32 篇，2010～2012 年的 42 篇，增加到 2013～2015 年的 53 篇。

热液喷口（hydrothermal vents）：2001～2003 年为 29 篇，2013～2015 年为 67 篇。

小型底栖生物（meiofauna）：2010～2012 为 20 篇，2013～2015 年增加到 44 篇。

大西洋中脊（Mid-Atlantic Ridge）：2010～2012 年为 18 篇，2013～2015 增加到 27 篇。

新物种（new species）：新物种关键词的使用，呈现阶梯状趋势，2001～2003 年仅为 9 篇，2004～2006 年迅速增加到 45 篇，2013～2015 年增加到了 96 篇。

多毛纲（Polychaeta）：由 2010～2012 年的 17 篇，增加到 2013～2015 年的 36 篇。

稳定同位素（stable isotopes）：由 2010～2012 年的 31 篇，增加到 2013～2015 年的 44 篇。

分类学（taxonomy）：与 "new species" 的使用趋势类似，2001～2003 年仅为 10 篇，2004～2006 年迅速增加到 44 篇，2013～2015 年迅猛增加到了 121 篇。

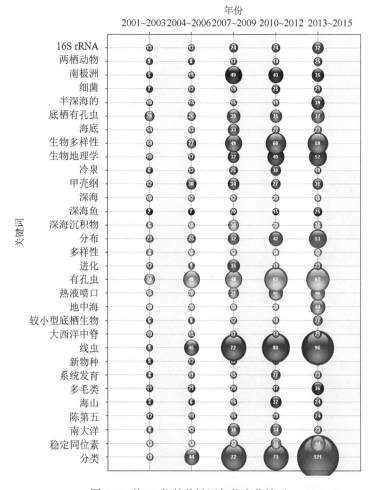

图 2-7　前 31 位的关键词年代变化情况

除了前 30 位的关键词之外，对 2014～2015 年超过 5 次的关键词，以 3 年为一组进行了分组比较。

近 9 年新兴关键词如图 2-8 所示。

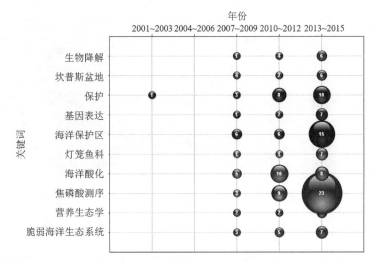

图 2-8 2007～2015 年新兴关键词

生物降解（biodegradation）：深海沉积物中的有些细菌物种具有多种降解能力，包括苯、甲苯、二甲苯等（Wang et al.，2008），甚至可以降解石油，墨西哥湾深水地平线事件发生之后，对深海生境和深海物种均造成了影响，因而对深海石油降解菌的研究也是新兴研究领域之一（Bacosa et al.，2015）。

保护（conservation）：深海环境的保护也是近年来上升趋势明显的研究领域之一。在所研究的 16 年时间内，除 2001～2003 年出现过一次之外，该关键词几乎全为近 9 年的论文所使用，凸显了深海研究对海洋保护的重视。

海洋保护区（marine protected area）：前已述及，世界各国已注意到人类活动及气候变化对深海的影响，许多国家开始划定一些深海栖息地保护区，以减少捕鱼及其他人类活动的影响。Davies 等（2007）对深海的保护问题以及保护区的划定进行了讨论。

脆弱海洋生态系统（vulnerable marine ecosystems）：与保护问题密切相关，深海生态系统容易受到人类活动的直接或间接影响，其中生长的冷水珊瑚物种、海绵物种及其他无脊椎生物容易受到海底拖网及采矿等行为的影响，而这些生境一旦被破坏，将需要几十年甚至上百年的时间恢复（Murillo et al.，2012；Yesson et al.，2012）。

海洋酸化（ocean acidification）：人类活动产生的 CO_2 导致海水的化学性质发生变化，越来越多的研究聚焦于海洋酸化对深海生物造成的影响和损害，如 Whiteley（2011）研究了海洋酸化对甲壳生物（包括深海甲壳生物）的生理生态学影响及其对酸化所作出的响应。

营养生态学（trophic ecology）：该关键词说明深海物种的摄食及营养组成也是研究人员不间断关注的研究领域，Drazen 等（2009）的研究分析了深海鱼类的脂质成分，推断了其主要食物来源，该研究支持深海鱼类与海洋浮游生物较为密切的食物网联系。

此外，还有焦磷酸测序（pyrosequencing）、基因表达（gene expression）、坎普斯盆地（Campos Basin）和灯笼鱼（*Myctophids*）等也是 2007～2015 年出现的关键词。

2010～2015 年新兴关键词如图 2-9 所示。

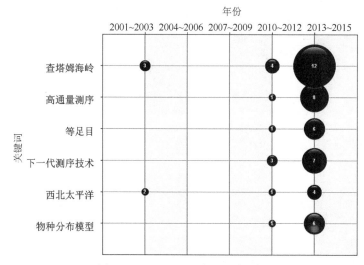

图 2-9　2010～2015 年新兴关键词

物种分布模型（species distribution modelling）：随着声学遥感技术、海洋建模技术以及深海采样技术的进步，高质量的数据集促进了更为精细的深海物种分布模型的构建，诸多科研人员利用模型预测深海物种的分布模式，以更加深入地了解深海物种并加以保护（Tittensor et al.，2010；Vierod et al.，2014）。

高通量测序（high-throughput sequencing）和下一代测序（next-generation sequencing）以及近 9 年出现的焦磷酸测序（pyrosequencing），充分说明新的测序技术，已被越来越多地应用于深海生物多样性相关研究中。

此外，查汉姆海岭（Chatham Rise）也是 2007～2015 年出现的关键词，该海岭位于新西兰以东，是新西兰最有生产力的渔场，也是重要的鲸鱼栖息地。

2000 年以来，通过文献计量发现 2007～2015 年新兴的关键词还有 Janiroidea，该关键词是指等足目 Janiroidea 总科的甲壳动物，通过深入研究发现，该关键词只是研究不连续，中断使用了一段时间，并非新兴关键词。

2013～2015 年新兴关键词如图 2-10 所示。

微量元素和同位素海洋生物地球化学循环研究计划（GEOTRACES）：GEOTRACES是目前海洋生物地球化学（marine biogeochemistry）方向的一个重大国际计划，旨在提高人们对生物地球化学循环和海洋环境中的痕量元素及其同位素的认识，计划在未来 10年内对所有主要的海洋盆地进行研究。全球约有 35 个国家或地区的科学家参与了该计划。

冰岛海域（Icelandic waters），冰岛海域相关的研究主要集中在对冰岛附近的无脊椎动物进行研究，这与冰岛水域底栖无脊椎动物（Benthic Invertebrates of Icelandic Waters）计划的推动密切相关，该计划旨在对冰岛周围的底栖无脊椎动物进行收集和鉴定，参与者来自冰岛及世界各国的高校和研究机构等（Omarsdottir et al.，2013）。

2000～2015 年上升趋势明显的关键词如图 2-11 所示，主要有深海（abyssal）、适应

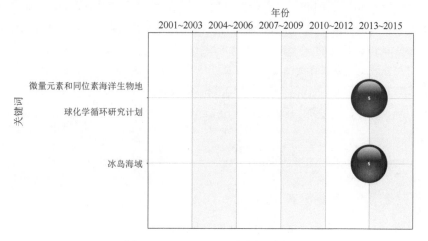

图 2-10　2013～2015 年新兴关键词

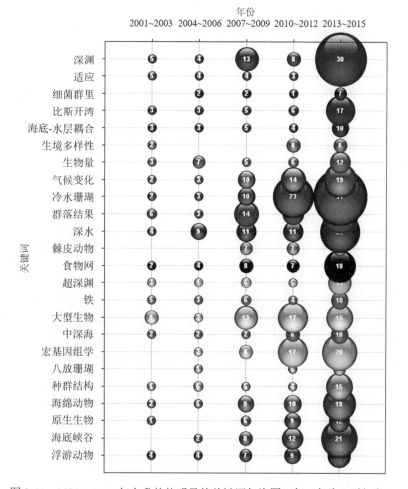

图 2-11　2000～2015 年上升趋势明显的关键词气泡图（每 3 年为一时间段）

（adaptation）、细菌群落（bacterial community）、比斯开湾（Bay of Biscay）、底栖-浮游耦合（benthic-pelagic coupling）、多样性（beta diversity β）、生物量（biomass）、气候变化（climate change）、冷水珊瑚（cold-water corals）、群落结构（community structure）、深水（deep water）、棘皮动物（echinoderms）、食物网（food web）、海斗超深渊（hadal）、铁（iron）、大型底栖生物（macrofauna）、海洋中层（mesopelagic）、宏基因组学（metagen-omics）、八放珊瑚（octocoral）、种群结构（population structure）、多孔动物（porifera）、原生生物（protists）、海底峡谷（submarine canyons）、浮游动物（zooplankton）。

2.3.6　深海生物多样性研究发展态势

1. 研究呈现不均衡性分布

研究力量不均衡，主要的研究力量分布在欧美国家和地区。美、德、英、法、日等海洋强国研究实力较强，我国处于起始阶段。俄罗斯科学院、美国伍兹霍尔海洋研究所和法国海洋开发研究院是该领域领先的研究机构。

研究地点不均衡，研究主要集中在数个热门研究地点，如大西洋中脊、北大西洋等区域。

研究门类不均衡，巨型底栖生物（megabenthos，即通过水底摄影照片即可清晰辨别类群的大型底栖生物）、大型底栖生物研究较多，小型、微型生物研究相对较少（张均龙和徐奎栋，2013）。

2. 国际合作日益密切

篇均作者人数增多，美国处于国际合作的核心位置。英国和德国位于次中心。英国南安普敦大学、法国海洋开发研究院、德国阿尔弗雷德·魏格纳研究所暨亥姆霍兹极地海洋研究中心、美国伍兹霍尔海洋研究所、美国蒙特雷湾水族馆研究所等是国际深海生物多样性研究的主要合作机构。国际交流日益频繁，国际性研究计划作用明显。

3. 大型项目的推动效果显著

国际大型研究计划，如国际海洋生物普查计划（CoML）和超深渊环境和教育项目（HADeep）等国际合作和联合开展的项目都将深海多样性考察作为一个重要研究主题。这些项目资助力度大，参与人员广，大多具有前瞻性、探索性和国际合作性。这些项目不断取得重要进展，参与并主导相关考察研究是欧美日等海洋强国和地区海洋学家积极争取的目标。

与热点关键词及热点研究区域相关联的关键词也明确指向了这些大型计划和项目，在项目的带动下，各国同心协力对同一个研究主题开展研究，更容易推动研究向更深更广的层面进行，创新性成果不断涌现。

4. 新型研究方法和技术层出不穷

过去的调查主要以拖网和抓斗采集样品为主，随着科技的进步，水下技术的发展，新型研究方法和技术层出不穷，主要包括遥控无人潜水器（remote operated vehicle，ROV）、自主式水下航行器（autonomous underwater vehicle，AUV）、水下视频系统、稳定同位素及多种分子生物学研究技术，深海生物多样性研究领域将迎来新的发展。

5. 研究潜力巨大

深海生物多样性的研究近几十年来发展迅猛，给地质学、生物地球化学和生物学的研究提供了全新的视野。深海生物多样性的研究将为生命起源研究提供重要线索，深部生物圈的物理与化学环境如高温、高压、缺氧及还原性环境等，同生命起源时的环境十分类似，或许存在着最原始生命形式，是研究生命起源的理想场所。深海区域极端环境的多样性及多样化的适应能力也蕴含着生物起源、扩散及演化的新理论，对于海洋生物学领域的相关理论研究具有重大的意义。

6. 研究前景广阔

与生物多样性对应的是深海适应机制的多样性，深海生物发展了与复杂深海环境相适应的特殊功能，蕴含着巨大的基因和产物资源，这些海洋生物资源是未来人类发展必争资源。由于技术和成本因素的制约，大规模开发目前尚未开始。但是随着技术的进步和陆地资源的耗尽，深海生物资源的商业化开发指日可待，深海生物多样性领域的研究前景和潜力巨大。

2.4　国际深海生物多样性研究对我国的启示

尽管国际已有诸多考察和项目对深海、海山、洋中脊、陆架边缘、冷泉、热液及南北极等特殊生境的生物多样性和分布进行了普查，获得了大量新发现和研究成果（Snelgrove，2010；Stocks et al.，2012）。但长期以来，受技术和设备的限制，科学界对深海生命、环境和地质过程的了解仍然十分有限。

深海生物研究的难点在于：

（1）调查困难。深海调查需要高科技的设备和装备，以及大量资金投入和科技投入，世界上仅有几个海洋强国具备探索调查深海及超深渊的条件和设备；拖网时间长、效率低，仪器需克服强大的静水压力，成本高；昂贵的调查设备易丢失，导致资金浪费。几十年来，有多个深海考察设备在执行任务中丢失，如美国伍兹霍尔海洋研究所自行设计制造的混合型遥控深潜器（hybrid remotely operated vehicle，HROV）"海神号"（Nereus），于 2014 年 5 月在执行深潜任务中失踪，深海着陆器 Hadal-Lander A 和 Hadal-Lander B 也分别于 2009 年和 2012 年失踪；日本海洋科学技术中心（JAMSTEC）制造的 ROV Kaikō，于 2003 年 5 月在执行任务中失踪（Momma et al.，2004；Tashiro et al.，2004；Watanabe et al.，2004）。目前国际上对深渊生物群落的认识最主要是基于 Lander 系统（装备了诱饵捕获器和摄像装置的自降式着陆器）所进行的观测和取样结果。该设备只能定点投放，而且仅能获取底层可游动生物的图像和样品，因此人们对深渊生物群落的了解十分局限（陈瑜，2016）。

（2）获得样品较困难，样品鉴定难度大。由于深海的环境复杂、食物较少等，生物多样性低、生物量低、样品少；目前的深海调查可得到图片和影像资料，但样品较难得到，即使获得样品，也往往残缺不全，样品的保存、分离和后续处理难度大，难以鉴定。

（3）现有研究较少和零散，调查区域有限，研究结果代表性不强，可比性差。

可以说，目前人们对深海生物的调查还远远不足，对其生态结构和功能的认识十分浅显甚至有可能是片面的。因此，对未来深海生物和生态系统的调查及深海生物资源开发利用，有如下启示建议。

（1）国家重视、加大投入。

海洋调查是海洋科学的基本研究手段和海洋开发利用的基础。过去我国由于深海探测能力的欠缺和经费不足等，海洋调查大多局限在5000m水深以浅的海域，尽管我国已经研制开发出了"蛟龙号"深潜器，但其只能达到7062m深度，如果要在深渊科学上领先，我国必须尽早配备11 000m全海深范围内的装备。

（2）研发新型研究装备，提高取样的技术手段，改进获取样品的方法，保证样品完整，利用多种研究方法进行分析。

深海环境条件复杂，取样非常困难，需要借助特殊的取样设备。而过去通过拖网和抓斗的方式得到的结果也会因为网目尺寸和抓斗的覆盖面积而与实际的物种多样性不相符合。拖网的方法不能捕捉快速移动的等足类和端足类甲壳动物，应通过携带有诱饵的装置进行捕捉（Blankenship et al.，2006；Jamieson et al.，2009；Eustace et al.，2013）。因此，在未来的调查实践中，应注重研发现代化的取样设备（Brandt et al.，2013），在取样设备和方法等方面与国际保持一致，以便增强数据的可比性。同时需注意，单一的研究方法具有其自身的局限性，未来的研究中应注意对采集到的图像资料利用计算机软件等工具进行处理，并结合对样品的实验室分析，从多角度对深海生物进行研究。

（3）瞄准国际研究前沿，加大国际合作力度。

我国在此领域起步较晚，研究基础较为薄弱。应加强对国际研究前沿的了解，包括前沿研究思路和技术方法，以及国际重要资助计划等，以求取得突破性的研究成果。近年来，随着我国深海研究经费投入的加大，主动参与国际性研究计划和重大项目，必将实现深海生物多样性研究的突破，大大缩小我国与其他国家在此领域的差距。

（4）科学考察，开发与保护并举。

深海生物多样性研究的最终目的是寻找保护和利用之间的平衡，以实现可持续性发展。渔业活动、科学调查或金属矿物开采等人类活动都会对深海生态系统和深海物种造成破坏。需要采取措施对海洋科研、探矿和勘探活动产生的威胁进行有效管理。总而言之，在深海生物资源研究和开发时应整体规划，确保生态安全及可持续性，并注重高效利用，避免引起破坏。同时注意采取设立保护区及禁渔期等保护措施，做到开发与保护并举。

（5）重视培养综合性的生物多样性研究队伍。

生物多样性是生命科学的基础研究领域，只有了解了生物种类及其生物学和生态学特点，才能对其进行开发利用和保护（刘瑞玉，2011）。训练有素的分类及多样性研究人才是未来深海生物研究的先行者，新物种和新生命现象的发现和认知仍是深海研究的重点之一。深海环境中海洋生物的生命过程和关键影响因子还不明确，综合使用多种先进的生物学研究手段，如分子生物学、基因组学、蛋白组学及代谢组学等，将会为探索深海生命起源和进化，以及气候变化下，未来种群发展预测做出贡献。

参 考 文 献

陈瑜. 2016. "蛟龙"首探雅浦海沟. 科技日报, 2016-05-16(001).

贺纪正, 张丽梅, 沈菊培, 等. 2008. 宏基因组学(Metagenomics)的研究现状和发展趋势. 环境科学学报, 28(2): 209-218.

金建才. 2005. 深海底生物多样性与基因资源管理问题. 地球科学进展, 20(1): 11-18.

李健, 陈荣裕, 王盛安, 等. 2012. 国际海洋观测技术发展趋势与中国深海台站建设实践. 热带海洋学报, 31(2): 123-133.

李学恭, 徐俊, 肖湘. 2013. 深海微生物高压适应与生物地球化学循环. 微生物学通报, 40(1): 59-70.

林光辉. 2010. 稳定同位素生态学: 先进技术推动的生态学新分支. 植物生态学报, (2): 119-122.

刘瑞玉. 2011. 中国海物种多样性研究进展. 生物多样性, 19(6): 614-626.

秦蕴珊, 尹宏. 2012. 西太平洋——我国深海科学研究的优先战略选区. 地球科学进展, (10): 245-248.

孙松, 孙晓霞. 2007. 国际海洋生物普查计划. 地球科学进展, 22(10): 1081-1086.

孙晓霞, 孙松. 2010. 深海化能合成生态系统研究进展. 地球科学进展, 25(5): 552-560.

汪品先. 2013. 从海洋内部研究海洋. 地球科学进展, 28(5): 517-520.

席峰, 郑天凌, 焦念志, 等. 2004. 深海微生物多样性形成机制浅析. 地球科学进展, 19(1): 38-46.

徐冰冰, 周可新, 薛达元, 等. 2009. 深海生物多样性所受的威胁及其保护研究. 安徽农业科学, 37(32): 15919-15921.

张均龙, 徐奎栋. 2013. 海山生物多样性研究进展与展望. 地球科学进展, 28(11): 1209-1216.

张武昌, 于莹, 李超伦, 等. 2014. 海山区浮游生态学研究. 海洋与湖沼, (5): 973-978.

Aboim M, Menezes G, Schlitt T, et al. 2005. Genetic structure and history of populations of the deep-sea fish *Helicolenus dactylopterus* (Delaroche, 1809) inferred from mtDNA sequence analysis. Molecular Ecology, 14(5): 1343-1354.

Althaus F, Williams A, Schlacher T A, et al. 2009. Impacts of bottom trawling on deep-coral ecosystems of seamounts are long-lasting. Marine Ecology Progress Series, 397: 279-294.

Arico S, Salpin C. 2005. Bioprospecting of genetic resources in the deep seabed: scientific, legal and policy aspects. Industrial Biotechnology, 1(4): 260-282.

Ausubel J, Trew Crist D, Waggoner P. 2010. First Census of Marine Life 2010: Highlights of a Decade of Discovery. Washington D. C.: Census of Marine Life.

Ávila S P, Malaquias M A E. 2003. Biogeographical relationships of the molluscan fauna of the Ormonde Seamount(Gorringe Bank, Northeast Atlantic Ocean). Journal of Molluscan Studies, 69: 145-150.

Baco A R, Shank T M. 2005. Population genetic structure of the Hawaiian precious coral *Corallium lauuense*(Octocorallia: Coralliidae)using microsatellites//Freiwald A, Roberts J M. Cold-Water Corals and Ecosystems. Berlin Heidelberg: Springer.

Baco A R, Smith C R, Peek A S, et al. 1999. The phylogenetic relationships of whale-fall vesicomyid clams based on mitochondrial COI DNA sequences. Marine Ecology Progress Series, 182: 137-147.

Bacosa H P, Liu Z, Erdner D L. 2015. Natural sunlight shapes crude oil-degrading bacterial communities in Northern Gulf of Mexico surface waters. Frontiers in Microbiology, 6: 1325.

Belyaev G. 1989. Deep Sea Ocean Trenches and Their Fauna. Nauka: Moscow.

Beman J M, Bertics V J, Braunschweiler T, et al. 2012. Quantification of ammonia oxidation rates and the distribution of ammonia-oxidizing Archaea and Bacteria in marine sediment depth profiles from Catalina Island, California. Frontiers in Microbiology, 3: 263.

Bernardino A F, Smith C R, Baco A, et al. 2010. Macrofaunal succession in sediments around kelp and wood falls in the deep NE Pacific and community overlap with other reducing habitats. Deep Sea Research Part I: Oceanographic Research Papers, 57(5): 708-723.

Bienhold C, Pop Ristova P, Wenzhöfer F, et al. 2013. How deep-sea wood falls sustain chemosynthetic life. PLoS One, 8(1): e53590.

Blankenship L E, Yayanos A A, Cadien D B, et al. 2006. Vertical zonation patterns of scavenging amphipods from the Hadal zone of the Tonga and Kermadec Trenches. Deep Sea Research Part I: Oceanographic Research Papers, 53(1): 48-61.

Boetius A, Ravenschlag K, Schubert C J, et al. 2000. A marine microbial consortium apparently mediating anaerobic oxidation of methane. Nature, 407(6804): 623-626.

Brandt A, Elsner N, Brenke N, et al. 2013. Epifauna of the Sea of Japan collected via a new epibenthic sledge equipped with camera and environmental sensor systems. Deep Sea Research Part II: Topical Studies in Oceanography, 86: 43-55.

Briones E E, Rice J, Ardron J. 2009. Global open oceans and deep seabed(GOODS)biogeographic classification. UNESCO, IOC: 54.

Bruun A F. 1956. The abyssal fauna: its ecology, distribution and origin. Nature, 177(4520): 1105-1108.

Cartes J E, Carrasson M. 2004. Influence of trophic variables on the depth-range distributions and zonation rates of deep-sea megafauna: The case of the Western Mediterranean assemblages. Deep-Sea Research Part I: Oceanographic Research Papers, 51(2): 263-279.

Childress J J. 1971. Respiratory rate and depth of occurrence of midwater animals. Limnology and Oceanography, 16(1): 104-106.

Childress J J. 1995. Are there physiological and biochemical adaptations of metabolism in deep-sea animals? Trends in Ecology & Evolution, 10(1): 30-36.

Chiu W T, Ho Y S. 2007. Bibliometric analysis of tsunami research. Scientometrics, 73(1): 3-17.

Clague G E, Jones W J, Paduan J B, et al. 2012. Phylogeography of Acesta clams from submarine seamounts and escarpments along the western margin of North America. Marine Ecology, 33(1): 75-87.

Clark M R, Rowden A A. 2009. Effect of deepwater trawling on the macro-invertebrate assemblages of seamounts on the Chatham Rise, New Zealand. Deep-Sea Research Part I: Oceanographic Research Papers, 56(9): 1540-1554.

Clark M R, Rowden A A, Schlacher T, et al. 2010. The ecology of seamounts: structure, function, and human impacts. Annual Review of Marine Science, 2: 253-278.

Colaço A, Dehairs F, Desbruyeres D. 2002. Nutritional relations of deep-sea hydrothermal fields at the Mid-Atlantic Ridge: a stable isotope approach. Deep Sea Research Part I: Oceanographic Research Papers, 49(2): 395-412.

Collins M A, Priede I G, Bagley P M. 1999. In situ comparison of activity in two deep-sea scavenging fishes occupying different depth zones. Proceedings of the Royal Society of London B: Biological Sciences, 266(1432): 2011-2016.

Costello M J, Coll M, Danovaro R, et al. 2010. A census of marine biodiversity knowledge, resources, and future challenges. PLoS One, 5(8): e12110.

Davies A J, Roberts J M, Hall-Spencer J. 2007. Preserving deep-sea natural heritage: Emerging issues in offshore conservation and management. Biological Conservation, 138(3-4): 299-312.

de Forges B R, Koslow J A, Poore G. 2000. Diversity and endemism of the benthic seamount fauna in the southwest Pacific. Nature, 405(6789): 944-947.

Distel D L, Baco A R, Chuang E, et al. 2000. Marine ecology: Do mussels take wooden steps to deep-sea vents? Nature, 403(6771): 725-726.

Drazen J C, Phleger C F, Guest M A, et al. 2009. Lipid composition and diet inferences in abyssal macrourids of the eastern North Pacific. Marine Ecology Progress Series, 387: 1-14.

Emiliani C. 1961. The temperature decrease of surface sea-water in high latitudes and of abyssal-hadal water in open oceanic basins during the past 75 million years. Deep Sea Research(1953), 8(2): 144-147.

Eustace R M, Kilgallen N M, Lacey N C, et al. 2013. Population structure of the hadal amphipod *Hirondellea gigas*(Amphipoda: Lysianassoidea)from the Izu-Bonin Trench. Journal of Crustacean Biology, 33(6): 793-801.

Fang J, Barcelona M J, Nogi Y, et al. 2000. Biochemical implications and geochemical significance of novel phospholipids of the extremely barophilic bacteria from the Marianas Trench at 11 000m. Deep Sea Research Part I: Oceanographic Research Papers, 47(6): 1173-1182.

Fenical W, Baden D, Burg M, et al. 1999. Marinederived pharmaceuticals and related bioactive agents. //Fenical W. From monsoons to microbes: Understanding the ocean's Role in Human Health. Washington DC: National Research Council, National Academy Press.

France S C. 1993. Geographic variation among three isolated populations of the hadal amphipod *Hirondellea gigas*(Crustacea: Amphipoda: Lysianassoidea). Marine Ecology Progress Series, 92: 277-277.

Fujikura K, Kojima S, Tamaki K, et al. 1999. The deepest chemosynthesis-based community yet discovered from the hadal zone, 7326 m deep, in the Japan Trench. Marine Ecology Progress Series, 190: 17-26.

Fujiwara Y, Kato C, Masui N, et al. 2001. Dual symbiosis in the cold-seep thyasirid clam *Maorithyas hadalis* from the hadal zone in the Japan Trench, western Pacific. Marine Ecology Progress Series, 214: 151-159.

Gage J D, Tyler P A. 1991. Deep-Sea Biology: A Natural History of Organisms at the Deep-Sea Floor. Cambridge: Cambridge University Press.

Gallo N D, Cameron J, Hardy K, et al. 2015. Submersible- and lander-observed community patterns in the Mariana and New Britain trenches: Influence of productivity and depth on epibenthic and scavenging communities. Deep Sea Research Part I: Oceanographic Research Papers, 99: 119-133.

Genin A. 2004. Bio-physical coupling in the formation of zooplankton and fish aggregations over abrupt topographies. Journal of Marine Systems, 50(1): 3-20.

Gerday C, Aittaleb M, Bentahir M, et al. 2000. Cold-adapted enzymes: from fundamentals to biotechnology. Trends in Biotechnology, 18(3): 103-107.

Gillet P, Dauvin J C. 2000. Polychaetes from the Atlantic seamounts of the southern Azores: biogeographical distribution and reproductive patterns. Journal of the Marine Biological Association of the UK, 80(6): 1019-1029.

Gillet P, Dauvin J C. 2003. Polychaetes from the Irving, Meteor and Plato seamounts, North Atlantic ocean: origin and geographical relationships. Journal of the Marine Biological Association of the UK, 83(1): 49-53.

Gjerde K M. 2007. High seas marine protected areas and deep-sea fishing. FAO Fisheries Reports, 838: 141-180.

Glover A G, Smith C R. 2003. The deep-sea floor ecosystem: Current status and prospects of anthropogenic change by the year 2025. Environmental Conservation, 30(3): 219-241.

Gooday A J. 1996. Epifaunal and shallow infaunal foraminiferal communities at three abyssal NE Atlantic sites subject to differing phytodetritus input regimes. Deep Sea Research Part I: Oceanographic Research Papers, 43(9): 1395-1421.

Hall-Spencer J, Rogers A, Davies J, et al. 2007. Deep-sea coral distribution on seamounts, oceanic islands, and continental slopes in the Northeast Atlantic. Bulletin of Marine Science, 81(Supplement 1): 135-146.

Henry L A, Roberts J M. 2007. Biodiversity and ecological composition of macrobenthos on cold-water coral mounds and adjacent off-mound habitat in the bathyal Porcupine Seabight, NE Atlantic. Deep Sea Research Part I: Oceanographic Research Papers, 54(4): 654-672.

Hoarau G, Borsa P. 2000. Extensive gene flow within sibling species in the deep-sea fish *Beryx splendens*. Comptes Rendus De L Academie Des Sciences Serie Iii-Sciences De La Vie-Life Sciences, 323(3): 315-325.

Huber J A, Butterfield D A, Baross J A. 2003. Bacterial diversity in a subseafloor habitat following a deep-sea volcanic eruption. FEMS Microbiology Ecology, 43(3): 393-409.

Imhoff J F, Sahling H, Süling J, et al. 2003. 16S rDNA-based phylogeny of sulfur-oxidizing bacterial endosymbionts in marine bivalves from cold-seep habitats. Marine Ecology Progress Series, (249): 39-51.

Jamieson A. 2015. The Hadal Zone: Life in the Deepest Oceans. Cambridge: Cambridge University Press.

Jamieson A, Fujii T, Solan M, et al. 2009. Liparid and macrourid fishes of the hadal zone: in situ observations of activity and feeding behaviour. Proceedings of the Royal Society of London B: Biological Sciences, 276(1659): 1037-1045.

Jamieson A J, Fujii T, Mayor D J, et al. 2010. Hadal trenches: the ecology of the deepest places on Earth. Trends in Ecology and Evolution, 25(3): 190-197.

Jamieson A J, Lacey N C, Lörz A N, et al. 2013. The supergiant amphipod *Alicella gigantea*(Crustacea: Alicellidae)from hadal depths in the Kermadec Trench, SW Pacific Ocean. Deep Sea Research Part II: Topical Studies in Oceanography, 92: 107-113.

Jickells T, An Z, Andersen K K, et al. 2005. Global iron connections between desert dust, ocean biogeochemistry, and climate. Science, 308(5718): 67-71.

Kelly R H, Yancey P H. 1999. High contents of trimethylamine oxide correlating with depth in deep-sea teleost fishes, skates, and decapod crustaceans. The Biological Bulletin, 196(1): 18-25.

Kobayashi H, Hatada Y, Tsubouchi T, et al. 2012. The hadal amphipod Hirondellea gigas possessing a unique cellulase for digesting wooden debris buried in the deepest seafloor. PLoS One, 7(8): e42727.

Korn H, Friedrich S, Feit U. 2003. Deep sea genetic resources in the context of the convention on biological diversity and the United Nations Convention on the Law of the Sea. Effects of Vegetation on the Dynamic State of the Ground, 128(2): 313-317.

Koslow J, Gowlett-Holmes K, Lowry J, et al. 2001. Seamount benthic macrofauna off southern Tasmania: community structure and impacts of trawling. Marine Ecology Progress Series, 213(11): 1-125.

Kotelnikova S. 2002. Microbial production and oxidation of methane in deep subsurface. Earth-Science Reviews, 58(3): 367-395.

Krembs C, Eicken H, Junge K, et al. 2002. High concentrations of exopolymeric substances in Arctic winter sea ice: implications for the polar ocean carbon cycle and cryoprotection of diatoms. Deep Sea Research Part I: Oceanographic Research Papers, 49(12): 2163-2181.

Kukert H, Smith C R. 1992. Disturbance, colonization and succession in a deep-sea sediment community: artificial-mound experiments. Deep Sea Research Part I: Oceanographic Research Papers, 39(7): 1349-1371.

Leary D K. 2006. International law and the genetic resources of the deep sea. Surgery Gynecology and Obstetrics, 102(3): 279-286.

Leary D, Vierros M, Hamon G, et al. 2009. Marine genetic resources: a review of scientific and commercial interest. Marine Policy, 33(2): 183-194.

Lehtonen K K. 1996. Ecophysiology of the benthic amphipod *Monoporeia affinis* in an open-sea area of the northern Baltic Sea: seasonal variations in body composition, with bioenergetic considerations. Marine Ecology Progress Series, 143(1): 87-98.

Levin L A, Thomas C L. 1989. The influence of hydrodynamic regime on infaunal assemblages inhabiting carbonate sediments on central pacific seamounts. Deep Sea Research Part I: Oceanographic Research Papers, 36(12): 1897-1915.

Levin L A, Huggett C L, Wishner K F. 1991. Control of deep-sea benthic community structure by oxygen and organic-matter gradients in the Eastern pacific-ocean. Journal of Marine Research, 49(4): 763-800.

Liu X, Zhang L, Hong S. 2011. Global biodiversity research during 1900—2009: A bibliometric analysis. Biodiversity and Conservation, 20(4): 807-826.

Lundsten L, Barry J P, Cailliet G M, et al. 2009. Benthic invertebrate communities on three seamounts off southern and central California, USA. Marine Ecology Progress Series, 374: 23-32.

Martin A P, Humphreys R, Palumbi S R. 1992. Population genetic structure of the armorhead, *Pseudopentaceros wheeleri*, in the North Pacific Ocean: application of the polymerase chain reaction to fisheries problems. Canadian Journal of Fisheries and Aquatic Sciences, 49(11): 2386-2391.

Martin D, Bartlett D H, Roberts M F. 2002. Solute accumulation in the deep-sea bacterium Photobacterium profundum. Extremophiles, 6(6): 507-514.

Mason O U, Hazen T C, Borglin S, et al. 2012. Metagenome, metatranscriptome and single-cell sequencing reveal microbial response to Deepwater Horizon oil spill. The ISME Journal, 6(9): 1715-1727.

Massimo Perrone F, Della Croce N, Dell'anno A. 2003. Biochemical composition and trophic strategies of the amphipod *Eurythenes gryllus* at hadal depths(Atacama Trench, South Pacific). Chemistry and Ecology, 19(6): 441-449.

McClain C R, Lundsten L, Ream M, et al. 2009. Endemicity, biogeography, composition, and community structure on a northeast pacific seamount. PLoS One, 4(1): e4141.

McClain C R, Lundsten L, Barry J, et al. 2010. Assemblage structure, but not diversity or density, change with depth on a northeast Pacific seamount. Marine Ecology, 31(Suppl.1): 14-25.

Momma H, Watanabe M, Hashimoto K et al. 2004. Loss of the full ocean depth ROV Kaiko-Part 1: ROV Kaiko-A review. The Fourteenth International Offshore and Polar Engineering Conference, International Society of Offshore and Polar Engineers.

Mullineaux L S, Mills S W. 1997. A test of the larval retention hypothesis in seamount-generated flows. Deep Sea Research Part I: Oceanographic Research Papers, 44(5): 745-770.

Murillo F J, Muñoz P D, Cristobo J, et al. 2012. Deep-sea sponge grounds of the Flemish Cap, Flemish Pass and the Grand Banks of Newfoundland(Northwest Atlantic Ocean): distribution and species composition. Marine Biology Research, 8(9): 842-854.

Muyzer G, de Waal E C, Uitterlinden A G. 1993. Profiling of complex microbial populations by denaturing gradient gel electrophoresis analysis of polymerase chain reaction-amplified genes coding for 16S rRNA. Applied and Environmental Microbiology, 59(3): 695-700.

Niemann H, Lösekann T, de Beer D, et al. 2006. Novel microbial communities of the Haakon Mosby mud volcano and their role as a methane sink. Nature, 443(7113): 854-858.

O'Hara T D. 2007. Seamounts: Centres of endemism or species richness for ophiuroids? Global Ecology and Biogeography, 16(6): 720-732.

O'Hara T D, Rowden A A, Williams A. 2008. Cold-water coral habitats on seamounts: Do they have a specialist fauna? Diversity and Distributions, 14(6): 925-934.

Oliverio M, Gofas S. 2006. Coralliophiline diversity at mid-Atlantic seamounts(Neogastropoda, Muricidae, Coralliophilinae). Bulletin of Marine Science, 79(1): 205-230.

Olu-Le Roy K, Sibuet M, Fiala-Médioni A, et al. 2004. Cold seep communities in the deep eastern Mediterranean Sea: composition, symbiosis and spatial distribution on mud volcanoes. Deep Sea Research Part I: Oceanographic Research Papers, 51(12): 1915-1936.

Omarsdottir S, Einarsdottir E, Ögmundsdottir H M, et al. 2013. Biodiversity of benthic invertebrates and bioprospecting in Icelandic waters. Phytochemistry Reviews, 12(3): 517-529.

Parker T, Tunnicliffe V. 1994. Dispersal strategies of the biota on an oceanic seamount: implications for ecology and biogeography. The Biological Bulletin, 187(3): 336-345.

Pratt R M. 1967. Photography of seamounts//Hersey T B. Deep-Sea Photography. Baltimor: The John Hopkins Press.

Probert P K, McKnight D, Grove S L. 1997. Benthic invertebrate bycatch from a deep-water trawl fishery, Chatham Rise, New Zealand. Aquatic Conservation: Marine and Freshwater Ecosystems, 7(1): 27-40.

Raymore P A. 1982. Photographic investigations on three seamounts in the Gulf of Alaska. Pacific Science, 36(1): 15-34.

Ritchie H, Jamieson A J, Piertney S B. 2015. Phylogenetic relationships among hadal amphipods of the Superfamily Lysianassoidea: Implications for taxonomy and biogeography. Deep Sea Research Part I: Oceanographic Research Papers, 105: 119-131.

Rogers A D, Baco A, Griffiths H, et al. 2007. Corals on seamounts//Pitcher T J, Morato T, Hart P J B, et al. Seamounts: Ecology, Fisheries and Conservation. Oxford: Blackwell.

Rogers A, Morley S, Fitzcharles E, et al. 2006. Genetic structure of Patagonian toothfish (*Dissostichus eleginoides*) populations on the Patagonian Shelf and Atlantic and western Indian Ocean Sectors of the Southern Ocean. Marine Biology, 149(4): 915-924.

Rowden A A, O'Shea S, Clark M R. 2002. Benthic biodiversity of seamounts on the northwest Chatham Rise. Marine Biodiversity Biosecurity Report No. 2. Wellington, Ministry of Fisheries: 21.

Rowden A A, Clark M, O'Shea S, et al. 2003. Benthic biodiversity of seamounts on the southern Kermadec volcanic arc. Marine Biodiversiiy Biosecurity Report No. 3 Wellington, New Zealand, Ministry of Fisheries: 23.

Sabbatini A, Morigi C, Negri A, et al. 2002. Soft-shelled benthic foraminifera from a hadal site(7800 m water depth)in the Atacama Trench(SE Pacific): preliminary observations. Journal of Micropalaeontology, 21(2): 131-135.

Samadi S, Bottan L, Macpherson E, et al. 2006. Seamount endemism questioned by the geographic distribution and population genetic structure of marine invertebrates. Marine Biology, 149(6): 1463-1475.

Samerotte A L, Drazen J C, Brand G L, et al. 2007. Correlation of trimethylamine oxide and habitat depth within and among species of teleost fish: an analysis of causation. Physiological and Biochemical Zoology, 80(2): 197-208.

Sedberry G R, Carlin J L, Chapman R W, et al. 1996. Population structure in the pan-oceanic wreckfish, *Polyprion americanus*(Teleostei: Polyprionidae), as indicated by mtDNA variation. Journal of Fish Biology, 49: 318-329.

Seibel B A, Drazen J C. 2007. The rate of metabolism in marine animals: environmental constraints, ecological demands and energetic opportunities. Philosophical Transactions of the Royal Society B: Biological Sciences, 362(1487): 2061-2078.

Shank T M. 2010. Seamounts: deep-ocean laboratories of faunal connectivity, evolution, and endemism. Oceanography, 23(1): 108-122.

Shaw P W, Pierce G J, Boyle P R. 1999. Subtle population structuring within a highly vagile marine invertebrate, the veined squid *Loligo forbesi*, demonstrated with microsatellite DNA markers. Molecular Ecology, 8(3): 407-417.

Smith C R, Baco A R. 2003. Ecology of whale falls at the deep-sea floor. Oceanography and Marine Biology, 41: 311-354.

Smith P J, McVeagh S M, Mingoia J T, et al. 2004. Mitochondrial DNA sequence variation in deep-sea bamboo coral(Keratoisidinae)species in the southwest and northwest Pacific Ocean. Marine Biology, 144(2): 253-261.

Snelgrove P V. 2010. Discoveries of the Census of Marine Life. Cambridge: Cambridge University Press.

Stockley B, Menezes G, Pinho M R, et al. 2005. Genetic population structure in the black-spot sea bream(*Pagellus bogaraveo* Brünnich, 1768)from the NE Atlantic. Marine Biology, 146(4): 793-804.

Stocks K. 2004. Seamount invertebrates: Composition and vulnerability to fishing//Morato T, Pauly D. Fiseries Centre Research Reports: Seamounts: Biodiversity and Fisheries. Canada: Fisheries Centre, University of British Columbia: 17-24.

Stocks K. 2009. SeamountsOnline: an online information system for seamount biology. Version 2009-1. World Wide Web electronic publication. http: //seamounts. sdsc. edu. [2016-06-18].

Stocks K I, Clark M R, Rowden A A, et al. 2012. CenSeam, an international program on seamounts within the census of marine life: achievements and lessons learned. PLoS One, 7(2): 86-86.

Stocks K I, Hart P J. 2007. Biogeography and biodiversity of seamounts//Pitcher T J, Morato T, Hart P J B et al. Seamounts: Ecology, Fisheries, and Conservation. Oxford: Blackwell.

Suess E, Bohrmann G, Huene R, et al. 1998. Fluid venting in the eastern Aleutian subduction zone. Journal of Geophysical Research: Solid Earth(1978—2012), 103(B2): 2597-2614.

Sun J, Wang M H, Ho Y S. 2012. A historical review and bibliometric analysis of research on estuary pollution. Marine Pollution Bulletin, 64(1): 13-21.

Tashiro S, Watanabe M, Momma H. 2004. Loss of the full ocean depth ROV Kaiko–Part 2: search for the ROV Kaiko vehicle. Toulon, France: The Fourteenth International Offshore and Polar Engineering Conference, International Society of Offshore and Polar Engineers.

Tittensor D P, Baco A R, Hall-Spencer J M, et al. 2010. Seamounts as refugia from ocean acidification for cold-water stony corals. Marine Ecology, 31(s1): 212-225.

Treude T, Janßen F, Queisser W, et al. 2002. Metabolism and decompression tolerance of scavenging lysianassoid deep-sea amphipods. Deep Sea Research Part I: Oceanographic Research Papers, 49(7):

1281-1289.

Treude T, Smith C R, Wenzhöfer F, et al. 2009. Biogeochemistry of a deep-sea whale fall: sulfate reduction, sulfide efflux and methanogenesis. Marine Ecology Progress Series, 382: 1-21.

Tunnicliffe V, Juniper S K, Sibuet M. 2003. Reducing environments of the deep-sea floor. Ecosystems of the World, 28: 81-110.

Vierod A D, Guinotte J M, Davies A J. 2014. Predicting the distribution of vulnerable marine ecosystems in the deep sea using presence-background models. Deep Sea Research Part II: Topical Studies in Oceanography, 99: 6-18.

Wang L, Qiao N, Sun F, et al. 2008. Isolation, gene detection and solvent tolerance of benzene, toluene and xylene degrading bacteria from nearshore surface water and Pacific Ocean sediment. Extremophiles, 12(3): 335-342.

Watanabe M, Tashiro S, Momma H. 2004. Loss of the full ocean depth ROV Kaiko–Part 3: the cause of secondary cable fracture. Toulon, France: The Fourteenth International Offshore and Polar Engineering Conference, International Society of Offshore and Polar Engineers.

Watling L, Guinotte J, Clark M R, et al. 2013. A proposed biogeography of the deep ocean floor. Progress in Oceanography, 111: 91-112.

Whiteley N. 2011. Physiological and ecological responses of crustaceans to ocean acidification. Marine Ecology Progress Series, 430: 257-271.

Wishner K, Levin L, Gowing M, et al. 1990. Involvement of the oxygen minimum in benthic zonation on a deep seamount. Nature, 346(6279): 57-59.

Woese C R, Fox G E. 1977. Phylogenetic structure of the prokaryotic domain: the primary kingdoms. Proceedings of the National Academy of Sciences, 74(11): 5088-5090.

Wolff T. 1960. The hadal community, an introduction. Deep Sea Research, 6: 95-124.

Wolff T. 1970. The concept of the hadal or ultra-abyssal fauna. Deep Sea Research and Oceanographic Abstracts, 17(6): 983-1003.

Worm B, Lotze H K, Myers R A. 2003. Predator diversity hotspots in the blue ocean. Proceedings of the National Academy of Sciences, 100(17): 9884-9888.

Yancey P H, Fyfe-Johnson A L, Kelly R H, et al. 2001. Trimethylamine oxide counteracts effects of hydrostatic pressure on proteins of deep-sea teleosts. Journal of Experimental Zoology, 289(3): 172-176.

Yancey P H, Gerringer M E, Drazen J C, et al. 2014. Marine fish may be biochemically constrained from inhabiting the deepest ocean depths. Proceedings of the National Academy of Sciences, 111(12): 4461-4465.

Yancey P H, Rhea M, Kemp K, et al. 2004. Trimethylamine oxide, betaine and other osmolytes in deep-sea animals: depth trends and effects on enzymes under hydrostatic pressure. Cellular and Molecular Biology (Noisyle-grand), 50(4): 371-376.

Yancey P H, Siebenaller J F. 1999. Trimethylamine oxide stabilizes teleost and mammalian lactate dehydrogenases against inactivation by hydrostatic pressure and trypsinolysis. Journal of Experimental Biology, 202(24): 3597-3603.

Yesson C, Taylor M L, Tittensor D P, et al. 2012. Global habitat suitability of cold‐water octocorals. Journal of Biogeography, 39(7): 1278-1292.

Zanchetta P, Lagarde N, Guezennec J. 2003. A new bone-healing material: a hyaluronic acid-like bacterial exopolysaccharide. Calcified Tissue International, 72(1): 74-79.

Zenkevitch L, Birstein J. 1960. On the problem of the antiquity of the deep-sea fauna. Deep Sea Research, 7(1): 10-23.

第3章 洋中脊研究国际发展态势分析

洋中脊作为地球上规模最大、最为活跃的板块边界，在地球科学研究和经济价值上对人类都具有重要的意义。近些年来，国际上越来越重视洋中脊系统的综合研究，并且已经取得了一些重要进展。

国际上，国际大洋钻探计划（Integrated Ocean Drilling Program，IODP）、国际洋中脊协会、国际海洋研究科学委员会（Scientific Committee on Oceanic Research，SCOR）等国际组织对洋中脊研究进行了相关的战略部署与规划，推出了 2013～2023 年"国际大洋发现计划"（International Ocean Discovery Program，IODP）和《国际大洋中脊第三个十年科学计划（2014～2023）》（洋中脊计划）等多个研究计划及项目，以加强洋中脊研究。美国、日本、英国和加拿大等国也相继制定研究计划，加强洋中脊研究，积极探索深海，以期获得新的重要发现。这些研究计划包括：美国的地球深部合作研究计划、岩石学与地球化学项目、地球系统动力学前沿项目、地球科学研究项目和 RIDGE 2000 等项目，英国国家海洋研究中心（National Oceanography Center，NOC）的 HERMIONE、MAREMAP、CODEMAP、ECO2、ACCESS、SENSENET、UK-TAPS、HERME 等项目以及日本的 QUELLE 2013 和南太平洋科学考察项目，等等。通过分析这些国际组织和国家的洋中脊相关研究计划和项目，可以了解洋中脊未来研究的方向和重点。

我国的深海科学研究起步较晚，随着 21 世纪以来国家深海战略的推出，我国逐渐参与到国际大洋研究计划中，并在洋中脊研究投入和产出上有了长足进步。本章对洋中脊研究的国际战略与研究计划进行了比较分析，使用社会网络分析法、VOSviewer 和 Histcite 等软件综合分析了洋中脊研究的国际发展趋势及研究热点。美国的洋中脊研究实力最强。中国 2012～2014 年该领域的发文比例非常高，表明我国越来越关注该领域的研究。中国洋中脊研究的主要合作对象是美国。热液生态系统与洋中脊岩石地球化学研究目前是该领域的研究热点。

3.1 引　言

洋中脊是盘踞世界各大洋中心且相互连接的一个隆起带，由一系列连续的海底火山山脉组成，全球伸延总长度超过 6 万 km，因此也是地球上最长的山脉，其中心地形在不同大洋表现有所不同。太平洋洋脊的中心表现为宽 500～1000m 的地堑，两侧地形逐渐变浅；而大西洋和印度洋洋中脊中心则表现为由一系列正断层组成的几十千米宽的拗陷带，向两侧地形也逐渐变浅。除地形上表现为隆起带以外，洋中脊还具有一系列独特的地形特征，如洋中脊的分段性、各段洋中脊之间的转换断层以及两侧 5~15km 内广泛发育年轻海山等。

19 世纪以前，人们不知道大海深处是怎样的，很大程度上是推测，大多数人认为海底是相对平坦的，没有什么特别的特征。然而，在 16 世纪，一些勇敢的航海家通过手线探测到的声音，发现随大海深度不同会有所变化，表明海底并不像人们所认为的那样平坦。后来几个世纪里的海洋探索显著提高了人类对海底的认识，人们开始了解到，大部分发生在陆地的地质过程与海底的动力学直接或间接相连。

19 世纪，人类对海洋深处的"现代化"测量大大增加，大西洋和加勒比海的水深调查也更加频繁。1855 年，美国海军中尉马修（Maury）发布的水深图是中部大西洋海底山脉的第一个证据（他称之为"中间地带"），这后来由铺设跨大西洋海底电缆的调查船所证实。第一次世界大战后，人类对海底的认识大幅增加，回声测深设备——原始的声呐系统——可以通过记录从船反弹到海底并返回的声音信号时间来测量海洋深度，结果显示，海底比此前认为的更加崎岖（中华人民共和国科学技术部，2016）。声呐技术的运用使得人们有条件来认识海洋底部的面貌。科学家开始对大西洋底部进行调查，结果发现大西洋的中部洋底比较浅且不平坦，存在着一条南北走向的海底巨形山脉，由于这条海底山系走向很像人体的脊椎，所以，科学家将这条山系定名为"大西洋中脊"。第二次世界大战后，科学家陆续对太平洋、印度洋、北冰洋的海底地形进行了调查，在各个洋盆都发现了脊状山脉的存在，这些山脉相连且纵横世界大洋。洋中脊地形的持续调查，使得全球洋中脊的全貌构成了人类对固体地球表面的基本认知之一（Chen and Morgan，1990）。

到目前为止，两种研究最多的大洋中脊是大西洋中脊和东太平洋海隆。大西洋中脊位于大西洋中心底下，以每年 2~5cm 的速度扩展。相比之下，东太平洋海隆扩展速度更快，为每年 6~16cm（过去每年 20 多厘米）。火山的热量和深海热液喷口的水为一些罕见的深海动物提供了能源基础。这些动物完全生活在与阳光隔绝的环境里，其所需能量不是通过光合作用，而是依靠微生物的化学合成过程获得。

随着对洋中脊形貌认识的逐渐完善，洋中脊独特的地质背景和环境，使得人们不断思考和研究其在地球演化过程中的作用。洋中脊在地球科学研究中具有极为重要的地位，其是地球上的扩张性板块边缘（大洋扩张中心），也是新生洋壳形成的地方。火山作用形成的玄武岩层，随着洋中脊向两侧扩张而构成了大洋洋壳层（Wilkinson 和王奎仁，1983）。世界大洋海盆的基岩都是通过海底扩张引起的洋中脊火山作用形成的（刘仲衡和吴锦秀，1982），洋壳最终会在岛弧俯冲带进入地幔，因此洋壳物质的生成和消亡是地球上最大规模的物质循环，对地球内外物质交换起到至关重要的作用（牛耀龄，2010），逐渐吸引着越来越多的科学家关注和研究。从 20 世纪 70 年代中期红海区域发现热液金属软泥开始，到近年来证明洋中脊存在着活跃的流体活动和成矿过程，并且伴有独特的极端生态资源，迅速开启了洋中脊的全球资源调查和研究。

洋中脊具有独特的环境和资源，是认识固体地球内部圈层的窗口。洋中脊的火山物质是深部地幔的直接产物，可以帮助人们了解深部固体地球。此外，大洋地壳最薄，是最接近地幔层的地方,对探索地球深部信息尤为重要,目前它已经成为国际上一些重大地球探索计划的核心区域。总之,洋中脊系统独特的地质结构以及特殊的物理、化学环境蕴藏了很多奥秘和潜在资源,解开这些奥秘对人类有着重要的意义。近些年来,世界各国对洋中脊研究越来越重视。对洋中脊的研究主要是从了解洋中脊洋壳的起源开始,进而关注洋脊侧翼以及深海平原下的洋壳演化,一直到汇聚边缘、俯冲带、岛弧和弧后系统中的系列变化。过去十年里,全球洋中脊研究主要集中在以下几个方向(田丽艳和林间,2004):①超低速扩张脊;②洋中脊-地幔热点相互作用;③弧后扩张系统与弧后盆地;④洋中脊生态系统;⑤连续的海底监测和观察;⑥海底深部取样;⑦全球洋中脊考察。这些研究的目的在于加强人们对洋壳组成和演化以及其与海洋、生物圈、气候与人类社会之间相互作用的认识(马乐天等,2015)。

3.2　国际洋中脊研究的战略部署

3.2.1　国际研究计划

1. 国际大洋发现计划

国际大洋发现计划(IODP)是地球科学研究方面时间最长、最成功的国际合作研究计划。该计划的目标就是通过专门的远洋钻探和海底研究平台获得多种钻井核心、井眼成像以及其他的监测数据,从而解决地球上海洋、环境和生命科学的重要问题。

IODP 在洋中脊研究方面取得了很多技术性进步和新发现。其中包括钻井技术、监测方法的进步,如循环观测回返装置(circulation obviation retrofit kit,CORK)仪器的广泛应用,其在洋壳水文地质学和深海生物圈研究中发挥了重要作用,还确定了俯冲带的存在以及俯冲带下沉的发生。另外,在洋中脊热液系统中海底海水-岩石相互作用等多方面的研究中也取得了新进展。

2011 年 6 月 IODP 公布的《2013~2023 年国际海洋发现计划》中,与洋中脊研究相关的部署主要包括:①了解地幔变化,采用阶梯式深海钻探方法研究地幔,对深海地质进行分析并研究地球深海碳循环;②利用海洋科学钻探与海底测绘、地球物理实验和模型模拟,解释洋中脊和大洋地壳的形成;③通过钻探数据定量、持续地计算流体的变化程度,分析大洋地壳在地球重要化学元素循环中所起到的作用;④俯冲带如何产生周期性的不稳定状态及如何生成大陆地壳。

2. 国际大洋中脊协会

国际大洋中脊协会(InterRidge)是洋中脊研究领域唯一的国际科学组织,成立于1992 年,其宗旨是协调世界各国对大洋中脊的多学科综合研究。目前该组织有包括中国、法国、德国、日本、英国、美国等 30 个国家和超过 2500 名研究学者(马乐天等,2015)。全球大洋中脊研究十年科学规划(2004~2013)(田丽艳和林间,2004)中总结了 2004~2013 年十年里洋中脊研究的进步与成果,主要包括:①西南印度洋中脊的考察和研究。该协会的西南印度洋中脊工作组在 2004~2013 年十年里共组织和协调了 16 个航次,使西南印度洋中脊成为世界上研究最好的慢速扩张脊之一。②北极加克（Gakkel）海岭的第一次海底地形测量和取样。在加克海岭发现了以前未知的一种新的洋中脊扩张形式。该航次第一次发现了洋中脊可以在无岩浆或极少岩浆的条件下扩张，同时也找到了理论上提出的岩浆在超低速扩张脊中心会强烈聚集的直接证据。③洋中脊全球取样。其中，地幔柱–洋中脊相互作用的研究活动与其他国际计划联系紧密，尤其是海洋地幔动力学计划。

2012 年，国际大洋中脊协会公布了《国际大洋中脊第三个十年科学计划（2014～2023）》（*A Plan for the Third Decade of InterRidge Science*），该计划对 2014～2023 年十年研究的重点方向进行了阐述，主要科学研究方向有：①大洋中脊构造与岩浆作用过程；②海床与海底资源；③地幔的控制作用；④洋中脊-大洋相互作用及通量；⑤洋中脊的轴外过程及其所造成的结果对岩石圈演化的作用；⑥海底热液生态系统的过去、现在与未来。

3. 国际海洋研究科学委员会相关计划

国际海洋研究科学委员会（SCOR）于 1957 年成立于美国伍兹霍尔海洋研究所，旨在促进海洋学领域的多学科合作。SCOR 是当今国际海洋界中历史最长、规模最大、影响最大的非政府学术组织，多年来，SCOR 在发起和组织大型海洋研究计划、推动海洋前沿领域研究等方面起到了重要作用（中国海洋研究委员会，2013）。

SCOR 正在筹划的第二次国际印度洋探索计划（2015～2020）IIOE2 中，各国已经开始和计划开展的与洋中脊研究相关的研究计划和课题包括：①荷兰的深海热液口生态学研究计划；②法国 MAD Ridge 研究计划，主要对漩涡–地形交互作用、海山生态系统和生物生产力、马达加斯加岭等进行研究；③法国 FFEM–SWIO 研究计划，主要对漩涡–地形交互作用和海山生态系统等进行研究；④德国 RHUM–RUM 项目和 SPACES 项目；⑤南非 ACEP III 项目；⑥英国 SEASEARCH 项目，主要对海山和生物多样性进行研究；⑦美国 Lighthouse 计划/ LORI 1 & 2 Cabled Observatory；⑧美国伍兹霍尔海洋研究所对马里安隆起和西南印度洋脊的相关研究项目。

3.2.2　国家研究计划

1. 美国

1）美国国家海洋与大气管理局（National Oceanic and Atmospheric Administration，NOAA）相关研究计划

NOAA 太平洋海洋环境实验室（Pacific Marine Environmental Laboratory，PMEL）的地球-海洋相互作用项目分为三个方向，其中的海底热液系统与海底火山研究这两大方向都与洋中脊研究密切相关。海底热液系统研究主要聚焦于轴向海山——东北太平洋最活跃的海底火山，其上升到海平面下 1400m，位于离俄勒冈州海岸约 300mi①处。轴向海山是洋中脊系统地质、化学和生物学相互作用的长时间序列研究的焦点。海底火山研究的

① 1mi=1.609km

重点包括西南太平洋 Lau 弧后扩张海盆（Lau Basin）。此外，海底热液研究是 NOAA 海底研究计划（NOAA Undersea Research Program，NURP）中的一个重要优先目标，通过海底热液喷口研究，了解海底热液喷口附近的深海化能合成生物群落，以及海洋和海底热液喷口等在全球和区域气候及碳循环中的作用。

2）美国国家科学基金会 NSF 相关研究计划

美国国家科学基金会（National Science Foundation，NSF）已资助了多个与洋中脊研究相关的项目，其中包括地球深部合作研究计划（Cooperative Studies of the Earth's Deep Interior）、岩石学与地球化学项目、地球系统动力学前沿项目、地球科学研究项目、RIDGE 2000、综合地球系统研究、大陆动力学项目和构造学研究项目等。通过这些项目，研究地球地幔、地壳和地核的动力学过程，并探索地球是如何演化和发展的。

3）美国地质调查局

美国地质调查局（United States Geological Survey，USGS），是美国内政部所属的科学研究机构。美国地质调查局 2010 年公布了该部门的 10 年科学研究战略并组织了多个研究项目，具体项目中地球表面动力学项目（Earth Surface Dynamics）、能源资源项目（Energy Resource Project）、地震灾害项目、矿产资源计划（Mineral Resource Plan）和火山灾害项目等其中多个方向的研究都与洋中脊研究密切相关。

2. 法国

法国海洋开发研究院（IFREMER）是法国唯一专门从事海洋开发研究和规划的重要部门。2005 年，IFREMER 曾参与过大西洋中脊监测站（MOMAR）计划的大西洋中脊长期监测项目（国际大洋中脊协会的 MOMAR 是唯一针对慢速扩张的大西洋中脊的海底观测站）。该项目主要是将热液喷口区域的地质学、物理化学和生物学活动的长期监测与脊轴区域构造学、火山学与热液过程的大尺度规模监测相结合，从而发展洋中脊过程的定量、整体系统模型研究。

在 IFREMER 2013 年发布的战略规划报告《探索海洋，认识地球》（*Exploring the Sea to Understand the Earth*）中，深海勘探研究与水下机器人应用是其中一个重要的研究方向。此外，IFREMER 还强调了海洋船队和海洋学计划的国内外海洋科学考察合作研究，这些研究方向和计划中都包含了对大西洋中脊及其他洋中脊的研究部署。

3. 日本

1）日本海洋科学技术中心

日本海洋科学技术中心（JAMSTEC）近年来的科考计划中与洋中脊研究相关的包括（高峰等，2015）：

（1）探索生命极限 2013 计划（QUELLE 2013），主要考察了印度洋、南大西洋、加勒比海以及南太平洋，分阶段调查了印度洋中脊、里奥格兰德隆起、圣保罗海脊和圣保罗海底高原等海域，对这些区域进行了地质学研究并对海底热液喷口进行了化学和生物学等综合研究。

（2）冲绳热液海底生命圈钻探及热液活动区潜海调查，发现了海底的大面积热液区以及变质带并确定热液硫化物的分布和组成与热液矿床成因密切相关，调查了海底热液生命圈的生存环境。

（3）南太平洋科学考察，完成了南太平洋及俯冲带的地质学、地球物理学观测等。

此外，JAMSTEC 还拥有"地球"号（CHIKYU）这一具有卓越能力的深海钻探船。"地球"号可用于研究生命起源及地球规模的环境变动等情况，其强大的海底钻探能力可以让科学家取到地球不同深度的样本，从而了解地球各个断层的机理、生物状态和可利用矿物质成分等，探勘海底资源。2011 年日本大地震中，它还被用于调查地震后的海底变化。

2）东京大学大气海洋研究所

东京大学大气海洋研究所致力于海洋与大气科学基础研究以及地球表层系统科学研究，其下设的海洋地球系统研究部中的海底地质研究组主要开展洋中脊、弧后盆地、板块俯冲带等海底动态分析，并根据海底沉积物记录的地球环境记录进行复原与解析。海底地质学研究和海底地球物理学研究都是该研究所的重点研究方向。海底地质学主要研究俯冲带构造和浅层结构，包括对记录有俯冲带构造过程的增生杂岩进行地质调查、甲烷水合物的分布与成因研究、地中海东部与陆–陆碰撞相关的泥火山特征研究以及利用反射波法地震勘测研究海底的构造与物理性质等。海底地球物理学研究主要研究板块边界的海底结构和海底深陷过程以及地震发生、热液循环和地磁变化等，包括大洋中脊构造研究、热液活动和海洋地壳、巨大地震断层的三维结构与物理性质解析（高峰等，2015）。

4. 英国

英国国家海洋学中心（The National Oceanography Center，NOC）是隶属于英国自然环境研究委员会（The Natural Environment Research Council，NERC）的海洋科学研究机构，代表了英国海洋科学技术的最高水平。NOC 的海洋研究主要分为六个方向，地球–海洋系统是其中之一，具体研究内容包括底层流、洋中脊、热液喷口、大陆边缘、水合物分解、海底峡谷、海底及栖息地绘图等。此外，其下属的 NOC 海洋地球科学研究部门主要进行对海底的世界性多学科研究。具体相关的研究计划包括 HERMIONE、MAREMAP、CODEMAP、ECO2、ACCESS、SENSENET、UK-TAPS、HERMES 等，还包括国际研究项目如 AUTOSUB、UNCLOS、SUMATRA、GEBCO 和 RAPID 等。NOC 的研究人员还采用尖端技术如 Autosub6000 和水下机器人 Isis 对海底进行地质和生物热点区域高精度绘图，发现了全球最深的热液喷口并绘制了世界最大的海底沉积物重力流（高峰等，2015）。

5. 加拿大

加拿大海洋观测网络（Ocean Networks Canada，ONC）建立于 2007 年，负责金星

VENUS 和海王星 NEPTUNE 海底观测网络的管理与运行，这些观测网络长时间收集海洋的物理、化学、生物和地质等各方面数据，支持研究复杂的地球过程。加拿大海洋网络主要有北极站点、东北太平洋站点和萨利希海站点，开展的研究主要包括北极研究、生态系统研究、天然气水合物研究、深海热液喷口研究、海洋哺乳动物、沉积物和深海动力学以及海啸研究。其中，深海热液喷口研究需要长时间的数据来估量通过热液喷口从地壳向上进入海洋中的热量、化学和生物通量。该研究方向的科维斯（COVIS）计划则是利用安装在"海王星"海底观测系统上的成像声呐（COVIS）对胡安·德富卡洋脊站点进行观测和数据收集。沉积物和深海动力学研究是对巴克利峡谷的底部沉积物和佐治亚海峡进行沉积学及海洋生态学研究。

加拿大海洋观测网络未来的重要研究方向包括海底天然气水合物储藏稳定性研究、深海热液系统多学科调查以及海洋地壳水文地质学等。其中，"海王星"观测系统未来主要关注的领域包括海底火山过程、热液系统、地震、海啸以及海洋地壳相关研究等。

6. 中国

我国一直非常重视发展海洋科技，并将海洋科技创新作为基本战略，中共十八大也提出了打造海洋强国的国家战略，近些年来，我国设立了多个与洋中脊研究相关的国内研究组织和国际组织分部，并资助了不同层面的多种研究计划与项目。国际大洋中脊协会中国分会（InterRidge China）组织国内的洋中脊研究机构和专家积极参与了国际大洋中脊协会的各种科考和洋中脊研究活动，为中国洋中脊研究的发展和国际交流合作做出了重要贡献。中国大洋矿产资源研究开发协会（简称中国大洋协会）于 2001 年正式成为国际海底资源勘探的承包者，拥有以"蛟龙"号、"海龙"号和"潜龙一号"为代表的高水平深海设备，已完成并筹备开展多项与洋中脊相关的研究计划。此外，中国也是 IODP 的成员国，设有办公室并积极参与相关的国际计划。中国自 1984 年开始赴南极进行考察，中国南极南大洋研究计划已成功完成了 36 次南极考察任务并取得了丰硕成果，对深海及洋中脊研究意义重大。而自 1999 年中国首次组织开展北极考察以来，中国科学家考察研究了包括加拿大海盆、Mohns 洋中脊、阿尔法海脊和弗莱彻深海平原海域等区域，对国际洋中脊研究也有重要意义（王立明等，2014）。2015 年，筹建 15 年之久的海洋国家实验室正式启动，深远海和极地极端环境与战略资源、海底过程与油气资源是实验室的两大重点研究方向，而西太平洋洋陆过渡带深部过程与资源环境效应则是实验室未来 3～5 年的重大科研任务之一。这些都是我国对深海的重点研究部署，与洋中脊研究也密切相关。

3.2.3　小　　结

通过对洋中脊研究的国际战略部署进行分析，可以看出，洋中脊研究目前是国际深海研究领域的重要组成部分。国际海洋研究组织以及世界主要发达国家都纷纷对洋中脊研究进行了战略部署，资助了与洋中脊研究相关的多项研究计划和项目，并且在洋中脊探测、构造和取样等方面取得了重要成果。在这些研究计划中，洋中脊过程研究以及海底热液系统研究是近年来国际洋中脊研究的重点。

21 世纪以来，我国越来越重视洋中脊领域的相关研究，也取得了一些重要的研究成果。目前，我国在海洋科技装备与人才力量上仍与国际其他先进国家存在一定的差距，但这种差距正在逐步缩小。

3.3　洋中脊研究文献计量分析

3.3.1　数据来源及分析方法

本章文献数据收集自科学引文索引（SCIE）数据库。SCIE 数据库收录了国际各学科领域内最优秀的科技期刊，以 SCIE 数据库为基础，采用文献计量分析方法对国际上洋中脊研究论文的年度变化、国家、机构以及研究热点等情况进行了综合分析，以助于理解国际洋中脊研究的发展趋势。

检索策略是 TS =（（ "oceanic ridge" or "mid-ocean ridge" or "ATLANTIC RIDGE" or "EAST PACIFIC RISE" or "Gakkel Ridge" or "Indian Ridge" or "Gorda Ridge" or "American-Antarctic Ridge" or "Pacific-Antarctic Ridge" or "Juan de Fuca Ridge" or "Explorer Ridge" or "Chile Rise" or "Chile Ridge" ））。重点对 2000～2014 年近 15 年间发表的 article、proceedings paper 和 review 进行了分析，共检索到 6984 条数据。采用的分析工具主要有 Thomson Data Analyzer 和 Excel，还使用 Nees Jan van Eck 和 Ludo Waltman 开发的 VOSviewer 软件对洋中脊研究论文进行关键词分析。

3.3.2　洋中脊研究论文年度变化

根据对洋中脊研究论文每年的变化情况进行分析，可以明显看出，洋中脊研究论文整体呈现递增趋势，有些年份论文量会有小的波动，2003 年以后每年发文量基本超过 400 篇，2013 年达到顶峰，有 553 篇洋中脊研究论文被 SCIE 数据库收录，见图 3-1。

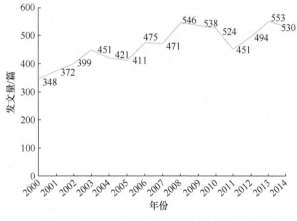

图 3-1　国际洋中脊研究论文年度变化情况

3.3.3　洋中脊国际研究力量分析

1. 国家分布情况

洋中脊研究论文发文量前 20 位的国家如图 3-2 所示，可以看出，美国发表的研究论文最多，数量远远超过其他国家，在其他国家中，法国、英国、德国、日本和俄罗斯的发文量较多，均超过 500 篇。中国发文量为 471 篇，排在第 7 位。

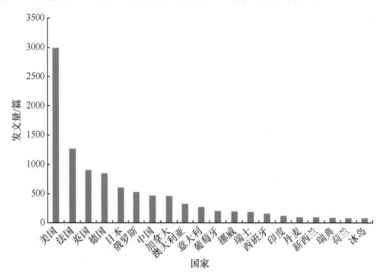

图 3-2　洋中脊研究论文发文量前 20 位的国家

为了更深入地了解各国在洋中脊研究方面的影响力，对各个国家发表论文的总被引频次、篇均被引频次、高被引论文比例等方面进行了深入分析，详细数据见表 3-1。经分析发现，总被引频次基本与发文量成正比，美国、法国、英国和德国的总被引频次最高，均超过 20 000 次，美国总被引频次 89 364 次，显示了其在洋中脊研究方面的绝对优势，这也与其强大的科研资金支持和先进的技术设备相匹配。此外，法国、英国、德国和日本等国的总被引频次均超过 10 000 次，篇均被引频次最高的国家是瑞士、冰岛和澳大利亚，篇均被引频次均超过 30 次/篇。通过对 2012～2014 年的发文情况进行分析，可以发现，中国、意大利和西班牙这三年的发文量所占比例最高，中国这三年发文量占 2000～2014 年 15 年的 40.34%，说明中国近些年来越来越重视洋中脊方面的研究。在高被引论文方面，被引频次≥50 次的论文比例最高的国家是瑞士和澳大利亚，这两个国家均有超过 20%的论文被引次数达到或超过 50 次，而被引频次≥100 的论文比例较高的国家是美国、澳大利亚和英国，比例接近 5%。

综合各项指标来看，美国在洋中脊研究论文体量和质量方面实力最强；英国在研究论文数量和高被引论文比例上具有优势；澳大利亚、瑞士和冰岛虽然发表的研究论文数量不算很多，冰岛才发表了 80 篇洋中脊研究方面的文章，但文章影响力很高。中国 2012～2014 年发文占比很高，显示出中国对该研究方向的重视程度在不断加强。图 3-3 显示了各国洋中脊研究论文的相对影响力。

表 3-1　洋中脊研究前 20 位国家发文量及影响力统计

排名	国家	发文量/篇	总被引/次	篇均被引/(次/篇)	2012~2014 年发文占比/%	被引论文比例/%	被引频次≥50的论文比例/%	被引频次≥100的论文比例/%
1	美国	2 994	89 364	29.85	20.81	95.49	16.53	4.91
2	法国	1 269	31 474	24.80	20.88	94.80	12.69	3.39
3	英国	905	25 158	27.80	25.64	96.24	15.03	4.86
4	德国	848	21 464	25.31	23.35	94.58	13.21	4.01
5	日本	605	13 668	22.59	22.64	95.87	10.41	3.47
6	俄罗斯	532	5 761	10.83	18.80	83.27	4.70	0.56
7	中国	471	7 284	15.46	40.34	87.26	7.01	2.34
8	加拿大	464	10 732	23.13	22.20	98.06	11.21	2.59
9	澳大利亚	327	10 216	31.24	26.61	98.17	20.80	4.89
10	意大利	274	5 370	19.60	32.48	95.26	9.12	1.82
11	葡萄牙	201	3 792	18.87	22.89	97.01	7.96	2.99
12	挪威	194	3 936	20.29	28.87	95.88	6.70	2.58
13	瑞士	189	6 596	34.90	25.93	95.77	21.16	4.76
14	西班牙	158	3 309	20.94	30.38	94.30	12.03	1.90
15	印度	120	1 050	8.75	27.50	90.00	3.33	0.00
16	丹麦	101	2 425	24.01	18.81	91.09	16.83	3.96
17	新西兰	97	2 209	22.77	28.87	96.91	12.37	1.03
18	瑞典	90	2 165	24.06	24.44	95.56	11.11	4.44
19	荷兰	84	2 359	28.08	29.76	96.43	17.86	3.57
20	冰岛	80	2 526	31.58	18.75	96.25	18.75	1.25
	平均值	500.15	12 542.9	25.08	24.00	94.52	13.31	3.72

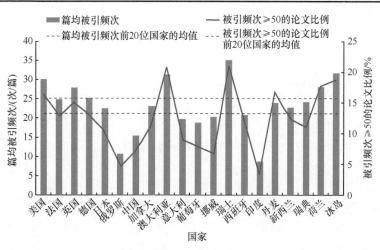

图 3-3　各国洋中脊研究相关论文的相对影响力

中国发文量排第 7 位,总被引频次处于第 8 位,篇均被引排名第 18 位,2012~2014 年发文占比排在第 1 位,被引论文比例排在第 19 位,被引频次≥50 的论文占比排第 17 位,被引频次≥100 的论文占比排第 14 位。综合来看,我国洋中脊研究相关研究论文数量近些年来增量明显,2012~2014 年的发文比例非常高,体现了我国对该研究领域的关注度在不断增加。但论文整体受关注度不高,影响力较低,高被引论文数量较少,有部分原因与大部分论文发表时间不长有关。

通过对国际洋中脊研究的合作情况进行分析,可以看出,美国处于合作的中心位置,是其他国家的主要合作伙伴,美国强大的科研设备能力与坚实的研究基础是其成为全球合作中心的主要因素。此外,法国在国际合作中也很活跃,与美国、俄罗斯、西班牙等国有广泛的合作。英国、日本、中国和意大利等国在洋中脊研究方面也占有重要的地位,中国的主要合作对象是美国等,见图3-4。

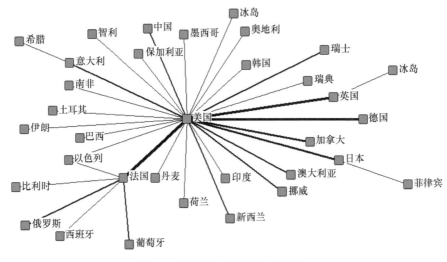

图 3-4　洋中脊研究的国家合作情况

2. 主要机构

在机构发文量方面,发文量最多的前三个机构分别是俄罗斯科学院、美国伍兹霍尔海洋研究所和中国科学院,美国的研究机构在洋中脊研究发面发表论文较多,除了伍兹霍尔海洋研究所外,加利福尼亚大学、哥伦比亚大学、夏威夷大学和华盛顿大学都在洋中脊研究发文量前 15 的机构中,如图 3-5 所示。

为了更深入地了解各主要研究机构在洋中脊研究方面的影响力,从主要机构所发表的洋中脊研究论文的总被引频次、篇均被引频次、高被引论文比例等方面进行了分析,见表 3-2。

可以看出,美国伍兹霍尔海洋研究所、加利福尼亚大学、华盛顿大学、法国海洋开发研究院、哥伦比亚大学和中国科学院等机构发表论文的总被引频次较高,均超过 3000次;论文篇均被引频次从多到少依次是华盛顿大学、美国伍兹霍尔海洋研究所和加利福尼亚大学,这些机构的篇均被引频次均超过 30 次/篇;2012～2014 年发文量占比最多的机构是中国科学院、英国南安普敦大学和日本海洋科学技术中心,均超过 30%,中国科学院 2012～2014 年来发文量占总发文量比例最高,为 42.16%;在高被引论文方面,华盛顿大学和美国伍兹霍尔海洋研究所均有超过 20%的论文被引频次达到或超过 50 次,其中,华盛顿大学被引频次达到或超过 100 次的文章比例超过 10%。综合各项指标来看,美国伍兹霍尔海洋研究所和华盛顿大学发表论文的影响力最强。各机构论文相对影响力可以参考图 3-6。

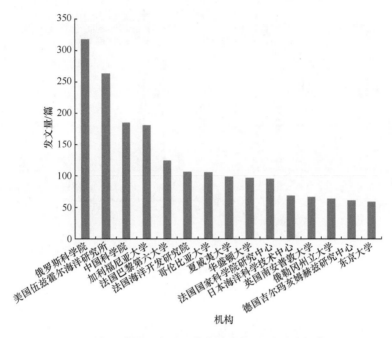

图 3-5　洋中脊研究论文发表最多的 15 个研究机构

表 3-2　主要机构洋中脊发文量及影响力统计

序号	机构	发文量/篇	总被引/次	篇均被引/（次/篇）	2012~2014 年发文占比/%	被引论文比例/%	被引频次≥50 的论文比例/%	被引频次≥100 的论文比例/%
1	俄罗斯科学院	318	2189	6.88	15.09	81.45	1.89	0
2	美国伍兹霍尔海洋研究所	264	9275	35.13	16.29	96.97	20.08	4.55
3	中国科学院	185	3097	16.74	42.16	87.03	8.65	3.78
4	加利福尼亚大学	181	6033	33.33	15.47	97.24	14.36	4.42
5	法国巴黎第六大学	125	2648	21.18	25.60	99.20	9.60	1.60
6	法国海洋开发研究院	107	3188	29.79	16.82	95.33	16.82	4.67
7	哥伦比亚大学	106	3150	29.72	16.04	98.11	15.09	5.66
8	夏威夷大学	99	2860	28.89	19.19	93.94	19.19	3.03
9	华盛顿大学	97	4263	43.95	13.40	96.91	26.80	11.34
10	法国国家科学研究中心	96	2380	24.79	19.79	93.75	15.63	2.08
11	日本海洋科学技术中心	69	1669	24.19	33.33	97.10	8.70	5.80
12	英国南安普敦大学	67	955	14.25	38.81	97.01	5.97	0.00
13	俄勒冈州立大学	64	1675	26.17	18.75	98.44	9.38	3.13
14	德国吉尔玛亥姆赫兹研究中心	61	1624	26.62	26.23	95.08	11.48	1.64
15	东京大学	59	1024	17.36	16.95	94.92	6.78	1.69
	平均	162.4	3068.67	24.25	21.18	93.15	12.33	3.37

　　中国机构中，中国科学院总被引频次排在第 6 位，篇均被引频次排在 14 位，2012~
2014 年发文占比排在第 1 位，高被引论文（被引频次≥50 和被引频次≥100）分别排第
13 位和第 7 位，说明中国科学院的洋中脊研究论文近些年来发文量增长势头明显，在国
际上已具有一定的影响力。

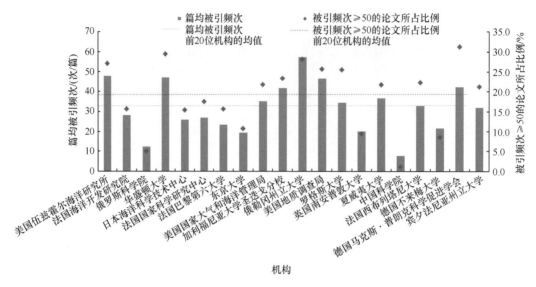

图 3-6　洋中脊主要研究机构被引频次和高被引论文情况

在机构合作方面,美国伍兹霍尔海洋研究所是国际洋中脊研究机构的主要合作机构和核心机构。此外,法国海洋开发研究院、华盛顿大学和英国南安普敦大学也属于活跃的洋中脊研究合作机构。美国伍兹霍尔海洋研究所与哥伦比亚大学、麻省理工学院、加利福尼亚大学和华盛顿大学有很强的合作关系,国际上与日本海洋科学技术中心、英国南安普敦大学等有较密切的合作,具体见图 3-7。中国科学院与中国地质大学的合作最为紧密,在国际合作方面还没有与其他国家的机构建立较强的合作关系。

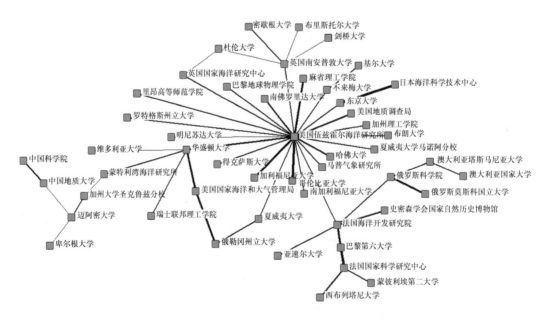

图 3-7　国际主要机构洋中脊研究合作情况

3. 主要资助机构

通过对洋中脊研究论文的资助情况进行分析，可以发现，美国国家科学基金是全球最大的洋中脊研究资助机构，所资助发表的论文数量远远领先于其他资助机构。此外，中国国家自然科学基金委员会、俄罗斯基础研究基金会、英国自然环境研究委员会、德国科学基金会和加拿大国家自然科学与工程研究基金会等机构资助的洋中脊研究论文也较多，如图 3-8 所示。

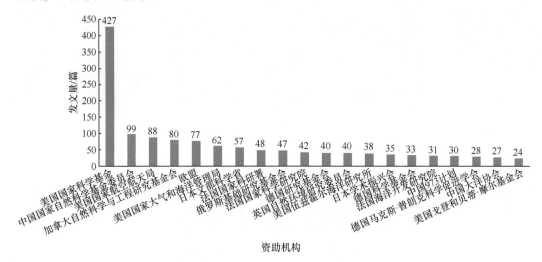

图 3-8 洋中脊研究主要资助机构

中国国家自然科学基金委员会和国家重点基础研究发展计划（973 计划）是中国洋中脊相关研究资助发文最多的机构，分别资助发表论文 99 篇和 22 篇，中国洋中脊研究的科研论文大部分由国家自然科学基金委员会资助完成。

3.3.4 基于文献计量的研究热点分析

1. 学科与关键词分析

按 Web of Science 学科分类看，洋中脊研究所涉及的相关研究学科有：地球化学与地球物理学、综合地球科学、地质学、海洋学、矿物学、海洋与淡水生物学和微生物学等，其中地球化学与地球物理学所占比重最大，有 3355 篇相关论文，其次是综合地球科学，有 1267 篇论文，海洋学论文有 686 篇，见表 3-3。

论文的关键词可以提供学科发展趋势等很多有用的信息，使用 VOSviewer 软件对洋中脊研究论文的关键词进行分析，VOSviewer 主要根据关键词的共现及相互联系的紧密性对关键词进行聚类分析，将联系紧密的关键词以相同颜色划分为同一区块，如图 3-9 所示。可以明显看出，洋中脊研究主要分为三个研究板块，分别是：①蓝色板块，大西洋洋中脊和东太平洋洋隆的生态与生物学研究，关键词包括多样性、环境、种群、细菌、碳和有机体等；②红色板块，地幔研究，关键词包括俯冲、上地幔、边缘、岩浆作用和同位素组成等；③绿色板块，地质结构研究，关键词包括断层、板块、轴和裂缝等。

表 3-3　国际洋中脊研究主要涉及的 Web of Science 学科领域

序号	学科领域	文章篇数	序号	学科领域	文章篇数
1	Geochemistry and Geophysics	3355	11	Biology	104
2	Geosciences，Multidisciplinary	1267	12	Zoology	100
3	Oceanography	686	13	Biochemistry and Molecular Biology	78
4	Geology	507	14	Biotechnology and Applied Microbiology	66
5	Mineralogy	484	15	Paleontology	48
6	Marine and Freshwater Biology	411	16	Evolutionary Biology	47
7	Microbiology	302	17	Geography，Physical	44
8	Multidisciplinary Sciences	289	18	Meteorology and Atmospheric Sciences	42
9	Ecology	193	19	Astronomy and Astrophysics	41
10	Environmental Sciences	126	20	Fisheries	41

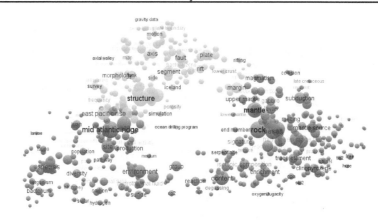

图 3-9　洋中脊研究关键词热点分析

2. 研究热点分析

图 3-10 显示了洋中脊研究领域发表论文的前 30 个关键词近 15 年来的变化趋势。其中，在研究区域方面，东太平洋隆起、胡安·德富卡洋脊和大西洋中脊一直都是研究的重点；近些年来对大西洋中脊的研究越来越多，关于大西洋中脊的研究论文数量明显高于对其他洋脊的研究论文。此外，热液系统研究近几十年来一直得到较多关注，是洋中脊研究的热点之一。洋中脊岩石学也是该领域的研究重点，玄武岩、辉长岩、蛇纹岩、蛇纹石化都是相关的重点关键词，洋中脊玄武岩（mid-ocean ridge basalt，MORB）近些年来出现频次越来越高。洋中脊岩石地球化学研究近些年来越来越热，同位素、追踪同位素在关键词中的出现频率也越来越高。

Histcite 是由 Garfield（罗昭锋，2016）开发的引文图谱分析软件，可以以图谱方式展示某一领域不同文献之间的关系，帮助分析领域的发展趋势并定位出该领域的重要文献和热点。图 3-11 是使用 Histcite 软件对洋中脊论文做的分析图谱。根据图 3-11，引文网络出现 5 个聚类较明显的引文团，分别以不同颜色划分出来，由此可以将洋中脊研究的热点研究主题分为五个方面：

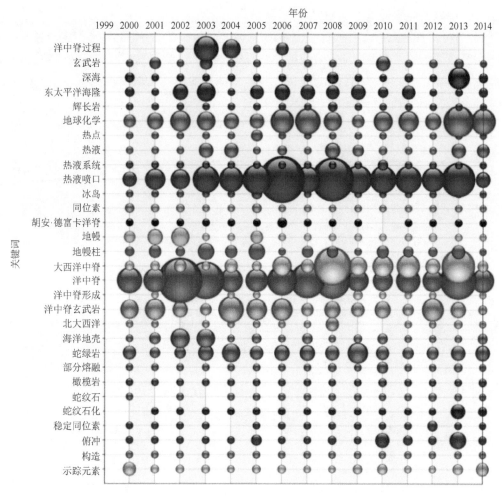

图 3-10 洋中脊研究关键词变化趋势

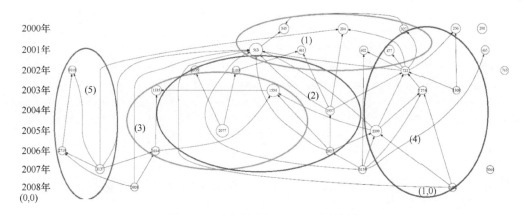

图 3-11 洋中脊研究 Histcite 分析图谱

（1）洋中脊热液喷口研究，包括热液喷口的形成与结构、热液喷口流体的物理化学性质研究等。

（2）洋中脊岩石学研究，包括洋中脊岩石组成、岩石成因、地幔熔融和洋脊下的熔体提取过程以及元素地球化学研究等。

（3）洋中脊的慢速、超慢速扩张，如西南印度洋和北极山脊的超慢速扩张与影响等。

（4）热液区域生态系统研究，包括热液系统地质、化学和生物过程之间的相互联系与相互作用、火山活动对热液系统的影响以及热液系统的能量来源研究等。

（5）大洋核杂岩与拆离断层研究等。

这 5 个引文团的洋中脊研究的热点文献具体见表 3-4。

表 3-4　洋中脊研究的热点文献

HistCite 序号	论文题目（发表年份）	引用次数
（1）		
563	An off-axis hydrothermal vent field near the Mid-Atlantic Ridge at 30 degrees N（2001）	434
345	Compared geochemical signatures and the evolution of Menez Gwen（37 degrees 50′N）and Lucky Strike（37 degrees 17′N）hydrothermal fluids，south of the Azores Triple Junction on the Mid-Atlantic Ridge（2000）	166
327	A review of the distribution of hydrothermal vent communities along the northern Mid-Atlantic Ridge：dispersal vs. environmental controls（2000）	115
3159	Geochemistry of hydrothermal fluids from the ultramafic-hosted Logatchev hydrothermal field，15 degrees N on the Mid-Atlantic Ridge：Temporal and spatial investigationlera（2007）	112
（2）		
204	A long in situ section of the lower ocean crust：results of ODP Leg 176 drilling at the Southwest Indian Ridge（2000）	220
1957	Bulk-rock major and trace element compositions of abyssal peridotites：Implications for mantle melting，melt extraction and post-melting processes beneath mid-ocean ridges（2004）	220
2077	Major and trace element composition of the depleted MORB mantle（DMM）（2005）	746
1103	Garnet-field melting and late-stage refertilization in 'residual' abyssal peridotites from the Central Indian Ridge（2002）	160
1035	Vapour undersaturation in primitive mid-ocean-ridge basalt and the volatile content of Earth's upper mantle（2002）	291
2827	Geochemistry of abyssal peridotites（Mid-Atlantic Ridge，15 degrees 20'N，ODP Leg 209）：Implications for fluid/rock interaction in slow spreading environment（2006）	124
（3）		
1534	An ultraslow-spreading class of ocean ridge（2003）	316
2694	Modes of seafloor generation at a melt-poor ultraslow-spreading ridge（2006）	135
1335	Magmatic and amagmatic seafloor generation at the ultraslow-spreading Gakkel ridge，Arctic Ocean（2003）	188
（4）		
2099	A serpentinite-hosted ecosystem：The lost city hydrothermal field（2005）	398
722	Volcanoes，fluids，and life at mid-ocean ridge spreading centers（2002）	187
3482	Abiogenic hydrocarbon production at Lost City hydrothermal field（2008）	237
1274	Magmatic events can produce rapid changes in hydrothermal vent chemistry（2003）	110
477	Variations in deep-sea hydrothermal vent communities on the Mid-Atlantic Ridge near the Azores plateau（2001）	179
（5）		
3137	Oceanic core complexes and crustal accretion at slow-spreading ridges（2007）	132
2719	Widespread active detachment faulting and core complex formation near 13 degrees N on the Mid-Atlantic Ridge（2006）	109

注：HistCite 序号是指论文在 HistCite 程序中的编号

这些洋中脊研究的热点文献反映了洋中脊研究 2000～2014 年间的发展趋势。如表 3-4 所展示，第（1）部分的文献主要与大西洋中脊的热液系统研究有关，其中 Kelley 等（2001）在大西洋中脊和亚特兰蒂斯断裂带的东部交汇点发现了一个广泛的热液区域，并探讨了其形成原因与物理、化学和生物特性。Charlou 等（2000）和 Schmidt 等（2007）分别对大西洋中脊亚速尔群岛南部的热液区域热液流体等物理化学性质进行了分析并探讨了流体与玄武岩的关系。第（2）部分的文献主要为洋中脊岩石学研究，包括关于橄榄岩的地球化学研究及其对洋中脊系统的作用，还有关于洋中脊玄武岩的化学性质研究与地幔地球化学研究。第（3）部分里，Michael 等（2003）研究了北极加克洋脊的超慢速扩张与其岩浆及海底形成的原因，还有对西南印度洋脊的超慢速扩张及影响等研究。第（4）部分中，热点文献主要研究了热液区的生态系统，探讨了热液系统物理化学性质对其生态系统的作用与影响。第（5）部分的两篇文献主要是对大洋核杂岩与拆离断层构造以及洋脊变化过程等方面的研究。

3.4　国际洋中脊研究发展态势

为了详细分析研究国际洋中脊研究的态势变化情况，以 5 年为一个区间，按照 2000～2004 年、2005～2009 年以及 2010～2015 年这三个时间段分阶段进行关键词和热点文献的分析，从而探讨不同时间段中研究热点的变化和转移。

1）2000～2004 年

根据表 3-5，出现次数最多的前 15 个关键词包括：洋中脊、热液喷口、洋中脊玄武岩、地球化学、蛇绿岩、洋壳、地幔柱、地幔、大西洋中脊、东太平洋海隆、痕量元素、热液、海洋地质与地球物理、洋中脊过程以及同位素。引用次数最多的前 10 篇文献见表 3-6。

表 3-5　洋中脊研究关键词（作者关键词）年代变化情况（前 30 位）

时间	主要研究内容
2000～2004 年	mid-ocean ridge、hydrothermal vents、MORB、geochemistry、ophiolite、oceanic crust、mantle plume、mantle、Mid-Atlantic Ridge、East Pacific Rise、trace elements、hydrothermal、marine geology and geophysics：midocean ridge processes、isotopes、basalt、subduction、hotspot、Iceland、melting、helium、peridotite、Southwest Indian Ridge、deep sea、mantle melting、volcanism、Juan de Fuca Ridge、plate tectonics、gabbro、lithosphere、seamounts
2005～2009 年	hydrothermal vents、mid-ocean ridge、Mid-Atlantic Ridge、geochemistry、MORB、ophiolite、East Pacific Rise、mantle plume、hydrothermal、oceanic crust、subduction、hotspot、trace elements、deep sea、Mantle、basalt、serpentinization、Bathymodiolus azoricus、isotopes、Juan de Fuca Ridge、marine geology and geophysics：midocean ridge processes、gabbro、hydrothermal systems、partial melting、Iceland、detachment fault、North Atlantic、oceanic core、complex、serpentinite、tectonics
2010～2015 年	hydrothermal vents、mid-ocean ridge、geochemistry、Mid-Atlantic Ridge、MORB、ophiolite、subduction、mantle plume、deep sea、hydrothermal、trace elements、East Pacific Rise、basalt、serpentinization、oceanic crust、partial melting、mantle、peridotite、hydrothermal systems、stable isotopes、Iceland、serpentinite、Geochronology、rare earth elements、isotopes、melt inclusions、mid-ocean ridge processes、oceanic core complex、tectonics、mantle heterogeneity

表 3-6　2000～2004 年洋中脊研究的热点文献

论文题目	发表期刊	引用次数
A hafnium isotope and trace element perspective on melting of the depleted mantle	*Earth and Planetary Science Letters*	614
An off-axis hydrothermal vent field near the Mid-Atlantic Ridge at 30 degrees N	*Nature*	535
An ultraslow-spreading class of ocean ridge	*Nature*	471
An updated digital model of plate boundaries	*Geochemistry Geophysics Geosystems*	381
Bending-related faulting and mantle serpentinization at the Middle America trench	*Nature*	380
Composition of the depleted mantle	*Geochemistry Geophysics Geosystems*	378
Evidence for enhanced mixing over rough topography in the abyssal ocean	*Nature*	362
Factors controlling chemistry of magmatic spinel：An empirical study of associated olivine，Cr-spinel and melt inclusions from primitive rocks	*Journal of Petrology*	354
Geochemistry of high H$(^2)$ and CH$(_4)$ vent fluids issuing from ultramafic rocks at the Rainbow hydrothermal field（36 degrees 14′N，MAR）	*Chemical Geology*	342
Subduction factory - 1. Theoretical mineralogy，densities，seismic wave speeds，and H$_2$O contents	*Journal of Geophysical Research-Solid Earth*	323

根据关键词和热点文献，大西洋中脊和东太平洋海隆是这五年间的热点研究区域，亏损地幔、地幔组成、与板块构造相关的洋中脊研究以及大西洋中脊的热液喷口研究和热液流体的地球化学研究等研究课题在该时期内是研究热点。

2）2005～2009 年

根据表 3-5，出现次数最多的前 15 个关键词包括：热液喷口、洋中脊、大西洋中脊、地球化学、洋中脊玄武岩、蛇绿岩、东太平洋海隆、地幔柱、热液、洋壳、俯冲、热点、痕量元素、深海、地幔。引用次数最多的前 10 篇文献见表 3-7。

表 3-7　2005～2009 年洋中脊研究的热点文献

论文题目	发表期刊	引用次数
A serpentinite-hosted ecosystem：The lost city hydrothermal field	*Earth and Planetary Science Letters*	845
Abiogenic hydrocarbon production at Lost City hydrothermal field	*Science*	477
Global Multi-Resolution Topography synthesis	*Science*	440
Hydrothermal vents and the origin of life	*Chemical Reviews*	415
Major and trace element composition of the depleted MORB mantle（DMM）	*Science*	331
Nd-142 evidence for early（＞4.53 Ga）global differentiation of the silicate Earth	*Nature Reviews Microbiology*	312
Oceanic methane biogeochemistry	*Geochemistry Geophysics Geosystems*	293
Symbiotic diversity in marine animals：the art of harnessing chemosynthesis	*Science*	273
The amount of recycled crust in sources of mantle-derived melts	*Nature Reviews Microbiology*	267
The versatile epsilon-proteobacteria：key players in sulphidic habitats	*Nature Reviews Microbiology*	264

通过分析重要关键词和热点文献，大西洋中脊和东太平洋海隆依然是 2005～2009 年五年间的热点研究区域，与 2000～2004 年比较，重要关键词基本相同，但是多了俯冲、

深海以及热点这三个关键词，说明其间人们对俯冲及俯冲带的研究有所增加，而热液喷口的生态系统和生物地球学研究、洋中脊岩石学研究和关于洋中脊的地球化学研究是该阶段的研究热点。

3）2010～2015 年

根据表 3-5，出现次数最多的前 15 个关键词包括：热液喷口、洋中脊、地球化学、大西洋中脊、洋中脊玄武岩、蛇绿岩、俯冲、地幔柱、深海、热液、痕量元素、东太平洋海隆、玄武岩、蛇纹石化、洋壳。引用次数最多的前 10 篇文献见表 3-8。

表 3-8 2010～2015 年洋中脊研究的热点文献

论文题目	发表期刊	引用次数
A realignment of marine biogeographic provinces with particular reference to fish distributions	*Geophysical Journal International*	575
Evolution of a Permian intraoceanic arc-trench system in the Solonker suture zone，Central Asian Orogenic Belt，China and Mongolia	*Geological Society of America Bulletin*	241
Geologically current plate motions	*Earth and Planetary Science Letters*	201
Late Cretaceous charnockite with adakitic affinities from the Gangdese batholith, southeastern Tibet: Evidence for Neo-Tethyan mid-ocean ridge subduction?	*Fems Microbiology Reviews*	199
Magmatic to hydrothermal metal fluxes in convergent and collided margins	*Microbiology and Molecular Biology Reviews*	149
Magnesium isotopic composition of the Earth and chondrites	*Gondwana Research*	144
Methanotrophs and copper	*Journal of Biogeography*	141
Microbial Ecology of the Dark Ocean above，at，and below the Seafloor	*Lithos*	128
Ophiolite genesis and global tectonics: Geochemical and tectonic fingerprinting of ancient oceanic lithosphere	*Ore Geology Reviews*	118
The deep carbon cycle and melting in Earth's interior	*Geochimica et Cosmochimica Acta*	117

通过比较关键词和热点文献，大西洋中脊和东太平洋海隆依然是热点研究区域，重要关键词与前 10 年大部分相同，多了蛇纹石化这个关键词，延续了之前的研究主题，但是对深海碳循环、深海微生物生态系统和蛇纹石化的研究有所增加，与洋中脊相关的板块构造学研究、生物学、地球化学研究以及热液喷口的微生物研究和生物地球学研究、蛇绿岩成因及其与全球构造的关系、洋中脊玄武岩的地球化学研究是研究热点。

综合分析，可以看出，2000～2015 年国际上对洋中脊领域的研究主要针对大西洋中脊和东太平洋海隆这两个区域；对蛇纹岩和蛇纹石化的研究在逐渐增多，研究越来越侧重于对蛇绿岩成因及其与板块构造关系的研究；俯冲及俯冲带与板块构造相关的研究有所增加；热液喷口构造及地球化学研究、热液喷口的微生物学研究及生态系统研究、与洋中脊玄武岩相关的地球化学及构造学研究一直是重点研究方向和研究热点。这与之前使用 Histcite 软件分析得到的研究热点也是基本吻合的。

3.5 结　　语

通过对洋中脊研究的国际战略部署与论文产出情况进行分析，可以看出，与板块构造相关的洋中脊研究、洋中脊地球化学研究和海底热液系统研究是近年来洋中脊研究的重点。洋中脊研究目前是国际深海研究领域的重要组成部分，国际海洋研究组织以及世界主要发达国家都纷纷对洋中脊研究进行了战略部署，资助了与洋中脊研究相关的多项研究计划和项目，并且已经在洋中脊探测、构造和取样等方面取得了重要成果。

从论文发表情况来看，美国的洋中脊研究实力最强，法国、英国、德国、日本、瑞士、冰岛和澳大利亚等发达国家在洋中脊研究方面也具有很强的竞争力。中国洋中脊研究论文的数量近些年来明显增加，近 3 年的发文比例非常高，显示出中国越来越关注该领域的研究，但中国洋中脊研究的关注度和影响力还有待提高。要提高中国洋中脊研究的影响力，不但需要通过国内研究机构间加强交流、广泛开展合作，从而提高总体的科研竞争力，还需要针对具体课题和项目，积极学习国外的先进技术和方法，开展深层次的国际交流合作。

参 考 文 献

高峰, 王辉, 李超伦. 2015. 世界主要海洋研究机构概况. 北京: 科学出版社.

刘仲衡, 吴锦秀. 1982. 关于海底火山作用的初步探讨. 海洋湖沼通报, 2: 63-68.

罗昭锋. 2016. 引文分析软件 histcite 简介. http: //blog. sciencenet. cn/home. php?mod=space & uid= 304685 & do=blog & id=383399. [2016-06-18].

马乐天, 李家彪, 陈永顺. 2015. 国际大洋中脊第三个十年科学计划介绍(2014–2023). 海洋地质与第四纪地质, 5: 1-10.

牛耀龄. 2010. 板内洋岛玄武岩(OIB)成因的一些基本概念和存在的问题. 科学通报, 2: 103-114.

田丽艳, 林间. 2004. 全球大洋中脊研究十年科学规划(2004–2013). 海洋地质动态, 20(3): 10-15.

王立明, 胡毅, 张涛, 等. 2014. 北大西洋 Mohns 洋中脊扩张地壳构造特征的研究. 海洋学报, 10: 56-60.

中国海洋研究委员会. 2013. 走向深远海. 北京: 海洋出版社.

中华人民共和国科学技术部. 2016. 发现洋中脊. http://www. most. gov. cn/kxjspj/. [2016-06-18].

Charlou J L, Donval J P, Douville E, et al. 2000. Compared geochemical signatures and the evolution of Menez Gwen (37 degrees 50′N) and Lucky Strike (37 degrees 17′N) hydrothermal fluids, south of the Azores Triple Junction on the Mid-Atlantic Ridge . Chemical Geology, 171(1): 49-75.

Chen Y, Morgan W J. 1990. A nonlinear-rheology model for mid-oceanridge axis topography. J Geophys Res, 95: 17571-17581.

Kelley D S, Karson J A, Blackman D K, et al. 2001. An off-axis hydrothermal vent field near the Mid-Atlantic Ridge at 30°N. Nature, 412(6843): 145-149.

Michael P J, Langmuir C H, Dick H J B, et al. 2003. Magmatic and amagmatic seafloor generation at the ultraslow-spreading Gakkel ridge, Arctic Ocean . Nature, 423(6943): 956-961.

Schmidt K, Koschinsky A, Garbe-Schönberg D, et al. 2007. Geochemistry of hydrothermal fluids from the ultramafic-hosted Logatchev hydrothermal field, 15 degrees N on the Mid-Atlantic Ridge: Temporal and spatial investigationlera . Chemical Geology, 242(s 1-2): 1-21.

Wilkinson J F G, 王奎仁. 1983. 洋中脊玄武岩的成因(上). 地球与环境, 6: 15-22.

第4章　海洋深层环流研究国际发展态势分析

　　海洋深层环流特指在海洋深层循环流动的海流，主要受密度驱使，多为流速缓慢的大尺度环流。深层环流不仅能够调节气候、驱动海洋物质与能量传输，同时也影响着海水分层与海洋动力学，深层环流对海洋碳储存、碳循环与二氧化碳浓度变化也有极大关系。研究深层环流对于理解气候变化、掌握深海运动以及认识深海生态系统变化都具有重要的意义。近些年来，国际上越来越关注深海研究，其中对于深层环流的研究也逐渐丰富起来，这些研究进展对我们后期开展进一步的深入研究有着重要的指导作用。

　　目前，国际上专门针对海洋深层环流的战略计划极少，但多数气候与环流研究计划中都有所涉及，如世界气候研究计划中的热带海洋和全球大气试验、世界大洋环流试验、气候变率和可预报性研究计划以及气候与冰冻圈研究计划等。全球海洋观测计划中也有针对深层环流的观测内容，如全球海洋观测系统与全球海洋温度/盐度浮标阵列。此外，国际地圈生物圈计划与国际海洋发现计划中也有相关的研究项目。除了大型的国际计划外，欧盟、美国、英国、德国与澳大利亚等也资助了一些相关的海洋环流计划。

　　分析 2000～2014 年国际深层环流研究的主要文献发现，深层环流研究一直处于稳步增长态势，美国是深层环流研究的中坚力量与合作中心，瑞士、德国和英国的综合实力也非常突出，法国、德国和英国的合作表现明显，美国、英国、德国与中国的资金资助较为充足。美国哥伦比亚大学、加利福尼亚大学和麻省理工学院是该领域的主要研究机构，德国、英国与法国也有少数机构跻身该领域研究前列。中国的综合实力排名相对靠后，中国科学院是国内深层环流研究的主要机构，并与美国夏威夷大学合作紧密。

　　为了进一步分析深层环流的研究热点，我们从高频关键词与引文两个方面着手进行了分析。从关键词频次、中心性与聚类分析，以及高被引文献与引文关系网络分析可以看出，国际上有关深层环流的主要研究热点包括：①深层环流的数值模拟与动力机制；②深层环流的参数测量与示踪分析；③古海洋、古气候与深层环流的推演；④冰川消融与淡水流通对深层环流的影响；⑤深层环流对海底沉积、碳氮循环及二氧化碳浓度的影响；⑥深层环流的热传输与营养物质输送；⑦冷热水团、涡旋、海水混合、上升下降流及海洋表面风与深层环流变化的关系；⑧经向翻转环流与温盐环流的变化及气候调控作用。未来的深层环流研究将围绕长期观测、气候变化、生态影响、地质变化与深海深渊环流等方面开展。

4.1 引　　言

海流（ocean current）又称洋流，是海水因热辐射、蒸发、降水、冷缩等而形成密度不同的水团，再加上风应力、地转偏向力、引潮力等作用而大规模相对稳定地流动，它是海水的普遍运动形式之一（《中国大百科全书》总编委会，1993）。海洋环流（ocean circulation）是指在海面风力和热盐等作用下，海水从某海域流向另一海域，最终又流回原海域的首尾相接的独立环流体系或流旋（《海洋大辞典》编辑委员会，1998）。

世界五大洋中都存在一定形式的海洋环流，北太平洋表层有一个顺时针环流，包括北赤道暖流、北太平洋暖流、加利福尼亚寒流等；南太平洋表层有一个逆时针环流，由南赤道暖流、东澳大利亚暖流、西风漂流和秘鲁寒流组成。大西洋南部和北部各有一个环流，模样大体与太平洋相仿。北大西洋环流由北赤道暖流、墨西哥湾暖流、北大西洋暖流和加那利寒流组成；南大西洋环流由南赤道暖流、巴西暖流、西风漂流和本格拉寒流组成。印度洋有点特殊，只在赤道以南有个环流，位于印度洋中部赤道以北，洋域太小，又受陆地影响，形不成长年稳定的环流。由于季节不同，印度洋北部的海流方向，随着季风改变，夏季是自东向西流，并在孟加拉湾和阿拉伯海形成两个顺时针的小环流；冬季则相反，海流由西向东流。北冰洋由于位置特殊，又受大西洋海流的支配，也只形成一个顺时针的环流。

除大洋表层环流外，还有大洋深层环流。一般意义上的深海区指的是水深在2000～10 000m的海域，那里没有阳光且温度特别低，而国际上对深海的定义是1000m以下水深，因此本章的深层环流也特指在1000m以下深海区流动的循环海流，而深度超过6000m的循环海流则被称为深渊环流。20世纪30年代有人通过计算，发现各处洋底的海水间存在密度差，推测由此可导致海水间的流动。60年代以来，通过海底摄影、测流仪和浊度仪等手段在4000～5000m洋底发现了海水流动的确凿证据，表明深海并不平静，存在着强大的深部洋流。深部洋流是密度差异引起的。海水的密度取决于水体的盐度和温度，不受重力作用影响，无需自上而下流动，而是沿洋盆边缘流动，甚至可以向上流动。

深层环流主要受密度驱使，但也受风力驱动流的影响，其流速相对表面流较为缓慢，且多为大尺度环流。受密度驱动的深层环流主要指温盐环流的深海部分。温盐环流，又称"输送洋流""深海环流"等，它的较准确名称是"经向翻转环流"，是一个依靠海水的温度和含盐密度驱动的全球洋流循环系统。温盐环流主要是北大西洋及南冰洋之间的盐分及温差对流的触发。以风力驱动的海面水流将赤道暖流带往北大西洋，暖流在高纬度海区冷却后下沉到海底，这些高密度的水接着流入洋盆南下前往其他的暖洋位加热循环，最终在低纬度海区穿越温跃层而涌升到海面。一次温盐循环耗时大约1600年，在这个过程中洋流运输的不单是能量（温度/热能），还包括地球固态及气体资源等，不过温盐环流最受人类关注的是其全球恒温的功能。

海洋环流与国防、航运、渔业、气候等都有着千丝万缕的联系，它不仅能够调节气候、驱动海洋物质与能量传输，同时底层冷海水与温暖表面的对比也决定了海洋分层与海洋动力学。深水体积远大于表面海水,尽管深层环流相对弱一些,但其传输与表面传输对等。深层环流的热通量与其他附带成分的通量影响地球的热量平衡与气候,这些通量随时间段的不同而变化,它们被认为可调节气候的时间周期。

理解地球气候与大气中二氧化碳的增加,需要了解深层环流的两个方面:一是冷水从大气中吸收二氧化碳的能力;二是深海流从热带到高纬度传输调节热的能力。未来气候变化的强烈取决于有多少二氧化碳储存在海洋和储存多长时间。如果没有存储,或者是存储以后释放到大气中,大气中的浓度会改变地球长波辐射平衡调节。海洋存储二氧化碳的量与时间取决于深层环流和碳沉积在海底的净通量。溶解的数量取决于深层水的温度,在深海存储的时间取决于深水的补充,碳沉积取决于死去的植物和动物下降到海底是否氧化。增加深层的通量与温度会释放大量气体到大气中。当然,海洋中碳的存储也取决于海洋生态系统、上升流的动力机制以及死亡动植物在沉积物中的存储量等其他因素。

4.2　国际环流研究主要计划和项目

4.2.1　国际性计划

1. 世界气候研究系列计划

世界气候研究计划(World Climate Research Programme,WCRP)由世界气象组织(World-Meteorological Organization,WMO)与国际科学联合会(International Council of Scientific Union,ICSU)联合主持,以物理气候系统为主要研究对象。WCRP 是 1967～1980 年执行的全球大气研究计划(Global Atmospheric Research Programme,GARP)的继续,此计划在 20 世纪 70 年代开始酝酿,80 年代开始执行,是全球变化研究中开展得较早的一个计划,是"世界气候计划"(World Climate Program,WCP)的最主要部分。WCRP 主要研究地球系统中有关气候的物理过程,涉及整个气候系统。其主要部分是大气、海洋、低温层(冰雪圈)和陆地以及这些组成部分之间的相互作用和反馈。它主要关心的是时间尺度为数周到数十年的气候变化。WCRP 的目标有两个方面:一是气候的可预报程度;二是人类活动对气候的影响。

WCRP 研究有三个方向:为期数周的长期天气预报,全球大气年际变率,为期数年的热带海洋的年际变率、长期变化。包括两大试验:热带海洋与全球大气(Tropical Ocean and Global Atmosphere,TOGA)试验和世界海洋环流试验(World Ocean Circulation Experiment,WOCE),作为第二和第三研究方向的中心。1993 年 WCRP 科学委员会又在热带海洋与全球大气(TOGA)计划成果的基础上提出了气候变率和可预报性(Climate and Ocean:Variability,Predictability and Change,CLIVAR)研究计划,旨在对百年尺度的气候变率进行描述、分析、模拟和预测。WCRP 主要致力于以下活动:进行全球气候分析、评估;进行数值试验、模式比较,改进物理过程的参数化方案;进行陆面过程、云辐射反馈、边界层及海冰的研究;实施"热带海洋与全球大气"(TOGA)计划、"世界海洋环流试验"（WOCE）、"全球能量与水循环试验"（Global Energy and Water Exchange，GEWEX）、"平流层过程及其在气候中的作用"（Stratosphere-troposphere Processes and their Role in Climate，SPARC）、"北极气候系统研究"（Arctic Climate System Study，ACSYS）和"气候变率和可预报性"（CLIVAR）等 6 个子计划。

WCRP 中涉及海洋环流的计划主要为热带海洋与全球大气（TOGA）试验、世界海洋环流试验（WOCE）、气候变率和可预报性（CLIVAR）研究计划、气候与冰冻圈研究计划，除此之外，"北极气候系统研究"（ACSYS）也与海洋环流关系密切，其他项目多少会涉及海洋环流领域。WCRP 在其 2010～2015 年战略计划中提及有关海洋环流研究的内容包括：ENSO（厄尔尼诺–南方涛动）与其他热带变化模式、年代际变率与温盐环流、大西洋经向翻转环流的年代际变化与可预测性、印度洋环流、季风环流、太平洋黑潮延伸系统研究（Kuroshio Extension System Study，KESS）、南太平洋环流与气候试验（South Pacific Circulation and Climate Experiment，SPICE）以及海洋环流三维建模与次冰架下的温盐环流。WCRP 对于海洋环流研究的作用可以总结为：①大大促进了海洋三维结构的卫星观测和海洋观测，以验证海洋模式并进行海气耦合模拟；②大大改进了对水与能量输送和表面流的认识，确定了海平面变化的空间分布。

1）热带海洋与全球大气试验（已完成）

热带海洋与全球大气试验是一个历时 10 年的世界气候研究子计划（1985～1994年），旨在预测长达数月或数年的气候现象。TOGA 的目标是研究三大热带海洋与大气变率，美国开展的研究主要集中在太平洋，由国家海洋和大气管理局、美国国家科学基金会与美国国家航空航天局给予资金资助。该计划的科学目标是：①获得热带海洋和全球大气的一般数据时间序列，以确定热带海气系统可预测的时间尺度，理解潜在可预测性下的机制和过程；②研究海气耦合系统建模的可行性，已在数月或数年的时间尺度上进行了可变性预测；③为设计预测业务观测与数据系统提供科学背景。

中方的合作机构是国家海洋局，由南海分局负责组织实施，10 年间连续进行了 8个航次的中美西太平洋和全球气候大气相关作用研究合作调查。中美双方共同派出科学家，中方提供调查船，美方提供仪器设备和有关资料。合作调查的主要内容包括：①热带西太平洋海气系统的热量、能量平衡和收支的变化与厄尔尼诺、南方涛动、季风及大气环流的关系；②热带西太平洋赤道辐合带、赤道西风、越赤道气流的维持、季风变化、年际变化及其与南方涛动产生、发展的关系；③赤道附近太平洋表层水温的变化对副热带高压、季风活动和中纬度大气环流的影响；④赤道表层流系、潜流、温跃层纬向坡度流、上升流等与风应力场的关系；⑤由区域性表面风应力半年振荡所引起的近表层海流和温度的起伏；⑥研究和发展已有的海气相互作用模式，包括描述海流和热量对大气扰动的响应、海面潜热变化对南方涛动的响应以及大气对海洋热源异常响应等模式。

1992～1993 年，TOGA 海气耦合响应试验（TOGA-COARE）在巴布亚新几内亚以东地区进行，该计划的目的是提供详细的、定量的海气耦合过程定量图像，包括从对流层顶部一直到海洋斜温层的 1～2 个热带大气季节内振荡（Madden-Julian Oscillation，MJO）事件，以了解海气相互作用的方法、组织相应机制、海洋对结合浮力与风应场的响应以及海气相互作用对其他地区的影响。TOGA 计划把大气的相互作用与热带海洋环流紧密联系起来，使人们能够提前一年或更长的时间来预测厄尔尼诺现象。许多国家的政府和企业利用这种预报获得了巨大的经济效益（McPhaden et al.，1998）。

2）世界海洋环流试验（已完成）

世界海洋环流试验由联合科学委员会（Joint Scientific Committee，JSC）和气候变化与海洋联合委员会（Committee for Climate Changes and the Ocean，CCCO）共同发起，于 1987 年最后确定下来。该计划包括三个核心项目，即全球描述、南大洋和涡流动力学。WOCE 于 1990 年进入实施阶段，前五年为集中观测期，为此建立了一个包括卫星遥感和现场船只、浮标组成的全球观测系统。在此期间，欧洲空间局发射了"ERS-1"卫星，美国、法国联合发射了"海面地形卫星"，日本发射了"海洋观测卫星-2"。卫星遥感可获得全球海面地形和风应力的资料，并能收集海面热量、水汽通量的资料，以便为建立数据库和全球大洋环流模式创造条件。WOCE 在 1990～1997 年进行了长期的外场观测试验，进行的分析解释、模式模拟和综合研究持续了 4～5 年直到 2002 年。

WOCE 研究聚焦于热带海洋环流动力学，第一个项目"全球描绘"包含涡流统计信息，第二个项目"南大洋"强调研究南极绕极流，第三个项目是"环流动力学实验"，第二个和第三个主要是为了研究年代际变化。该计划的研究目标包括：①发展用于气候变化的海洋预测模式，收集验证模式所需的资料，包括测定热量和淡水的大尺度通量及其五年以上期间的辐散、年度和年际变化的表面通量的响应；测定海洋变化分量及其小尺度的统计特征，其时间尺度为几个月到几年，空间尺度为几千千米到全球；测定影响几十年至 100 年时间尺度气候系统的水团形成、运动及环流等的速率和性质。②确定对海洋长期变化有代表性的 WOCE 特定数据集，研究大洋环流长期变化的测量方法，包括：确定 WOCE 特定数据集的代表性；确定对几千年时间尺度气候观测系统的连续性所必不可少的海洋学要素、指数和场；发展适用于气候观测系统的经济有效技术。

该计划重点研究深海结构的作用以及大尺度海洋环流及其在气候系统中的作用。它是通过各种海洋测量、卫星观测和全球海洋模式的研究来实现的。WOCE 计划促进了用于各种精确测量海洋水位的卫星传感器等重要技术的发展，此外还改进了潮汐预报。这一计划目前正在对所有收集到的资料进行最后的综合。这将使人们对全球海洋有更完整的和动力学上相一致的了解。

3）气候变率和可预报性研究计划（进行中）

气候变率和可预报性研究计划建立在热带海洋与全球大气（TOGA）计划的基础上，重点研究变化的大气和缓慢变化的陆面、海洋和冰雪过程、人类的影响以及地球化学和生物物质的变化，也特别研究世界季风环流年循环强度的预报及海洋与其相互的变率。CLIVAR 的任务是了解海气耦合系统的动态、交互和可预测性，从而促进全球气候系统变化的观察、分析和预测，以更好地理解气候变化及其动力学与可预测性。计划的最后完成将使人们对耦合的大气和海洋状况及其变化有新的、更深入的了解，从而使人们对气候系统做出一年或多年的更准确的预测。

CLIVAR 是 WCRP 的一个新的 15 年研究计划,以研究气候变率和可预报性以及气候系统对人类活动的反应为主,其目的是通过对观测数据的收集和分析,以及对耦合气候系统模型的发展和应用,并配合其他相关气候研究和观测活动,描述和理解海气耦合系统动力学,以识别该系统对气候变化的影响过程,以及季节性、年际、年代际和百年时间尺度上的变化及其可预测性。CLIVAR 研究聚焦于:季风系统动力学、季节与年际变化、可预测性;海洋和气候变化的年代际变化和可预测性;海洋生物物理交互和上升流动系统力学;区域海平面变化与沿海影响;理解和预测极端天气与气候;平衡行星能量和海洋蓄热之间的一致性;气候变化中的 ENSO。CLIVAR 的研究目标包括:①通过收集和分析观测资料,开发和应用耦合气候系统模式,结合其他有关气候和观测计划,描述和认识决定季节的、年际的,以及世纪尺度的气候变率和可预报性的物理过程。②通过对经过质量控制处理的古气候和仪器观测数据的汇编,把气候变率记录扩展到令人关注的时间尺度。③通过发展全球耦合预报模式提高季节到年际气候预报的时效和准确性。④认识和预报气候系统对辐射活性气体及气溶胶的反应,同时将这些预报结果与观测到的气候记录进行比较,以检测人类活动对自然气候的影响(CLIVAR,2016)。

CLIVAR 主要由三个部分组成,并逐步完善成为正式实施计划:

(1)全球海洋-大气-陆面系统气候变率和可预报性(CLIVAR-GOALS:Global Ocean Atmosphere Land System)。

在 TOGA 计划取得进展的基础上,通过以下几方面确定季节到年际尺度的全球海洋、大气和陆地系统的变率和可预报性:①提高对描述季节到年际气候变率的观测能力,包括继续维持 TOGA 观测系统。②进一步发展关于全球热带地区季节到年际时间尺度的海表温度(sea surface temperature,SST)和其他气候变量的模式及预报技术。③形成认识和预报季风与印度洋、ENSO(厄尔尼诺–南方涛动)和陆地表面过程相互作用的能力。④认识热带和温带的相互作用而产生的气候变率及其可预报性。⑤探索大气与海洋、陆地表面过程及海洋过程之间的相互作用导致的温带季节到年际气候变率的可预报性,并发展利用这种可预报性的手段。

(2)十年到百年尺度气候变率和可预报性(CLIVAR-DecCen:Decade-to-Century-Scale)。

以海洋在全球耦合气候系统中的作用为重点,通过以下各方面,确定十年到百年时间尺度全球海洋、大气和陆地系统的气候变率及其可预报性:①描述和认识仪器观测的、古气候的和模拟数据所反映的全球十年到百年气候变化的形式。②通过数据恢复,对现有大气、海洋和古气候数据的再分析,寻找新的古气候指标,以及建立新的海洋站等各方面协调一致的努力,扩展气候变化的记录。③发展和建立适当的描述、认识和预报全球十年变化所需的观测、模拟、计算以及收集和分发数据的系统。④识别和研究产生十年到百年气候变化的海洋与大气相互作用的区域和过程,如水体变性区、强边界流和回路"阻塞点",预测海洋与大气相互作用以产生十年到百年的气候变率。

(3)人为气候变化的模拟、检测和分析(CLIVAR-ACC:Anthropogenic Climate Change)。

通过以下各方面,研究气候系统对人类活动造成的气候变化的响应:①提高模拟和预报气候系统对人为的辐射活性气体的增加和气溶胶的变化的响应能力。②确定人类活动影响气候系统的平均状态及变化的方式。③在其他两个 CLIVAR 分计划中获得的对自然气候变率认识的基础上，检测与温室气体的增加和其他人为变化的影响有关的趋势和特征（全球变化网络信息资源导航系统，2016）。

历年来，CLIVAR 还有一批支持项目，包括：①2012 年，南大西洋经向翻转环流（SAMOC）倡议；②2010 年，西北太平洋海洋环流与气候试验（NPOCE）；③2009 年、2011 年印度洋动力机制联合试验（CINDY2011）/麦登-朱利安震荡动力机制（DYNAMO）；④2009 年，气候过程的泛美研究（IASCLIP）；⑤2008 年，西南太平洋海洋环流与气候实验（SPICE）；⑥2006 年，热带大西洋气候试验（TACE）；⑦2005 年，地中海气候可变性和可预测性（MedCLIVAR）；⑧2004 年，拉普拉塔盆地大陆规模的实验（LPB）；⑨2003 年，北极和亚北极海洋通量（ASOF）；⑩2003 年，非洲季风多学科分析（AMMA）；⑪2002 年，20 世纪气候国际项目（C20C）。在这些支持项目中，与海洋环流相关的项目为 NOAA 大西洋海洋学和气象实验室（AOML）物理海洋部门发起的 SAMOC 计划、中国科学院海洋研究所发起的 NPOCE 计划、CLIVAR 自身发起的 SPICE 计划、欧盟发起的 MedCLIVAR 计划以及德国阿尔弗雷德·魏格纳研究所暨亥姆霍兹极地海洋研究中心发起的 ASOF 计划（CLIVAR，2016）。

4）气候与冰冻圈研究计划（进行中）

气候与冰冻圈（Climate and Cryosphere，CliC）研究计划前身是北极气候系统研究计划（the Arctic Climate System Study，ACSYS），它是 WCRP 的一个新项目，目的是研究和模拟北极地区的海洋和有关的海冰及水文过程。北极海盆可以看作一个巨大的"混合机器"，它对来自太平洋和大西洋不同含盐量的海水、降水和北极河流的淡水进行处理，并向北大西洋活跃对流区输送含盐量较低的水和海冰。ACSYS 的科学目标是确定北极在全球气候中的地位。为了实现这个目标，ACSYS 瞄准以下 3 个主要目标开展和协调国家的和国际的北极科学活动：①了解北极海洋环流、海冰覆盖与水分循环之间的相互作用；②启动关于北极的长期气候研究和监测计划；③为在全球气候模式中准确地描述北极地区的各种过程提供科学基础。该计划的贡献应该是保证极地过程在耦合模式中得到合理的表述，这包括提交一份适合于北极地区的最优化的动力-热力学海冰模式和精确的海洋物理学数据。ACSYS 水文调查的目的就在于搜集覆盖北冰洋的高质量数据资料，以便确定大洋环流和不同水团的传输速率，并弄清楚维持这种环流的各种过程。观测计划将从北冰洋范围的水流到水混合的微细部分来阐明其尺度和各种现象的变化。ACSYS 计划原本有一个北冰洋环流计划（Arctic Ocean Circulation Programme），其目的是了解北极海洋环流、冰覆盖与水分循环之间的相互作用，而现在的 CliC 计划的研究目的是了解冰冻层与海冰变化对全球海洋环流的影响，以及海冰融化输入的淡水对全球温盐环流的影响。

2. 全球海洋观测系列计划

1）全球海洋观测系统

全球海洋观测系统（Global Ocean Observing System，GOOS）是由政府间海洋学委

员会（Intergovernmental Oceanographic Commission，IOC）、世界气象组织、国际科学联合会和联合国环境规划署共同发起并组织实施的一个全球性项目，GOOS 项目办公室设在巴黎 IOC 总部。该计划致力于获得与分发有关海洋环境现状与未来状态的可靠评估和预报资料，以便有效、安全和持续利用海洋环境；为气候变化预报做出贡献，以便广大用户获益；为海洋科学各学科的研究、开发和培训指明方向。

考虑特殊终端用户的利益，在项目发起规划的科技设计阶段，GOOS 被分成了 5 个模块，其中的气候模块中有与海洋环流相关的研究内容。该模块是全球气候观测系统中的海洋部分，其目的是监测、描述和认识决定大洋环流的物理和生物地球化学过程及其对碳循环的影响，以及大洋对数十年时间尺度气候变化的影响，并提供预报气候变化所需的观测资料。

2）全球海洋温度/盐度浮标阵列

Argo 是英文 "Array for Real-time Geostrophic Oceanography"（地转海洋学实时观测阵）的缩写。它是全球海洋观测系统（GOOS）计划中一个针对深海区温盐结构观测的子计划。Argo 全球海洋观测网建设是由美国等国家大气、海洋科学家于 1998 年推出的一个大型海洋观测计划，由美国联邦机构间的国家海洋合作计划（NOPP）资助，并得到了澳大利亚、加拿大、法国、德国、日本与韩国等国家的响应支持。Argo 计划构想在全球大洋中每隔 300km 布放一个卫星跟踪浮标，总计 3000 个，组成一个庞大的 Argo 全球海洋观测网。该计划旨在快速、准确、大范围收集全球海洋上层的海水温度、盐度剖面资料，以提高气候预报的精度，减小全球日益严重的气象灾害（如飓风、龙卷风、冰暴、洪水和干旱等）给人类带来的威胁。

该计划的预期成果有 10 个：①为建立新一代全球海洋和大气耦合模型的初始化条件、数据同化和动力一致性检验提供一个前所未有的巨大数据库；②首次实现理论化的实时全球海洋预报；③建立一个精确的随深度变化的温盐度月平均全球气候数据库；④建立一个时间序列的数据库，其中包括热量和淡水储存，以及中层水团和温跃层水体的温盐结构和体积等信息；⑤为由表层热量和淡水交换所建立的大气模型提供大尺度约束条件；⑥完成对大尺度海洋环流平均状态和变化的描述，其中包括对大洋内部水体、热量及淡水输送等的描述；⑦确定温盐度年际变化的主要形式及演变过程，如通过对海-气耦合模型的分析，找出全球海洋中存在的其他类似 ENSO 事件的现象，以及它们对改进季节一年际气候预报的影响；⑧提供全球海面的绝对高度图，其精度在一年或更长的时间尺度内可以达到 2cm，从而使"杰森"高度计资料与 Argo 资料在研究较大空间和时间尺度的问题上结合得更好；⑨通过确定海面高度变化同海面以下温盐度变化的关系，有效解译用卫星高度计所观测的海面高度异常；⑩直接解译海面高度异常。通过对降水与蒸发差、冷热差、热量和淡水对流，以及由风力驱动的水体重新分配的研究，了解厄尔尼诺（El Niño）所造成的全球海面变化。

在海洋环流研究方面，Argo 能对大尺度大洋环流，也包括海洋内部的质量、热量和淡水输送平均状况和变化过程进行全球性描述。2001 年 10 月中国正式加入 Argo 全球海洋观测网。截至 2010 年 1 月，中国共投放 Argo 浮标 62 个，在位运行的浮标为 32 个（中国 Argo 实时资料中心，2016）。

3. 国际地圈生物圈计划

国际地圈生物圈计划（International Geosphere-Biosphere Program，IGBP）是由国际科学理事会 1986 年发起的一项计划，旨在制定区域和国际政策、讨论关于全球变化及其所产生的影响。该计划的主要科学目标是：描述和认识控制整个地球系统相互作用的物理、化学和生物学过程；描述和理解支持生命的独特环境；描述和理解发生在该系统中的变化以及人类活动对它们的影响方式。其应用目标是发展预报理论，预测地球系统在未来十至百年时间尺度上的变化，为国家和国际政策的制定提供科学基础。该计划具有高度综合和学科交叉研究特点，标志着地球科学和宏观生物学的研究跨入了一个新的深度和广度。

IGBP 由 8 个核心研究计划和 3 个支撑计划所组成。在 8 个核心研究计划中，全球海洋通量联合研究（Joint Global Ocean Flux Study，JGOFS）计划、过去的全球变化（Past Global Changes，PAGES）研究计划以及上层海洋–底层大气研究（The International Surface Ocean - Lower Atmosphere Study，SOLAS）涉及部分海洋环流内容。

JGOFS 计划于 1990 年 3 月正式确定并开始实施，主要侧重海洋内部以及海洋边界在海洋生物和化学、海洋循环和相关物理因素以及人为活动的影响下的碳交换过程。它主要分析和预测区域至全球尺度大气–洋面–洋底系统碳的季节和年际变化，为解释气候变化的成因服务。JGOFS 计划涉及海洋环流的内容主要是海洋通量研究。

PAGES 的实施计划形成于 1991 年 3 月，它通过对历史资料和自然记录（如保存在树木年轮、湖泊和海洋沉积物、珊瑚、冰芯中的自然信息）的研究，并借助于有效的现代物理、化学分析技术恢复过去环境的变化并区分自然因素和人为因素的影响，以此为依据，检验未来全球变化预测模型。PAGES 计划目前集中于研究两个时间阶段：一是最近 2000 年的地球历史；二是晚第四纪的最后几十万年的冰期、间冰期回旋。PAGES 计划中涉及海洋环流的内容主要是古海洋环流与古气候研究部分。

PAGES 与 CLIVAR 有许多交叉研究内容，因此曾设立联合研究办公室以开展合作研究，并设定了 6 个共同研究主题，其中一个就是全球温盐环流的研究，包括：①大西洋经向翻转环流的变化与气候变化及热盐环流强度的关系；②大西洋热盐环流及海洋输送对周围国家、地区以及全球气候的影响，主要研究大西洋热盐循环的突变原因、引起热盐环流变化的动力学与物理过程，以及过去 1000 年热盐环流变化的可预报性；③南半球海洋热盐环流研究，重点针对南半球海洋水团的形成、扩展与洋际之间的联系及其对气候变化变率的影响等方面进行研究；④气候突变动力学研究，包括过去与海洋有关的气候突变事件、气候模式与温盐环流动力学以及气候可预报性与大洋环流模式研究。

SOLAS 计划作为 IGBP 2 第一个新的核心计划，以海洋中深度在 100m 以上的水层和 1000m 以下的大气边界层为主要研究对象，通过多学科的交叉研究，揭示海洋与大气相互作用的物理和生物地球化学过程耦合及其在气候变化中的作用，包括加拿大、德国在内的世界各国积极响应该计划。该计划与海洋环流相关的内容就是海洋环流与大气相互作用的物理耦合过程，以及海洋环流对气候变化的影响。

4. 国际大洋发现计划

国际大洋发现计划（International Ocean Discovery Program，IODP，2013～2023 年）及其前身综合大洋钻探计划（Integrated Ocean Drilling Program，IODP，2003～2013 年）、大洋钻探计划（Ocean Drilling Program，ODP，1985～2003 年）和深海钻探计划（Deep Sea Drilling Program，DSDP，1968～1983 年），是地球科学历史上规模最大、影响最深的国际合作研究计划，使地球科学研究取得了一次又一次重大突破。IODP 新 10 年科学计划的四大科学目标是：理解海洋和大气的演变，探索海底下面的生物圈，揭示地球表层与地球内部的连接，研究导致灾害的海底过程。目前，IODP 共有 26 个国家参与，包括美国、日本、欧洲 18 国、中国、巴西、印度、韩国、澳大利亚和新西兰等。IODP 发布了《2013～2023 年国际海洋发现计划》，该报告阐述了 2013～2023 年 10 年新的 IODP 计划重点发展的四大领域：气候与海洋变化、生物圈前沿、地球表面环境的联系和运动中的地球。该报告还阐述了新的 IODP 计划在这 4 个研究领域中未来发展面临的 14 个挑战。IODP 与深层环流研究相关的内容也在于重现古海洋环流，预测古气候变化与海洋环流的关系以及古今环流对比研究等。

4.2.2 欧盟计划项目

欧盟是参与海洋环流研究的一个重要组织，并发起和资助了一系列大范围的海洋环流研究计划与项目，这些项目有的与欧洲国家有一定交叉性，如英国、德国等。温盐翻转环流风险（Thermo Haline Overturning at Risk，THOR）项目是一个比较大型的欧洲项目，属于欧洲第 7 个科学框架项目之一（EU FP7）。该计划于 2008 年 12 月发起，2012 年 11 月底结束，是 9 个欧洲国家的 20 个高校与研究机构历时 4 年完成的大规模综合项目。该项目主要由德国汉堡大学海洋研究所主持，项目建立了一个业务系统，监测和预报北大西洋温盐环流的年代际发展，并评估其稳定性以及气候变化可能导致的崩溃风险。通过对关键地区海洋环流模型进行系统的海洋观测，提供一套地球观测产品，用于预测全球海气耦合模型系统的开发使用。该项目的一大焦点就是对温盐环流及其源头进行精确定量观测（THOR，2016）。

"近极北大西洋环流增强气候预测"（Enhanced Climate Predictability involving the Subpolar Gyre of the North Atlantic）是一个新项目，由瑞士伯尔尼大学主持，其主要工作是理解近极北大西洋环流动力学，数值建模与统计、物理分析，与气候模型进行耦合研究，分析其年际变化，量化不同物理通量与不同地区的重要性，理解历史气候变化。"南大洋的风动上升流与艾迪传输，一种三维比较模式"（Wind-driven Upwelling and Eddy Transports in the Southern Ocean - a Model Intercomparison in Three Dimensions）是英国雷丁大学 2008～2012 年的项目，主要利用可视化技术研究海气全球气候模式中的风动上升流与艾迪传输、南极绕极流的流函数与强度，核心项目是为南大洋翻转环流建立一个完全一致的三维图像，包括风动上升流、艾迪传输以及双方的子午面传输。"阿古拉斯海流系统上游异常对南非周围海洋内变化与基本产出的影响"（Impact of Upstream

Anomalies in the Agulhas Current System on the Inter-ocean Exchange and Primary Production around Southern Africa）是荷兰乌得勒支大学 2006 年初～2007 年底主持的一个项目，主要研究印度洋副热带环流西南部分的动力学变化及其海洋内变化，特点为既关注其物理动力学变化，又关注叶绿素的变化，研究再循环环流的作用。

"追踪北大西洋地区的格陵兰—苏格兰溢出水"是基尔大学海洋科学研究所 2002 年发起的项目，采用化学示踪剂研究拉布拉多海与北欧海对世界海洋通量的贡献，以及北欧海域的中间水团及其向北大西洋西部副极地环流的扩散过程。欧洲副极地海洋项目：海冰与海洋相互作用（European Subpolar Ocean Programme : Sea Ice-ocean Interactions）研究海冰在格陵兰海洋系统中的能量作用，项目设定了两个尺度的调查，其中的中尺度调查包括格陵兰环流的中心研究。"北欧海域的示踪物与环流研究"是挪威卑尔根大学 2001 年的项目，该机构以前的研究内容为提升、测试和验证北大西洋洋流系统、北大西洋副极地环流、北欧海域与欧亚北极盆地部分地区的海洋环流模式，1996 年该机构研究了格陵兰海域，而该项目是研究挪威海、北冰洋和北大西洋的海洋环流。"北大西洋中级内部环流与深水年际变化"属于地球科学、环境与能量研究领域，由德国联邦海事与水文管理署主持，主要研究副极地环流与副热带环流，该项目属于世界海洋环流试验 WOCE 中的大西洋气候试验（the Atlantic Climate Change Experiment），俄罗斯、德国、英国和西班牙的 5 个海洋研究机构参与合作，其中包括俄罗斯科学院。

在 Horizon 2020 上还能查到一些往年与海洋环流研究相关的项目，下面是摘录出的部分项目信息：①地中海外流对北大西洋气候的影响：中尺度进程的作用，德国，2009～2011 年；②全新世时期经向翻转环流与气候变化的关系，挪威卑尔根大学，2006～2008 年；③过去与未来的海平面、温度与海洋环流：一个欧洲框架，英国剑桥大学，2002 年；④北大西洋的大地水准面与环流，丹麦国家调查与地籍部，2002 年；⑤北大西洋与北冰洋地区的经向翻转环流与年际、年代际变化，德国汉堡大学，1998～2000 年；⑥地中海温盐环流的敏感性，大气中的浮力缺失变化，英国爱丁堡大学，1997～2000 年；⑦评估 $^{231}Pa/^{230}Th$ 作为示踪物追踪过去与现在的海洋环流速率，英国牛津大学；⑧重建赤道大西洋的化学与环流突变：对全球变化与深水栖息地的启示。

4.2.3　美国计划项目

美国是海洋环流研究的大国，其中伍兹霍尔海洋研究所与国家海洋和大气管理局（NOAA）是项目发起、资助和参与的主要机构。经向翻转环流是美国的一个研究焦点，NOAA 是主要研究机构，曾发起南大西洋经向翻转环流倡议。NOAA 的物理海洋学小组申请了一系列海洋环流项目，包括：①南大西洋副热带环流变率；②南大西洋副热带环流的三维结构——分析经向与纬向传输；③亚热带南大洋东西部边界流的传输；④热带大西洋海面温度偏差耦合环流模式；⑤大西洋暖池的可变性和可预测性及其对北美极端事件的影响；⑥经向翻转环流：北大西洋与南大西洋经向翻转环流，模式分析与观测系统设计；⑦评估海洋观测系统：大西洋经向热度传输的可变性；⑧西边界时间序列：亚热带大西洋西边界流（深西边界流）；⑨经向翻转环流与热通量阵列；⑩南大西洋经向翻转环流倡议（研究其在全球经向翻转环流中的作用）；⑪西南大西洋经向翻转环流项目；⑫经向翻转环流观测方法与南大洋的经向热传输；⑬通过现有的数值模型预测大西洋经向翻转环流，评估北向热传输的敏感性；⑭评估南大西洋经向翻转环流、经度热传输以及经度可变性；⑮南大西洋经向翻转环流：水流与可变性。

此外，该小组还在赤道海流、热带气候变率与热带大西洋变率领域发起了项目，包括：①东部与中部赤道大西洋流速三维结构评估；②大西洋暖池与经向翻转环流的关系；③大西洋经向模式；④大西洋暖池产出；⑤印度太平洋暖池产出；⑥什么导致了热带大西洋 SST 偏差耦合环流模式等。

"偏差耦合环流模式"是伍兹霍尔海洋研究所的一个海洋观测项目，自 2001 年以来已经有一系列 Line W 系泊设备与重复研究航行穿越墨西哥湾流，帮助形成了北大西洋重要地区的一个前所未有的海洋环流视图，2014 年已经完成。该项目在新英格兰南部地区测量了墨西哥湾流与深西边界流，并关注大西洋经向翻转环流的深分支，测量了大西洋西北角的波浪情况。"波弗特环流试验项目"（Beaufort Gyre Observing System，BGOS）由四个基础项目支持：①波弗特环流淡水试验，研究淡水积累与释放机制以及淡水在北极气候变化中的作用，由 NSF 资助（2003～2004 年）；②波弗特环流淡水观测系统，由伍兹霍尔海洋研究所资助（2004 年）；③波弗特环流系统，北极气候的"飞轮"？由 NSF 资助（2005～2009 年）；④将波弗特环流观测系统文件化，增强人们对北极环境变化的理解，由 NSF 资助（2009～2014 年）。海洋观测计划（Ocean Observatory Initiative，OOI）是一个由 NSF 资助的长期计划，用 25～30 年的可持续海洋测量，研究气候变化、海洋环流与生态系统动力学、海气互换、海底进程以及地球动力学。该计划 2007 年正式成立项目组，目前仍在持续观测中。

美国的大学也申请了很多海洋环流项目，如美国华盛顿大学应用物理实验室海气相互作用与遥感项目"普吉特海湾洋流监测、北太平洋北极地区环流动力学与热力学相互作用"，美国加利福尼亚大学参与的英美联合项目"南海的跨等密度面和沿等密度面混合试验"，结合南极绕极流的倾斜等容度进行研究。此外，美国也参与了多个国际计划，如美国 Argo 观测网放置了 3000 多个自主分析浮标，用以测量 2000m 以上海洋的温度、盐度等信息（上层海洋的物理状态），由大西洋经向翻转环流实验室负责。除了普通的海洋浮标外，美国还发起了 Deep Argo 项目，将 Argo 监测拓展到 6000m 深海，一些早期的深海浮标由斯克里普斯海洋研究所投放。另外，美国还有一个全球漂流浮标计划（Global Drifter Program），这也是综合海洋观测方面的项目。以这些监测数据为基础，美国建立了综合海洋观察系统（HFRadar Network，HFRNet），该系统提供几乎实时的海洋表面流监测数据。

4.2.4　英国计划项目

英国自然环境研究委员会是英国海洋环流项目的主要资助机构，它曾发布"英国自然环海洋年"科学计划，计划确定了 10 个研究资助领域，首个领域就是气候、海洋环流和海平面：气候变化背景下的大西洋、南大洋和北极地区。该领域下设了三个研究单元：①大西洋与南大洋气候变化，由国家海洋研究中心主导，研究内容为目前的气候变化与海洋现状，大西洋环流与传输，南大洋的物理生物化学变化；②北极和北方海洋气候变化迅速，由苏格兰海洋科学协会主导，研究经向翻转环流北方分支过去与现在变化，以及气候变化对北极海洋系统的影响；③大地海洋学、极地海洋学和海平面，由 Proudman 海洋学实验室主导，研究海洋调节进程，北冰洋的气候变化与海平面及其垂直运动。

"RAPID Climate Change"是英国海洋环流研究的一个重大项目，该项目已经进行了三期，一期为 2001 年发起的 RAPID 项目，至 2007 年结束。RAPID 项目探索气候快速变化的原因，主要关注大西洋温盐环流，项目投资 500 万英镑打造一个原型系统，以持续监测北大西洋经向翻转环流的强度与结构。RAPID-WATCH 项目周期为 2007～2014 年，建立在 RAPID 项目之后，该项目将观测与其他研究和数据结合在一起，用来确定和说明大西洋经向翻转环流目前的变化，以提升气候变化风险评估，并调查经向翻转环流对气候变化影响的潜在因素和预测结果。RAPID-AMOC（2014～2018 年）建立在 RAPID 与 RAPID WATCH 两个项目之上，将大西洋经向翻转环流的强度与结构时间序列拓展到 16 年（2013～2020 年），以提升海洋状况的评估，理解大西洋经向翻转环流在气候变化与预测中的作用，增加生物地球化学传感器阵列以限制生物地球化学通量。另外，还有一个衍生项目"快速经向翻转环流：经向翻转环流与北大西洋热容量"（MONACO）也是属于该计划体系，项目时间为 2009～2013 年，主要研究大西洋经向翻转环流与经向热传输的关系（RAPID-AMOC，2016）。

除以上大项目外，英国各机构还申请了一些具有代表性的环流项目，如南安普敦大学"北极深水流出速率"（Arctic Deep Water Rates of Export）项目，评估威德尔环流驱动南部经向翻转环流、全球深海通量以及全球深渊固碳和养分中的作用；"中尺度涡旋与气候预测"（Mesoscale Ocean Eddies and Climate Predictability）项目也是南安普敦大学的另一个海洋环流项目。"A23 repeat section"、"TEA-COSI"与"iSTAR-B"都是英国南极调查局的环流项目，"A23 repeat section"主要是了解南极底层水对全球环流的影响，"TEA-COSI"则是评估北极海冰对全球海流与环流的影响，"iSTAR-B"是 iSTAR 四个项目中的海洋部分，研究东南部阿蒙森海冰架下的海洋环流和海冰融化。英国南极调查局还有一个项目是"年际时间尺度上南大洋应对风力变化：涡旋的作用"。

英国国家海洋研究中心也有一些环流项目，该机构主要研究海洋水团、海洋涡旋、高分辨率海洋模型、海洋在气候变化中的作用等内容，典型项目有气候与海平面研究中的"德雷克海峡与南极绕极流的关系"、"南贫瘠环流项目"以及"南北贫瘠环流项目"等。英国气象局"调查海洋海流对现在与未来气候的影响"也是一个环流项目，主要关注经向翻转环流。

4.2.5　德国计划项目

德国阿尔弗雷德·魏格纳研究所暨亥姆霍兹极地海洋研究中心是海洋环流研究的主

力，其研究主要集中在南大洋、北冰洋与北欧海域，同时也关注过去的极地海洋环流和碳循环。该机构的典型项目有"南太平洋环流的冰消期变化"、"南印度洋环流的冰消期变化"以及德国科学基金会（Deutsche Forschungsgemeinschaft）资助项目"南印度洋冰消期通量与环流（间冰期时标）"。该机构还有一个 BMBF 项目"The Transpolar Drift System"，主要研究北冰洋的海冰与海洋环流。除此之外，北大西洋与加拿大北极地区气候变化进程与影响、全球温盐环流的驱动机制也是研究的关注点，前者有一个子项目为"最后一次冰川时代到全新世时期北极海冰变率、溶解水释放与基础产物：生物标记物项目"。

德国基尔大学及其海洋研究所 GEOMAR 也是环流研究的重要机构，并确定了 11 个海洋科学研究方向，其中就有未来海洋和海洋预测研究。机构设立了海洋环流与气候动力学研究室专门从事物理海洋研究，重点关注海洋环流及其关键物理过程。典型项目有"大西洋区域海洋环流与全球变化"（Regional Atlantic Circulation and Global Change），关注未来 10～100 年的环流变化，以量化全球海洋、气候系统以及欧洲大陆架的影响。另外，"西南非洲沿岸上升流系统和本格拉厄尔尼诺（2013～2016 年）"也是该机构的海洋环流研究项目。

4.2.6　澳大利亚计划项目

澳大利亚研究委员会是海洋科学研究的主要资助机构，从该机构的网站上我们可以查阅到诸多海洋环流项目（ARC，2016）。从目前资助的项目来看，环流研究主要集中在南大洋地区，包括观测南大洋的艾迪传输，以了解南大洋碳循环以及涡旋对气候变化的影响；研究南大洋与南极绕极流及其对经向翻转环流以及澳大利亚气候的影响；预测未来南大洋海洋环流及气候变化；开展南大洋海洋环流与气候变率敏感性研究，重点关注翻转环流等。另外，澳大利亚还重视南大洋的深海研究，包括研究全球海洋环流的能量源与深层环流驱动，设计更好的海洋与气候预测模型；研究深海翻转环流的动力机制及其对表面热量与淡水通量的影响；研究南大洋深层环流变化与动力学过程及其对气候变化的影响，了解翻转环流的重要分支，采用全球范围的预测模型来预估所有的关键动力学过程，研究结果将指导南大洋发现项目。

除了南大洋以外，澳大利亚也关注其他海域的环流研究，如东澳大利亚海流观测与预测模型、西澳大利亚海洋环流及其对全球变暖与海洋生态环境的影响以及南印度洋海洋环流预测模型。此外，澳大利亚还开展了海洋环流与可再生能源技术的研究工作。

4.3　国际深层环流研究文献计量分析

4.3.1　检索策略概述

本章文献信息来自于美国科学信息研究所（Institute for Scientific Information，ISI）的科学引文索引（science citation index expanded，SCIE）数据库。SCIE 数据库收录了

世界各学科领域内最优秀的科技期刊，其收录的文献能够从宏观层面反映科学前沿的发展动态。以 SCIE 数据库为基础，采用文献计量的方法对国际深层环流研究文献的年代、国家、机构以及研究热点分布等进行分析，以了解该研究领域的国际发展态势，把握相关研究的整体发展状况。

海洋环流的研究文献较多，而专门针对深层环流的文献显著性不是很高，想要通过检索式准确收集该领域的研究文献难度较大，但可以通过主题检索的办法获取宏观意义上的文献集合。SCIE 数据库中主题字段是从标题、作者关键词、摘要等部分抽取出来的语词，为了获取与研究领域相关的文献，采用了双层关键词限定的检索办法。首先，根据"环流"这个关键词设定标题检索词为"circulation or gyre"，然后围绕"深海""深层"等方面的关键词设定主题检索词为 deep-sea or deepsea or deep sea or deep-ocean or deepocean or deep ocean or deep water or underwater or submarine or seafloor or sea floor or sea-floor or seabed or sea bed or sea-bed or undersea or under sea or bottom sea or sea bottom or benthal or benthic or abyssal or abysmal sea or abysmal ocean or subsea or ocean floor or downwelling or undercurrent，最后从时间上限定为"2000～2014"，共检索出相关文献 7094 篇，它们既是研究海洋环流的文献，又多少涉及海洋深层，且为最近 15 年发表的文章，因此可以作为本章的宏观分析数据。

从 2000～2014 年的发文量来看，深层环流研究一直呈稳步增长态势，其中 2008 年迎来跳跃式发展，有 517 篇相关研究论文被 SCIE 数据库收录，2009 年略有下降后即迎来猛增趋势，如图 4-1 所示。由此可见，海洋环流研究仍然是目前的研究热点。

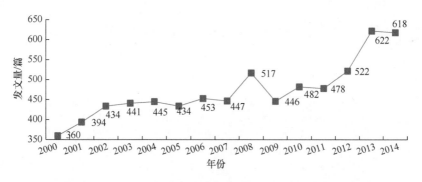

图 4-1　2000～2014 年国际深层环流研究发文量变化情况

4.3.2　主要研究力量

1. 主要研究国家

从国家的发文量来看，美国在深层环流研究领域占有绝对优势，10 年内共发文 3010 篇，其次是德国和英国，发文量均超过 1000 篇。中国发文量为 355 篇，排在第 9 位，如图 4-2 所示。为了更深入了解各国在深层环流研究方面的影响力，从主要国家所发表的环流研究论文的总被引频次、篇均被引频次、高被引论文比例等方面进行了分析。

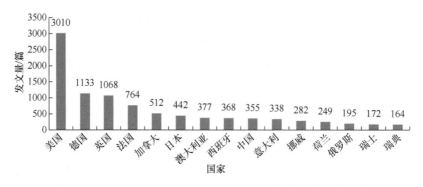

图 4-2　2000～2014 年深层环流研究论文发表最多的 15 个国家

　　分析发现，排名靠前的国家总被引频次基本与发文量成正比，美国、德国、英国、法国和加拿大的总被引频次最高，均超过 14 000 次，美国总被引频次高达 93 729 次，篇均被引频次为 31.14 次/篇，可见其论文质量非常高；日本、澳大利亚和西班牙等国的总被引频次处于第二梯队，总被引频次均超过 8000 次；瑞士是篇均被引频次最高的国家（35.59 次/篇），而丹麦的篇均被引频次（34.83 次/篇）也高于美国。此外，比利时、德国、加拿大、英国、荷兰和瑞典篇均被引频次均超过 27 次/篇。近 3 年的发文量可以在一定程度反映出深层环流研究在各国的相对优先程度，统计发现，中国、韩国、澳大利亚、西班牙和瑞士近 3 年的发文量所占比例均超过 28%。在被引比例方面，有 15 个国家的被引论文比例都超过 95%；通过对高被引论文的统计，被引频次≥50 的论文比例最高的国家是丹麦、瑞士、美国、荷兰和英国，这些国家均有超过 15%的论文被引次数达到或超过 50 次，而被引频次≥100 的论文比例较高的国家是比利时、丹麦和瑞士，其次是加拿大、美国、德国和英国，这些国家的高被引论文比例（超过 100 次）均超过 5%。详细统计值与对比见表 4-1 和图 4-3。

表 4-1　主要国家深层环流发文量及影响力统计（前 20 位）

排名	国家	发文量/篇	总被引/次	篇均被引/（次/篇）	近 3 年发文占比/%	被引论文比例/%	被引频次≥50的论文比例/%	被引频次≥100的论文比例/%
1	美国	3010	93 729	31.14	24.52%	96.41%	16.28%	5.65%
2	德国	1133	33 057	29.18	24.54%	96.47%	14.21%	5.38%
3	英国	1068	29 719	27.83	25.94%	97.10%	15.26%	5.06%
4	法国	764	18 635	24.39	26.96%	96.07%	11.65%	3.40%
5	加拿大	512	14 325	27.98	24.22%	95.51%	12.70%	5.66%
6	日本	442	8046	18.20	24.89%	94.57%	8.37%	1.81%
7	澳大利亚	377	9309	24.69	32.10%	95.76%	13.00%	3.98%
8	西班牙	368	8619	23.42	28.53%	96.20%	10.60%	3.80%
9	中国	355	4646	13.09	43.94%	88.45%	5.92%	0.56%
10	意大利	338	7121	21.07	26.33%	95.56%	10.06%	1.78%
11	挪威	282	7272	25.79	26.24%	97.16%	12.06%	3.55%
12	荷兰	249	6906	27.73	25.30%	97.99%	15.66%	4.02%
13	俄罗斯	195	3147	16.14	16.92%	85.64%	7.69%	3.08%
14	瑞士	172	6121	35.59	28.49%	97.67%	20.35%	6.98%

续表

排名	国家	发文量/篇	总被引/次	篇均被引/（次/篇）	近3年发文占比/%	被引论文比例/%	被引频次≥50的论文比例/%	被引频次≥100的论文比例/%
15	瑞典	164	4463	27.21	26.83%	95.73%	14.02%	3.05%
16	丹麦	129	4493	<u>34.83</u>	24.03%	<u>97.67%</u>	<u>21.71%</u>	<u>7.75%</u>
17	印度	105	1276	12.15	26.67%	86.67%	4.76%	0.00%
18	韩国	104	1114	10.71	<u>38.46%</u>	89.42%	4.81%	0.00%
19	比利时	102	3088	<u>30.27</u>	26.47%	<u>99.02%</u>	12.75%	<u>7.84%</u>
20	希腊	98	1741	17.77	26.53%	<u>97.96%</u>	8.16%	1.02%

注：下划线标示为排名前 5 的数据

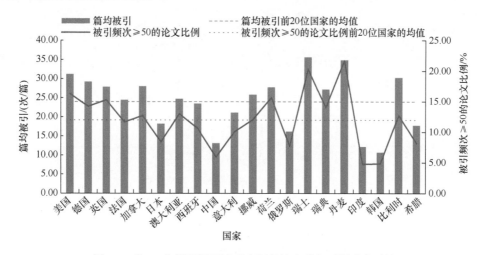

图 4-3　前 20 位国深层环流研究相关论文的相对影响力对比

　　综合各项指标来看，如果将各项指标排名按照 20～1 的权重给分，美国仍然是深层环流研究领域的最强实力代表（权重总分为 108 分），而瑞士、德国和英国的权重分值也较高（均超过 100 分），处于第二梯队的则是澳大利亚、丹麦、荷兰、比利时、法国、加拿大和西班牙（超过 80 分）；德国和英国在研究论文总数和总被引论文频次上具有较强的优势；瑞士和丹麦的研究体量虽然较小，但文章的影响力很高，其篇均被引、被引比例和高被引论文等指标均位于前列。

　　中国近 3 年论文占比排在第 1 位，发文量排第 9 位，总被引频次处于第 13 位，被引论文比例和被引频次等指标均排在第 18 位，权重总分为 52 分，排在第 16 位。综合来看，我国深层环流研究的论文产出还不错，但是论文受到的关注度还不太高。不过，中国近 3 年的发文比例非常高，可见其未来在深层环流研究方面还会有良好的增长势头。因此，综合来看，虽然中国的被引指标相对较低，但考虑中国科研产出体量大、质量参差不齐等现实原因导致优秀成果无法凸显，中国在深层环流研究领域仍应该具有较大的影响地位。

　　在主要国家的深层环流研究合作中，美国处于合作的中心位置，是国际深层环流研究的首选合作国家，美国所拥有的巨大技术优势和研究实力是其成为全球合作中心的主要因素。此外，法国、德国和英国在国际合作中处于第二梯队，在国际深层环流研究中也占有重要的地位。经过去中心处理，第二梯队国家的中心性更加凸显，而澳大利亚、日本、瑞典、俄罗斯、挪威与西班牙等第三梯队中心国家也显现出来。中国的主要合作对象是美国、英国等，如图 4-4 和图 4-5 所示。

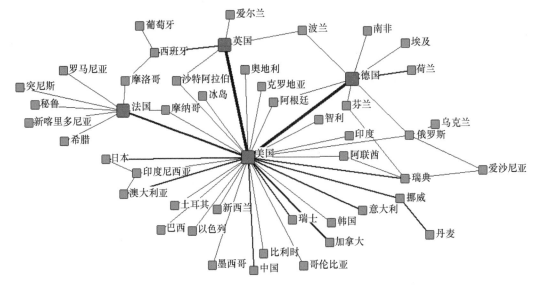

图 4-4　发文量前 47 位的国家合作情况

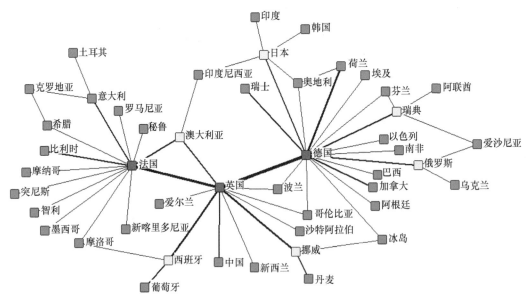

图 4-5　发文量靠前的 47 位国家合作情况（未含美国）

2. 主要研究机构

在机构发文量方面，美国加利福尼亚大学、伍兹霍尔海洋研究所、德国阿尔弗雷德·魏格纳研究所暨亥姆霍兹极地海洋研究中心、德国不来梅大学、美国国家海洋和大气管理局等机构发文量较多，中国的机构中，中国科学院排在 18 位。这些机构中，美国机构占了 10 个, 德国机构 4 个, 英国机构 2 个, 剩下的分别是日本、法国、中国和挪威, 如图 4-6 所示。

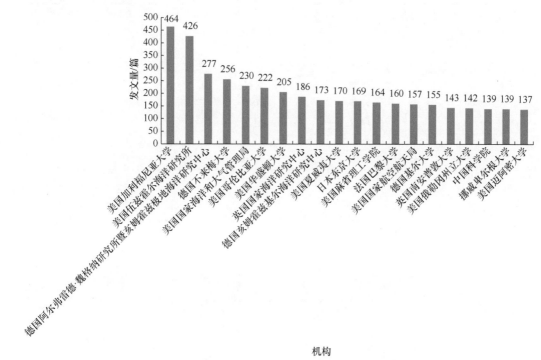

图 4-6　深层环流研究论文发表最多的 20 个机构

为了更深入了解各主要研究机构在深层环流研究方面的影响力, 从主要机构所发表的深层环流论文的总被引频次、篇均被引频次、高被引论文比例等方面进行了分析和对比, 见表 4-2 和图 4-7。

表 4-2　主要机构深层环流发文量及影响力统计

机构	发文量/篇	总被引/次	篇均被引/（次/篇）	2012～2014年发文占比/%	被引论文比例/%	被引频次≥50的论文比例/%	被引频次≥100的论文比例/%
美国加利福尼亚大学	464	16351	35.24	25.86%	97.63%	17.89%	7.54%
美国伍兹霍尔海洋研究所	426	15142	35.54	23.00%	97.18%	20.19%	6.81%
德国阿尔弗雷德·魏格纳研究所暨亥姆霍兹极地海洋研究中心	277	7701	27.80	31.05%	96.75%	14.44%	5.05%
德国不来梅大学	256	6343	24.78	20.70%	96.48%	11.33%	3.13%
美国国家海洋和大气管理局	230	7784	33.84	26.96%	97.39%	15.22%	8.26%
美国哥伦比亚大学	222	9590	43.20	18.02%	98.65%	26.58%	9.46%
美国华盛顿大学	205	5809	28.34	30.73%	99.02%	17.56%	4.39%
英国国家海洋研究中心	186	5550	29.84	22.04%	98.92%	13.98%	6.99%
德国亥姆霍兹基尔海洋研究中心	173	4372	25.27	42.20%	95.38%	12.14%	3.47%
美国夏威夷大学	170	6535	38.44	30.00%	95.29%	21.76%	7.65%
日本东京大学	169	2667	15.78	25.44%	95.86%	5.92%	0.59%

续表

机构	发文量/篇	总被引/次	篇均被引/（次/篇）	2012～2014年发文占比/%	被引论文比例/%	被引频次≥50的论文比例/%	被引频次≥100的论文比例/%
美国麻省理工学院	164	6248	<u>38.10</u>	26.83%	<u>98.78%</u>	<u>22.56%</u>	6.71%
法国巴黎大学	160	3446	21.54	30.63%	97.50%	9.38%	2.50%
美国国家航空航天局	157	4943	31.48	15.92%	<u>98.73%</u>	14.65%	5.10%
德国基尔大学	155	5687	<u>36.69</u>	10.32%	98.06%	16.77%	<u>8.39%</u>
英国南安普敦大学	143	2928	20.48	<u>45.45%</u>	97.20%	12.59%	4.90%
美国俄勒冈州立大学	142	5772	<u>40.65</u>	26.76%	97.18%	<u>22.54%</u>	<u>8.45%</u>
中国科学院	139	1783	12.83	<u>48.20%</u>	87.77%	5.76%	0.72%
挪威卑尔根大学	139	4158	29.91	21.58%	98.56%	12.95%	4.32%
美国迈阿密大学	137	3448	25.17	24.82%	96.35%	13.14%	5.84%

注：下划线标示为排名前 5 的数据

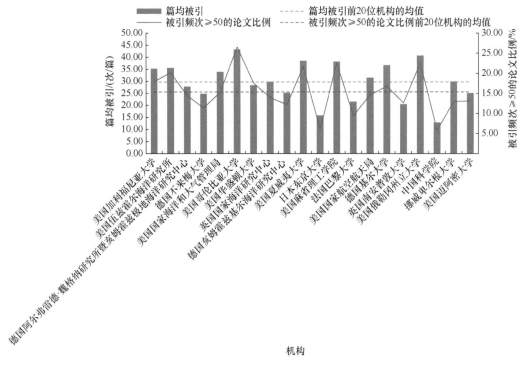

图 4-7　前 20 位机构深层环流研究相关论文的相对影响力对比

分析对比发现：美国加利福尼亚大学、美国伍兹霍尔海洋研究所、美国哥伦比亚大学、美国国家海洋和大气管理局、德国阿尔弗雷德·魏格纳研究所暨亥姆霍兹极地海洋研究中心等机构的被引频次较高，均超过 7000 次；篇均被引最高的机构依次是美国哥伦比亚大学、美国俄勒冈州立大学、美国夏威夷大学、美国麻省理工学院、德国基尔大学，这些机构的篇均被引频次均超过 36 次/篇；2012～2014 年发文量占比最高的机构依次是中国科学院、英国南安普敦大学、德国亥姆霍兹基尔海洋研究中心、德国阿尔弗雷德·魏格纳研究所暨亥姆霍兹极地海洋研究中心、美国华盛顿大学、法国巴黎大学、美国夏威夷大学，均超过 30%；在高被引论文方面，美国哥伦比亚大学、美国麻省理工学院、美国俄勒冈州立大学、美国夏威夷大学、美国伍兹霍尔海洋研究所均有超过 20% 的论文被引频次达到或超过 50 次，被引频次达到或超过 100 次的文章比例超过 8% 的机构是美国哥伦比亚大学、美国俄勒冈州立大学、德国基尔大学及美国国家海洋和大气管理局。

按表 4-2 中的指标，根据排序以 20～1 分分别给予权重值，可以粗略得出各机构的综合影响力。结果显示，美国哥伦比亚大学、美国加利福尼亚大学和美国麻省理工学院的影响力较强（权重总分≥100），处于第二阶梯的是美国国家海洋和大气管理局、美国伍兹霍尔海洋研究所、美国夏威夷大学、美国华盛顿大学和美国俄勒冈州立大学（权重总分≥90）。其中，美国哥伦比亚大学在总被引、篇均被引频次和高被引论文比例等多个指标上均位居前列，研究影响力最强。中国科学院除了近 3 年发文占比排在第 1 位以外，其他指标均排在末端。

国际深层环流研究主要以美国和德国机构居多，其次是英国和法国机构。在机构合作方面，美国加利福尼亚大学、美国伍兹霍尔海洋研究所与德国阿尔弗雷德·魏格纳研究所暨亥姆霍兹极地海洋研究中心是国际深层环流研究的主要合作机构。此外，美国国家海洋和大气管理局、美国哥伦比亚大学与德国不来梅大学也具有中心效应。从跨国合作来看，除上述中心合作机构外，法国巴黎大学、美国夏威夷大学与英国剑桥大学具有桥梁作用。另外，值得注意的是，英国在深层环流研究领域与多个国家联系紧密，国际合作关系尤为突出，而中国科学院与日本机构都是与美国夏威夷大学有较强的国际合作关系，具体如图 4-8 所示。

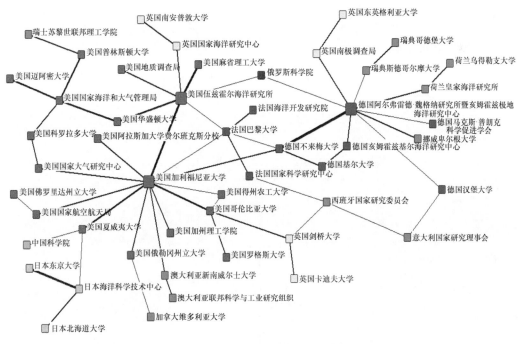

图 4-8　国际主要机构深层环流研究合作情况

3. 主要资助机构

从深层环流研究的资金资助渠道来看，美国国家科学基金会是全球最大的环流研究资助机构，所资助发表的论文数量远远领先于其他资助机构。英国自然环境研究委员会、德国科学基金会、美国国家海洋和大气管理局、美国国家航空航天局、中国国家自然科学基金委员会以及欧盟等机构的资助也较为突出，如图 4-9 所示。

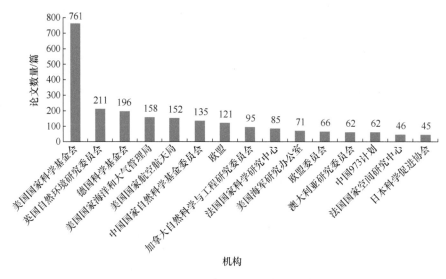

图 4-9　深层环流研究主要资助机构

4.3.3　基于文献计量角度的研究发展变化

1. 研究领域分析

从表 4-3 可以看到，深层环流研究主要涉及的领域包括：海洋学、地质学、气象与大气科学、地球化学与地球物理学、古生物学、海洋与淡水生物学、自然地理学、环境科学与生态学等。其中，海洋学与地质学这两个学科尤为突出，发文量分别为 3321 篇和 2252 篇。

表 4-3　国际深层环流研究主要涉及的研究领域

序号	学科领域	文章篇数	序号	学科领域	文章篇数
1	Oceanography	3321	11	Water Resources	75
2	Geology	2252	12	Fisheries	68
3	Meteorology and Atmospheric Sciences	881	13	Mechanics	59
4	Geochemistry and Geophysics	736	14	Physics	57
5	Paleontology	698	15	Chemistry	50
6	Marine and Freshwater Biology	585	16	Astronomy and Astrophysics	49
7	Physical Geography	531	17	Microbiology	48
8	Environmental Sciences and Ecology	505	18	Mineralogy	30
9	Science and Technology-Other Topics	239	19	Remote Sensing	27
10	Engineering	135	20	Biodiversity and Conservation	26

从学科年度发文变动来看，海洋学与地质学这两个学科呈稳步增长。除此之外，气

象与大气科学、地球化学与地球物理学这两个学科的增长趋势也比较明显，如图 4-10 所示。值得注意的是，气象与大气科学领域在 2013～2014 年的发文量增长显著，这与国际上对气候变化支持力度较大，相关项目计划较多有关。

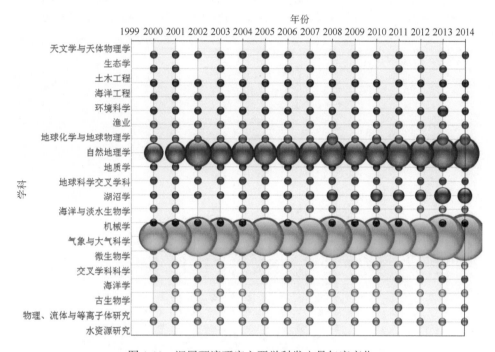

图 4-10　深层环流研究主要学科发文量年度变化

从论文发表期刊来看，深层环流研究论文主要发表的期刊为 *Journal of Geophysical Research-Oceans*，*Journal of Physical Oceanography*，*Paleoceanography*，*Geophysical Research Letters*，*Earth and Planetary Science Letters*，*Deep Sea Research Part I: Oceanographic Research Papers*，*Deep Sea Research Part II: Topical Studies in Oceanography*，*Palaeogeography Palaeoclimatology Palaeoecology*，*Journal of Climate*，*Continental Shelf Research*。总体来看，深层环流研究论文主要发表在地球物理、物理学、古海洋学、古地质学、古气候学、气候学以及深海研究等几类期刊上，这也反映出深层环流研究与气候、地质、物理等学科相交叉的特征，见表 4-4。

2. 研究热点分析

1）高频关键词分析

通过汤姆森数据分析工具（Thomson data analyzer，TDA）清洗并统计作者关键词中的有效关键词得出，海洋建模、气候变化、古海洋、有孔虫、上升流、地中海、热液、南大洋以及水团等是出现频次最高的关键词。其中，海洋环流、环流、温盐环流、上升流与经向翻转环流等是与环流本身相关的关键词，古海洋、稳定同位素、有孔虫与沉降等是与海洋环境和地质相关的关键词，南大洋、地中海、北大西洋与南中国海等是与深层环流研究热点区域相关的关键词，而古气候、水团、气候变化等是与海洋气候相关的关键词。

表 4-4 深层环流研究论文发表最集中的 10 种期刊

序号	期刊名称	发文记录数
1	*Journal of Geophysical Research-Oceans*	632
2	*Journal of Physical Oceanography*	458
3	*Paleoceanography*	322
4	*Geophysical Research Letters*	312
5	*Earth and Planetary Science Letters*	242
6	*Deep Sea Research Part I: Oceanographic Research Papers*	225
7	*Deep Sea Research Part II: Topical Studies in Oceanography*	220
8	*Palaeogeography Palaeoclimatology Palaeoecology*	185
9	*Journal of Climate*	178
10	*Continental Shelf Research*	177

2）关键词年代分析

为了更显著地揭示高频关键词的年代变化，采用 TDA 对排名前 30 的关键词进行年代变化分析与可视化分析，如图 4-11 所示。分析结果显示，数值模拟在 2003～2004 年

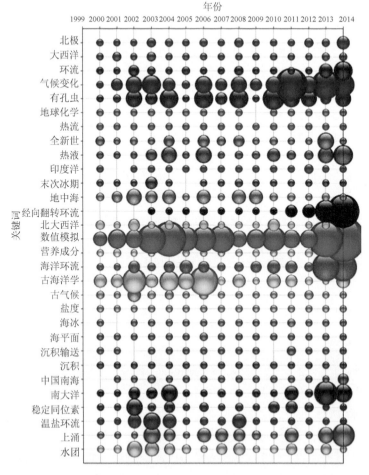

图 4-11 深层环流研究论文作者关键词（前 30 位）年代变化

与 2013～2014 年两个阶段出现研究凸显的现象；海洋环流、翻转环流、气候变化、南大洋与上升流在近年出现增长趋势；古海洋、温盐环流与水团出现了暂时的减弱趋势，但在整体上还是属于研究热点。

为了更广泛地分析深层环流研究的热点变化情况，将 2000～2014 年划分为 3 个阶段，对其各阶段的主要关键词进行了统计，并对关键词进行简单归类组合，以此达到分析研究热点年代变化的目的。

从表 4-5 可以看到，数值模拟、气候变化、古海洋学、有孔虫、海洋环流、地中海、水团与上升流一直是研究热点。对比高频关键词的阶段变化来看，温盐环流、古海洋学研究、大西洋深层水、地中海、黑海与爱琴海研究开始出现退热趋势，但这些关键词仍然是海洋环流的研究热点。相反，海洋建模、气候模式、漩涡、尺度涡、海平面、冰消、下降流、西边界流与经向翻转环流有明显升温势头，墨西哥湾与北冰洋研究开始增多。

表 4-5　深层环流研究关键词（前 30 位）年代变化情况

时间	主要研究内容
2000～2004 年	numerical modeling、paleoceanography、climate change、foraminifera、Mediterranean、thermohaline circulation、water masses、Southern Ocean、stable isotopes、paleoclimate、North Atlantic、upwelling、ocean circulation、hydrothermal、Holocene、Atlantic、circulation、Ocean Drilling Program（ODP）、arctic、Last Glacial、geochemistry、sedimentation、isotopes、nutrients、South Atlantic、North Atlantic Deep Water、Pleistocene、currents、heat flow、hydrography
2005～2009 年	numerical modeling、paleoceanography、climate change、foraminifera、Mediterranean、upwelling、ocean circulation、thermohaline circulation、water masses、hydrothermal、Holocene、circulation、stable isotopes、arctic、paleoclimate、North Atlantic、salinity、Southern Ocean、sea level、primary production、Indian Ocean、meridional overturning circulation、nutrients、oxygen isotopes、South China Sea、sedimentation、Adriatic sea、deep ocean circulation、submarine canyon、geochemistry
2010～2014 年	numerical modeling、climate change、ocean circulation、meridional overturning circulation、foraminifera、Southern Ocean、hydrothermal、upwelling、paleoceanography、water masses、Holocene、circulation、stable isotopes、arctic、Mediterranean、North Atlantic、Atlantic、paleoclimate、South China Sea、sea ice、Antarctic Bottom Water、geochemistry、thermohaline circulation、Indian Ocean、sediment transport、salinity、sea level、Last Glacial、neodymium isotopes、internal waves

通过对关键词进行归类组合发现，深层环流的研究热点表现为：①海洋环流，如温盐环流、经向翻转环流、西边界流、南极绕极流以及上升下降流；②古海洋与古气候学，如全新世、上新世、更新世、末次盛冰期、有孔虫、同位素、输沙、沉降、气候变化、年际变化；③热门海域，如南北大西洋、南部海洋、地中海、南极洲、中国南海、印度洋、黑海、爱琴海、波罗的海、北极、阿拉伯海、墨西哥湾；④海洋模拟与参数测量，如数值模拟、放射性碳、示踪剂、漩涡、尺度涡、海表温度、盐度、溶解氧、碳浓度、营养成分。

3）关键词网络中心性分析

为了解深层环流关键词之间的关系，采用 Ucinet Netdraw 绘制了 50 个高频关键词的关系网络（图 4-12），并计算了关键词的网络中心度（节点大小），同时凸显了中心性与桥梁性关键词。从图中可以看出，数值模拟、古海洋学、有孔虫是重要性凸显最明显的三个关键词，其次是海洋环流、南大洋、上升流，此外，气候变化、水团、北大西洋、浮游植物与热液是网络图中的桥梁性关键词。

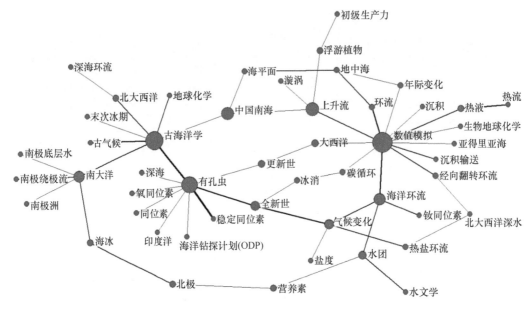

图 4-12　深层环流研究的 50 个作者关键词关系网

4）关键词聚类分析

为了更深入分析深层环流研究的热点领域，采用 VOSviewer 可视化软件对包括作者关键词和附加关键词在内的全部关键词进行聚类分析，分析结果如图 4-13 所示。从图中可以看出，深层环流研究的关键词聚类主要有 4 个：①深层环流动力机制与季节变化（红色聚类），包括 ocean circulation、variability、dynamics、model、transport、hydrography 等关键词，主要研究深层环流的流通过程与动力机制、数值模拟与参数测量以及季节振荡与年代变率等；②深层环流与气候变化（绿色聚类），包括 climate、evolution、atlantic、deep-water、foraminifera、stable isotopes、organic matter 等关键词，主要研究深海沉积物的演变与进化，探讨深层环流与过去及未来气候变化的关系，跟踪深海营养物质与碳氧浓度变化等；③温盐环流与经向翻转环流研究（蓝色聚类），包括 thermohaline circulation、meridional overturning circulation、north atlantic、labrador sea、heat transport、sensitivity、atmosphere、general circulation models 等关键词，主要研究特定地区的温盐环流与经向翻转环流等大尺度环流分支，探讨北极底层水、海冰与环流的关系，以及环流的热传输对全球气候的影响；④海底构造、热液与深层环流研究（黄色聚类），包括 de-fuca ridge、mid-atlantic ridge、east pacific rise、hydrothermal circulation、hear flow，主要研究大洋中脊、海隆等特殊海底构造对海洋环流变化的影响，以及深海火山与海底热液的热传输与深层环流的关系等。

3. 领域引用态势分析

1）高被引论文分析

想要了解某一个领域的主要研究文献，除了分析 SCI 中被引频次较高的文献外，更

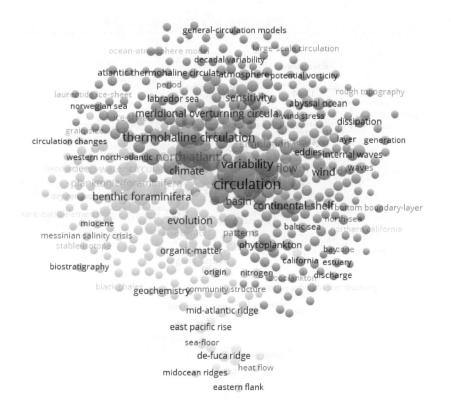

图 4-13　深层环流研究的关键词聚类网

应该分析文献集合内被引较多的文献，往往这样的文献与我们的研究主题更为贴合。采用 Histcite 软件分析 2000～2014 年的深层环流研究论文，其中的 LCS 指标便是本地引用频次（local citation score），它表明了数据集合内引用较高的文献。

表 4-6 列出了 LCS 指标排名前 15 位的文献，这些核心文献呈现出如下几个特征：①关注经向翻转环流的深海部分，探讨其减缓、恢复、热传输以及对气候的影响；②关注深层环流与气候变化的耦合关系，探索过去的气候变化与未来气候预测，以及温盐环流在气候变化中的作用；③关注冰消期海冰与淡水对深层环流的影响，侧重研究冰川消融、淡水通量以及大尺度环流模式；④关注海水混合、对流、溢出与更迭，探索海底地形与深层环流动力机制，研究水流通量、温度、盐度变化及其对深层环流的影响；⑤关注深海沉积、碳氮循环、营养物质输送，探索深层环流与食物链、生物生产力之间的关系，研究底栖有孔虫分布与古海洋环流变化。除此之外，北大西洋深水、南极底层水、南半球水团、深度涡旋以及同位素示踪等内容也是研究的侧重点。

2）引文关系网分析

在分析了高 LCS 的核心文献后，进一步通过 Histcite 绘制 LCS 指标最高的前 50 篇高被引文献的引文网络图，并将引文网络中的引文团文献罗列出来，如图 4-14 和表 4-7 所示。分析网络图中的引文关系，并对照引文列表中的文献，可以进一步印证深层环流研究的热点主题。

表 4-6　深层环流研究的高 LCS 核心文献（前 15 位）

排名	Histcite 序号	论文题目	LCS
1	1711	Collapse and rapid resumption of Atlantic meridional circulation linked to deglacial climate changes	236
2	1052	The salinity，temperature，and delta O-18 of the glacial deep ocean	126
3	49	Evidence for enhanced mixing over rough topography in the abyssal ocean	121
4	362	Rapid changes of glacial climate simulated in a coupled climate model	120
5	1537	Vertical mixing，energy and thegeneral circulation of the oceans	119
6	980	Ocean circulation and climate during the past 120,000 years	110
7	19	North Atlantic-Nordic Seas exchanges	99
8	298	The Southern Ocean limb of the global deep overturning circulation	91
9	1463	Data-based meridional overturning streamfunctions for the global ocean	88
10	2128	Temporal relationships of carbon cycling and ocean circulation at glacial boundaries	86
11	756	The role of the thermohaline circulation in abrupt climate change	85
12	1570	Tidally driven mixing in a numerical model of the ocean general circulation	75
13	1849	Intensification and variability of ocean thermohaline circulation through the last deglaciation	73
14	3211	Global ocean meridional overturning	73
15	2393	Radiocarbon variability in the western North Atlantic during the last deglaciation	72

注：Histcite 序号指的是全部深层环流文献导入软件中给出的排列号，方便研究者回溯阅读

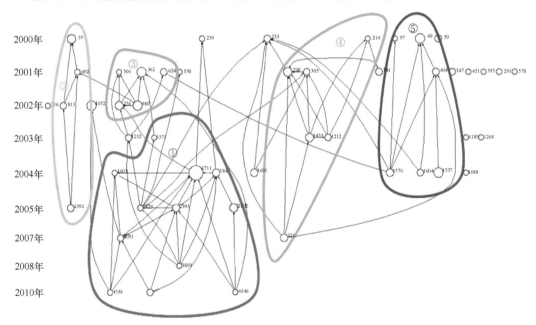

图 4-14　深层环流研究的引文网络图（前 50 篇）

从图表数据中可以看出，引文网络出现 5 个聚类较明显的引文团，其研究主题包括：①冰消期气候变化与深层环流、海洋碳循环及二氧化碳浓度的相互影响；②深海洋流流动与海水交换、溢出和更新；③深层环流与古气候、极端气候变化间的耦合；④经向翻转环流的深海分支研究；⑤海水混合、海底地形变化与深层环流的关系。这些引文团除了内部引用密切，引文团之间及外围也存在一定的相互关系，如引文团①外围有几

篇冰川融化方面的研究文献，且与经向翻转环流、温盐环流研究也存在交叉关系。其中，1232 号、2128 号与 4538 号文献都是研究冰川与碳循环、二氧化碳浓度以及温暖间隔变化；1711 号文献研究与冰消期的气候变化关联的大西洋经向翻转环流的崩溃与迅速恢复；1371 号与 1849 号文献分别研究冰消期南大洋地区大西洋温盐环流的恢复以及末次冰消期温盐环流的强化与变异。此外，温盐环流研究方面的文献虽然没有形成较明显的引文团，但相关文献却在引文网络中出现，这是因为此类文献的引用频次虽高，但施引文献本身是较新的文献，这表明温盐环流是深层环流研究的一个较新的热点。

表 4-7　深层环流研究的分区引文列表

引文团	Histcite 序号	论文题目	LCS
①	1371	Southern ocean origin for the resumption of Atlantic thermohaline circulation during deglaciation	44
	1603	C-14 activity and global carbon cycle changes over the past 50,000 years	46
	1711	Collapse and rapid resumption of Atlantic meridional circulation linked to deglacial climate changes	236
	1849	Intensification and variability of ocean thermohaline circulation through the last deglaciation	73
	2125	Southern hemisphere water mass conversion linked with North Atlantic climate variability	48
	2393	Radiocarbon variability in the western North Atlantic during the last deglaciation	72
	2128	Temporal relationships of carbon cycling and ocean circulation at glacial boundaries	86
	3091	Marine radiocarbon evidence for the mechanism of deglacial atmospheric CO（2）rise	54
	3809	Abrupt changes in Antarctic intermediate water circulation over the past 25,000 years	43
	4538	The polar ocean and glacial cycles in atmospheric CO_2 concentration	47
	4484	Ventilation of the deep southern ocean and deglacial CO_2 rise	54
	4346	Synchronous deglacial overturning and water mass source changes	43
②	19	North Atlantic-Nordic Seas exchanges	99
	492	Decreasing overflow from the Nordic seas into the Atlantic Ocean through the Faroe Bank channel since 1950	49
	813	Rapid freshening of the deep North Atlantic Ocean over the past four decades	55
	2392	Slowing of the Atlantic meridional overturning circulation at 25 degrees N	62
③	506	Freshwater forcing of abrupt climate change during the last glaciation	42
	362	Rapid changes of glacial climate simulated in a coupled climate model	120
	624	The UVic Earth System Climate Model：Model description，climatology，and applications to past，presentand future climates	70
	756	The role of the thermohaline circulation in abrupt climate change	85
	980	Ocean circulation and climate during the past 120,000 years	110
④	214	Meridional overturning and large-scale circulation of the Indian Ocean	42
	298	The Southern Ocean limb of the global deep overturning circulation	91
	305	Circulation，renewal，and modification of Antarctic mode and intermediate water	55
	1463	Data-based meridional overturning streamfunctions for the global ocean	88
	212	Temporal relationships of carbon cycling and ocean circulation at glacial boundaries	86
	3211	Global ocean meridional overturning	73
⑤	97	Spurious diapycnal mixing associated with advection in a z-coordinate ocean model	40
	49	Evidence for enhanced mixing over rough topography in the abyssal ocean	121
	404	Parameterizing tidal dissipation over rough topography	63
	1570	Tidally driven mixing in a numerical model of the ocean general circulation	75
	1604	Widespread intense turbulent mixing in the Southern Ocean	54
	1537	Vertical mixing，energy and thegeneral circulation of the oceans	119

注：对应图 4-14

4.4 深层环流研究的全球态势

4.4.1 整体发展态势与力量分布

综上分析，目前全球深层环流研究整体呈稳定发展态势，其中 2008 年更是迎来跳跃式发展，受国际研究计划与项目的引导，未来几年还将继续保持较高的增长势头。从国家角度来看，美国是深层环流研究的中坚力量，其发文总量、总被引频次、篇均被引频次、高被引论文等指标均名列前茅，且综合权重分值也排在第一。瑞士、德国和英国的综合实力也非常突出，澳大利亚、丹麦、荷兰、比利时、法国、加拿大和西班牙则处于第二梯队。此外，瑞士和丹麦两国虽然在研究体量上不大，其研究论文的质量却很高。中国、韩国和澳大利亚的 2012～2014 年发文比例较高，未来将有可能发展成为该领域的新兴势力。中国的综合实力排在第 16 位，论文产量较高而受关注程度不够，但其中也不乏质量较高的研究论文，随着研究接收程度的逐渐提高以及国家深海战略的引导，未来中国在深层环流领域应该会有更好的发展和表现。

从机构角度来看，美国哥伦比亚大学、美国加利福尼亚大学和美国麻省理工学院是该领域的研究主力，其次是美国国家海洋和大气管理局、美国伍兹霍尔海洋研究所、美国夏威夷大学、美国华盛顿大学和美国俄勒冈州立大学。其中，美国哥伦比亚大学的研究影响力最强。除了大量的美国机构外，德国阿尔弗雷德·魏格纳研究所暨亥姆霍兹极地海洋研究中心、不来梅大学、基尔大学及亥姆霍兹基尔海洋研究中心等机构也都是深层环流研究的佼佼者。另外，英国与法国也有少数机构跻身综合实力前列。中国科学院除了 2012～2014 年发文占比排在第 1 位以外，其他指标均排在末端。

从合作角度来看，美国处于合作的中心位置，法国、德国和英国在国际合作中处于第二梯队的地位，而中国的主要合作对象是美国、英国。在机构合作方面，美国加利福尼亚大学、美国伍兹霍尔海洋研究所与德国阿尔弗雷德·魏格纳研究所暨亥姆霍兹极地海洋研究中心是国际深层环流研究的主要合作机构。此外，美国国家海洋和大气管理局、美国哥伦比亚大学与德国不来梅大学也具有中心效应，法国巴黎大学、美国夏威夷大学与英国剑桥大学具有跨国合作的桥梁作用。英国机构的国际合作关系尤为突出，中国科学院与日本机构都是与美国夏威夷大学有较强的国际合作关系。

在资金资助方面，美国国家科学基金会是全球最大的环流研究资助机构，所资助发表的论文数量远远领先于其他资助机构。英国自然环境研究委员会、德国科学基金会和美国国家海洋和大气管理局紧随其后，中国国家自然科学基金委员会也是主要的资助力量。从这也能看出，资金资助较充足的国家，其科研产出也相对突出。

4.4.2 主要研究热点与未来趋势

从研究领域来看，国际上深层环流研究以海洋学与地质学为主，这两个学科的年代发文增长情况也相对稳定。其次，气象与大气科学、地球化学与地球物理学、古生物学和海洋与淡水生物学等学科也是深层环流研究的主要领域。气象与大气科学领域最近几年的发文量增长非常显著，由此可见，深层环流与气候变化交叉研究是目前研究的热门领域。另外，深层环流研究的发文期刊主要为地球物理、物理学、古海洋学、古地质学、古气候学、气候学以及深海研究等类别，这也反映出深层环流研究与气候、地质、物理等学科相交叉的特征。

从高频关键词的角度来看，海洋建模、气候变化、古海洋、有孔虫、上升流、地中海、热液、南大洋以及水团等是该领域的高频关键词。通过简单的归类发现，高频关键词主要为热门洋流与热门海域、古海洋古气候、海洋模拟与参数测量等方面的词汇。其中，温盐环流、上升流与经向翻转环流是主要的洋流关注点，南大洋、地中海、北大西洋与南中国海是主要的关注区域。另外，高频关键词中还有许多与海洋地质、气候环境相关的词汇。根据关键词年代变化分析，数值模拟、翻转环流、气候变化、气候模式、南大洋与上升流、下降流、漩涡、尺度涡、海平面、冰消、西边界流、墨西哥湾与北冰洋有明显增长势头；古海洋、温盐环流、水团、大西洋深层水、地中海、黑海与爱琴海研究出现了暂时的减弱趋势，但目前仍属于研究热点。

从关键词关系网的角度来看，数值模拟、古海洋学、有孔虫具有明显的网络中心性，其次是海洋环流、南大洋、上升流，此外，气候变化、水团、北大西洋、浮游植物与热液具有桥梁性作用。另外，通过关键词网络聚类分析可以看出，深层环流研究具有 4 个凸显主题，包括深层环流动力机制与季节变化、深层环流与气候变化、温盐环流与经向翻转环流研究以及海底构造、热液与深层环流研究。

从引文角度来看，深层环流的高被引文献聚焦于经向翻转环流的深海部分；深层环流与气候变化的耦合关系，冰消期海冰与淡水对深层环流的影响，海水混合、对流、溢出与更迭，深海沉积、碳氮循环、营养物质输送。从高被引文章之间的引文关系可以看出，深层环流研究的主要研究内容包括：①冰消期气候变化与深层环流、海洋碳循环及二氧化碳浓度的相互影响；②深海洋流流动与海水交换、溢出和更新；③深层环流与古气候、极端气候变化间的耦合；④经向翻转环流的深海分支研究；⑤海水混合、海底地形变化与深层环流的关系。

总结而言，国际深层环流的主要研究热点包括：①深层环流的数值模拟与动力机制；②深层环流的参数测量与示踪分析；③古海洋、古气候与深层环流的推演；④冰川消融与淡水流通对深层环流的影响；⑤深层环流对海底沉积、碳氮循环及二氧化碳浓度的影响；⑥深层环流的热传输与营养物质输送；⑦冷热水团、涡旋、海水混合、上升下降流及海洋表面风与深层环流变化的关系；⑧经向翻转环流与温盐环流的变化及气候调控作用。未来数年，随着新研究与新技术的不断崛起，深层环流将迎来更大的研究热潮，通过分析较新的一些研究文献可以预见，未来深层环流研究将出现如下新的研究趋势：①大尺度深层环流的长期连续性观测；②全球变暖与深层环流的相互影响与调控机制；③极地气候与深层环流的耦合关系；④深层环流对海洋食物链、深海生态系统的影响；⑤海底热液、海底地形对深层环流的作用；⑥深渊环流的探索与发现。

参 考 文 献

《海洋大辞典》编辑委员会. 1998. 海洋大词典. 辽宁：辽宁人民出版社.

全球变化网络信息资源导航系统. 2016. http: //sdb.llas.ac.cn/glonavigator/1117-clivar.htm. [2016-06-18].

中国 Argo 实时资料中心. 2016. http: //www.argo.org.cn/about_argo/about_argo.html. [2016-06-18].

《中国大百科全书》总编委会. 1993. 中国大百科全书. 北京：中国大百科全书出版社.

CLIVAR. 2016. Climate and Ocean: Variability, Predictability and Change. http: //www.clivar.org/. [2016-06-18].

McPhaden M J, Busalacchi A J, Cheney R, et al. 1998. The Tropical Ocean-Global Atmosphere observing system: a decade of progress. Journal of Geophysical Research, 103(C7): 14169-14240.

The Beaufort Gyre Observing System in the Arctic Ocean. 2016. http: //www.whoi.edu/page.do?pid=66296. [2016-06-18].

The Physical Oceanography Division(PhOD). 2016. http: //www.aoml.noaa.gov/phod/index.php. [2016-06-18].

THOR. 2016. ThermoHaline Circulation at Risk. http://www.eu-thor.eu/Home.532.0.html. [2016-06-18].

第5章 深海生态系统研究国际
发展态势分析

海洋生态系统研究一直是全球主要海洋强国和海洋机构的聚焦点,全球海洋生态系统动力学计划(Global Ocean Ecosystem Dynamics)极大地推动了海洋生态系统的研究和发展。联合国教育、科学及文化组织(United Nations Educational, Scientific and Cultural Organization, UNESCO)、美国国家科学基金会(National Science Foundation, NSF)和欧洲海洋局(European Marine Board, EMB)等国际组织和机构多年来一直将海洋生态系统作为研究重点,资助力度和范围都逐年扩大。深海环境和生态系统作为海洋系统的重要组成部分,涉及国家战略以及海洋科学前沿,已成为当前研究的热点和突破口。国际海洋科学钻探计划(DSDP-ODP-IODP)致力于地球深部与表层系统的联系,全球海洋生物普查计划(Census of Marine Life, CoML)展开众多深海生物相关调查,主要海洋国家在地学计划和海洋计划中对深海进行了重点部署,这些举措都极大地促进了深海研究的发展。

报告分析了近年来全球重要海洋组织和发达国家有关深海研究的重要计划,以 Web of Science 平台的 SCIE 数据库为基础,计量分析了深海生态系统研究的主要力量、论文影响和研究热点,指出深海热液系统、海山生态系统、冷泉系统和生物多样性是目前深海生态系统研究的聚焦点,总结了国际上关于深海生态系统研究的进展。

5.1 引 言

深海一般指水深在 1000m 以下的海洋区域,占海洋总面积的 92.4%,占地球面积的 65.4%(金翔龙,2006)。深海基本环境特征是黑暗无光、低温(一般在 0~4℃,热液区域温度异常)、高压和寡营养等,海水化学组成比较稳定,生物多样性和丰度不如近岸生态系统,但存在一些特殊的生物,以及特殊的地貌环境,形成独特的生态系统。目前关于深海区域研究最多的领域是深海矿藏,世界海洋强国一直在积累深海采矿系统概念设计、设备制造、技术设计和海上试验,为深海大规模采矿提供进一步可能。但深海生物资源以及生态系统功能,在 20 世纪 70 年代随着海底热液生物群落的发现才逐渐被人类广泛认知,它们是满足人类社会未来发展所需的战略资源和能源库之一。

全球海洋通量联合研究计划(1990~2004 年)、全球海洋生态系动力学研究计划(1991~2010 年)、全球海洋生物普查计划(2000~2010 年)推动了海洋生态系统的发展，同时也引领和开拓了深海研究。国际海洋科学钻探计划（DSDP-ODP-IODP）在海洋地质学的巨大成功，带动了深海相关研究的发展，先进的取样手段使得神秘深海得以呈现，其 2013～2023 年科学计划的四大主题之一就是地球深部生命及生物演化的环境驱动。联合国教育、科学及文化组织、美国国家科学基金会（NSF）和欧洲海洋局（EMB）等国际组织和机构多年来一直将海洋生态系统作为研究重点，近几年也增加了深海研究布局。早期深海研究聚焦于深海矿产资源、深海地质和深海探测等，随着深海工程与装备、实验平台和基础设施的发展，深海生物逐渐被认识，人类也更多地关注在深海极端环境下，生物和生态系统的存在以及演变。

5.2　国际相关重要计划与布局

5.2.1　全球海洋生物普查计划

全球海洋生物普查计划（CoML）是一项在全球尺度上评估和解释海洋生物分布、丰度和多样性的国际计划，能了解海洋生命的过去和现在，并预测其未来的发展趋势（孙松和孙晓霞，2007）。由于 CoML 计划的成功，《生物多样性公约》（*Convention on Biological Diversity*，CBD）第 10 次缔约国会议在海洋及沿岸生物多样性议题的决议中也特别提到，地球上绝大多数类群的生物（50 万～1000 万种）均存活在海洋之中，海洋新物种不断地被发现，特别是在深海。海洋生物普查计划前 10 年（Census 2010）已对海洋生物物种作了一次较详细的普查与分布数据的整合，但是仍有不足之处，后 10 年（Census 2020）对其生态系统的服务功能、海洋保护区及食物安全，在气候变迁的威胁下如何应对等进行了研究。

CoML 计划目前众多的研究项目中，全球海山生物普查（CenSeam）、深海化能合成生态系统（ChEss）和深渊海洋生物多样性普查（CeDAMar）是深海生物和生态系统研究的核心计划（CoML，2013）。

1. 全球海山生物普查

全球海山生物普查计划于 2005 年启动，主要聚焦两个科学问题：驱动海山生物群落和生物多样性的因素，包括海山与其他生物栖息地的差异；人类活动对海山生物群落结构和功能的影响。

海山数据分析工作组致力于协调现有计划以及未来计划，进行新的海山样品收集活动以建立和调整研究方案与数据收集，目标在于将未来合作的效益最大化，通过标准化采样方法和数据报告，促进全球范围内海山生物多样性的比较。CenSeam项目组还帮助和指导了全球范围内海山调查，填补了关键区域的空白，并且建立整合了现有海山数据库（Seamounts Online，2016），包括海山区域的生物数据和物理海洋等基础数据。

2010 年 CoML 第一阶段计划完成时，由于海山数量众多，分布广泛，物理特征和栖息地类型多变，关于海山的内容还有太多未知，但 CenSeam 计划加强对全球海山生态系统的了解，以及它们在生物地理学、生物多样性、生产力和海洋生物进化中的作用的研究。

2. 深海化能合成生态系统

深海化能合成生态系统（ChEss）主要是研究深海环境如热液、冷泉、鲸落（whale fall）、沉降的木材、大陆边缘与海山相交的低氧区中生物多样性以及物种分布和丰度。

ChEss 计划主要有三部分研究内容：①建立数据库。ChEssBase 是一个深海化能合成生态系统中已发现的物种地理位置等信息的在线数据库，目前里面的物种大部分来自于热液喷口，少数来自于冷泉和鲸落系统，共计有超过 700 种生物记录在库。②研究区域。根据不同的研究目标，ChEss 将其研究区域分为组合区和具体区域。组合区范围较大，需要国家合作进行研究，每个组合区都包含了不同的生态学、地质学、进化学和地形参数，研究这些区域的主要目的是评估不同系统间动物区系的关系，了解驱动其分布格局形成的关键过程。具体区域是深入研究的关键区域，每一个具体的区域对于阐明化能合成系统的生物地理学问题都很重要。③ChEss 还负责深海生物的宣传与教育，促进公众对深海生物多样性和功能的了解（孙晓霞等，2010）。

2010 年 CoML 第一阶段计划完成时，ChEss 已有诸多重大发现，如考察南极热液和冷泉的 ChEsSo 项目，以及智利边缘的新发现等。ChEss 计划促进了先进技术的开发、改进和测试，包括新的传感器技术和分析技术。未来 ChEss 将会继续发挥纽带作用，协调全球科学家继续深入研究深海生物。

3. 深渊海洋生物多样性普查

深渊海洋生物多样性普查（CeDAMar）主要研究深海黑暗高压低温环境下的生物分布和丰度等。主要研究内容：深海黑暗高压低温环境中生物生存和分布，以及栖息地环境、对海洋物种丰富度的贡献；深海生物在极端环境中演化，影响深海生物的因素，包括水深等。

目前 CeDAMar 已经通过多艘科考船，初步建立了深海生物的分布，搜集了数百种生物样品，已经命名和确定的有 200 多种，预估计深海生物物种数量在 50 万～1000 万。深海采样是挑战性的工作，花费巨大，需要机构和国家联合进行。

5.2.2　IODP 科学计划 2013～2023 年

国际大洋发现计划（International Ocean Discovery Program，IODP）公布了 2013～2023 年新科学计划：《照亮地球：过去、现在与未来》（*Illuminating Earth's Past, Present, and Future*）（2013～2023 年）。IODP2013～2023 承接了综合大洋钻探计划（Integrated Ocean Drilling Program，IODP，2003～2013 年）、大洋钻探计划（Ocean Drilling Program，ODP，1985～2003 年）和深海钻探计划（Deep Sea Drilling Project，DSDP，1968～1983 年），其科学目标是以"地球系统科学"思想为指导，探索地球深部与表层系统的连接，计划打穿大洋壳，揭示地震机理，查明深部生物圈和天然气水合物，理解极端气候和快

速气候变化的过程，同时为深海新资源勘探开发、环境预测和防震减灾等服务。

IODP 2013～2023 科学计划的第二个主题是生物圈前沿，主要是探索深海生命及生物演化的环境驱动。主要研究内容有：①深海生物群落的组成、起源和生物化学机制，深海钻探是了解深海生态系统的唯一方法，通过钻探数据能够测定深海微生物群落的基本组成、形成过程和分布范围。深海生物圈中的微生物群体会发生很多化学过程，其中包括硫酸还原作用、硝酸还原作用和碳氢化合物的生成过程，它们在矿物氧化和还原过程中发挥重要作用。②限制深海生物生命的关键因素，探索深海中物理化学条件对生命的限制是海洋科学钻探的前沿领域。潜在的限制因素包括高温、压强、pH、养分含量、碳、能量及含氧量。海洋钻探可以揭示深海生物生活环境的限制范围，深海环境梯度下可用养分、食物、温度、盐分和 pH 都显示很大的变化范围。而深海微生物群落中 85% 的基因序列都属于未知组列，对其新陈代谢方式还是不能进行具体分析。③生态系统和人类社会对环境变化的敏感程度，环境压力如气候变化、海表面温度上升、富营养化、缺氧、海水酸化和过度捕捞等都会影响海洋生态系统，这些环境压力在未来几十年内会导致更多的海洋生物灭绝。另外，由气候变化导致的物种迁移及种间的竞争会刺激物种进化，使物种出现新的适应特性。

深入研究海洋沉积物和岩石圈的深海生命，理解其起源和进化、生物生活史、微生物生长机制，从而对地球上古时代的生命演变提供重要证据。无处不在的深海微生物影响了全球生物地球化学循环、深海矿藏和碳氢化合物的生成与释放。海底生物和生态系统受到温度升高、缺氧和酸化的压力。海洋沉积物中的生物多样性数据可以用来了解地球生态系统乃至陆地生态系统的演变。

5.2.3　国际大洋中脊第三个十年科学计划

国际大洋中脊计划是国际地学领域的重要科学计划之一，由国际大洋中脊协会（InterRidge）提出，旨在协调世界各国科学家对大洋中脊的多学科综合研究。国际大洋中脊协会致力于创建一个全球性的海洋地球科学研究群体，规划和协调仅靠单一国家不能完成的新的科学研究方向和国际合作项目，加快科学信息交流，共享新技术和设备。InterRidge 面向各国公众、科学家及政府，提高国际社会公众及政府对全球洋中脊研究重要性的认识，以促进大洋中脊研究。国际大洋中脊协会第一个十年科学计划（1994～2003 年）的实施不仅促进了西南印度洋脊考察研究、推进了洋中脊全球取样，更加强了国与国之间的合作，使该协会发展成为完整的联合团体。第二个十年科学规划（2004～2013 年）仍以促进学科间交流、通过各个国家的合作深化大洋扩张中心的研究为核心任务，在超低速扩张脊、洋中脊–地幔热点相互作用、弧后扩张系统与弧后盆地、洋中脊生态系统、连续的海底监测和观察、海底深部取样、全球洋中脊考察等方面进行合作研究。国际大洋中脊协会于 2011 年 12 月在美国旧金山召开学术会议，对第三个十年科学计划（2014～2023 年）的科学主题、相关领域重大科学问题及其实施计划进行了探讨。为了增强人们对洋壳组成、演化及其与海洋、生物圈、气候、人类社会之间相互作用的认识，相关研究领域均确立六个研究焦点：①大洋中脊构造与岩浆作用过程；②海床与海底资源；③地幔的控制作用；④洋脊–大洋相互作用及通量；⑤洋中脊的轴外过程和结果对岩石圈演化的作用；⑥海底热泉生态系统的过去、现在与未来（马乐天等，2015）。

研究焦点：海底热液生态系统的过去、现在与未来。

过去 30 年对海底热液群落的研究彻底改变了人们对深海生物的看法。这些有限空间内的生物量级远大于周围的深海环境。此外，很多生物群落含有丰富的地方性物种，既有微生物，也有后生动物，以适应环境变化带来的挑战。在洋脊系统的新发现丰富了物种多样性，也增强了人们对该系统的整体认识。近年来，DNA 测序领域的新技术使得越来越多物种（微生物和巨型动物）的基因组排序、转录、蛋白质组学、代谢组学研究成为可能。这些新技术为人们提供了解决海底热液物种的演化、物种选择与形成的过程、热液生物群落之间的关联、全球变化对这些生物组合生存的影响等一系列基础问题的新视角和数据。在此背景下，对海底热液物种演化和群落结构的驱动力的认识，以及对个体种的敏感性、热液生物群落和生态系统功能的人为影响的研究都显得愈发重要。与之相关的科学问题主要包括：生物对海底热液环境的生理适应的分子基础与发生时间；对海底热液环境的适应怎样影响并导致热液生物的多样性；历史全球变化（如全球性深海缺氧）对物种演化的影响；海底热液动力学性质对物种演化的影响；海底热液物种/群落的适应性及深海采矿的可能影响；全球变化对热液生物的影响及其时间尺度。看起来全球变化对海底热液生态系统的影响不大，但实际上，人们对气候变暖、酸雨和海水缺氧所带来的潜在影响还知之甚少。针对以上问题的实施战略主要包括以下 5 个方面：①加强对生物种群之间的联系、不同物种功能和生态学的研究；②重视高通量基因组和转录组测序，以促进关联性方面的研究；③对大量不同物种生理机能极限的实验，是研究其适应能力的基础；④动物的压力生理机能实验技术仍有待提高，国际大洋中脊协会将帮助宣传这一技术；⑤热液生物的研究仅限于其中的部分物种，应全面掌握其生理机能、对环境容忍度、繁殖/传播途径和在群落中起到的生态作用（马乐天等，2015）。

5.2.4　国际海洋开发理事会科学战略规划

国际海洋开发理事会（International Council for the Exploration of the Sea，ICES）成立于 1902 年，总部设在丹麦首都哥本哈根，旨在推动和促进国际海洋，特别是海洋生物资源的研究。发展至今，ICES 辐射范围已经由设立之初的北大西洋及其邻近海域拓展至整个大西洋及波罗的海以及地中海和南半球。目前 ICES 已成为全球最大的海洋及海洋生物资源研究网络，涉及全球 26 个国家和地区，200 多所研究机构及 1600 多名科学家。

ICES 在 2009～2013 年和 2014～2018 年总体战略规划中，确定了 ICES 在海洋学与海洋生物资源领域未来 3 大主题领域 16 个重点方向成为该领域未来发展的风向标，在海底热液研究方面也有重点关注。ICES 指出，稀有物种尤其值得关注，因为在相关海底生物栖息地取样过程中它们被严重遗漏。同时，在罕见构造带如热液口及冷泉等处很可能存在尚不为科学所知的大量新物种。确认并绘制敏感生态系统地图是对其实施保护与管理的基础，进而涉及生物栖息地分类系统及其地图绘制工具的开发。渔业制度是对深海生物栖息地，如冷水珊瑚礁、珊瑚礁群、海绵聚集带等的最大威胁。与水循环、生产率及气候变化相关的上述生物栖息地物种生物学与生态学基础研究十分必要（ICES，2014）。

5.3　主要国家深海研究计划

5.3.1　美　　国

美国在海洋研究领域长期处于全球引领地位，其海洋科技战略和计划的制定一定程度上反映了全球海洋研究的动向。2012年，美国发布《国家海洋政策执行计划》（National Ocean Policy Implementation Plan，NOPIP），将美国深海研究内容划分为五大部分：强调深海地位；承诺进行深海测绘；承诺逆转美国深海研究能力下降的趋势；在区域研究中应有深海领域专家的参与；将深海研究纳入教育和交流活动中。

美国深海研究工作侧重9个方面：①生态系统管理，增强对深海与浅海生态系统管理的联系与相互作用的重要性的认知，单个或单一应用的方法很难起到预防海洋栖息地免遭破坏的作用，缺少对深海与浅海联系的认知，阻碍了人类理解整个海洋生态系统的结构和功能。②告知相关决定并增强相互理解，在制定管理规章和政策决定时应特别考虑深海栖息地的特殊性，由于人类对深海的认知还非常欠缺，与浅海等其他海洋栖息地相比，通过探索与研究以提升人类对深海的基本认知还面临重大挑战，也尤为关键。为此，政府相关部门应加强协调并支持海洋科考舰船、深海潜水器以及海底监测系统的应用，实现优势互补。③测绘与基础设施，联邦海洋学调查舰队（Federal Oceanographic Fleet）是NOPIP计划执行的关键基础设施，对其能力和状况的评估工作是制定深海考察、监测和研究计划的关键步骤。NOPIP认为，无人驾驶深海潜水装置将发挥重大作用。海洋观测包括对海底和海面漂浮物的观测、深海温度变化的监测，以及对海洋人为影响的监测。④协调与支持，美国政府部门、非政府组织以及政府间组织在开展深海研究方面的协调性相当不足，NOPIP建议组建一个跨部门的工作组以协调深海生态系统的研究、管理和跨部门的应急响应。此外，由于海洋生物并没有明确的活动边界，且还通过迁徙或者死亡不断改变海洋生态系统，有必要创建一种管理者、工业和科学家与相关国际工作组协作的机制，促进全球各国对深海资源与生态系统的管理。⑤区域生态系统保护与修复，美国对其大部分陆地边缘栖息地的生态系统缺乏科学认识，对其开展基础研究和考察是保护边缘栖息地的一项重要工作。美国对深海边缘栖息地的分布和多样性了解也非常有限，尚未对其陆地和海岛深海边缘的所有栖息地类型进行掌握和分类，也没有需要加以保护的深海生物、矿物质和能源资源的清单，可以通过绘制海底生态系统及其变化图和详细清单进行弥补。深海生态系统的健康状况及其提供产品和服务的能力对人类活动（包括海底渔场、能源与矿物开采等）颇为敏感，因此，海洋空间计划与保护行动应将深海涵盖在内，通过绘图、研究、监测、评估、贯彻管理规章、设计国际海洋保护网络等全球行动提高深海栖息地的保护水平，同时研究深海灾难事件后的深海生态恢复问题。⑥对气候变化和海洋酸化的弹性与适应性，深海温度、pH 和氧含量的变化将影响深海生物的分布，许多深海生物生活在一种稳定的环境里，轻微的环境改变都会超过它们的承受力。气候胁迫、过度捕鱼与拖网捕鱼也会导致深海生态系统无法恢复。海洋的轻微变化首先表现在海洋内部或深海，而后才会在浅海体现出来，因此，报告建议将深海监测纳入海洋监测网络。⑦陆地水质与可持续性活动，陆地使用、水质以及处理方法不仅对临海产生影响，还会影响公海以及深海生态系统，特别是海底峡谷将成为人造残渣和化学品进入深海的管道，目前在 1000～2000m 深海乌贼和鱼类体内已经检测到了 TBT、PCBs、BDEs 和 DDT 等污染物。此外，还需认真评估深海缺氧的影响以及预防石油泄漏。⑧研究北极环境，北极区域与深海在环境相似性以及进化关联方面拥有许多相似的特征，同时，美国北冰洋岸的多数深水环境、峡谷和斜坡仍是未知的。报告建议对北极开展深海观测（声学、水文和生物）、建立分布式的生物学观测研究日程、优先绘图。加强与其他北极国家特别是俄罗斯的合作。⑨海岸与海洋空间计划，已被提议的《海岸与海洋空间计划》（Coastal Marine Spatial Planning，CMSP）已经明确了海洋生态系统管理的关键性，并提出了构建大海洋生态系统（large marine ecosystems，LME）的九个框架，九个框架中有一个涉及深水栖息地与生态系统。NOPIP 建议在 CMSP 计划的发展、执行和管理以及制定跨区域政策过程中一定要邀请深海科学家的参与，不能仅仅关注大陆架区域，还应研究深海栖息地、环境、社会与经济价值，应包括深海资源可持续利用的管理政策与规章。尤为重要的是，还应制定海洋保护区域（MPAs）来保护关键的或敏感的深海栖息地、物种或生态系统（王金平等，2016）。

超深渊生态系统研究计划（Hadal Ecosystems Study，HADES，2012～2015 年）由美国国家科学基金会支持，伍兹霍尔海洋研究所主导，使用全海深无人潜水器"海神号"和全海深着陆器对克马德克海沟进行科考研究，致力于解决海斗深渊生态学中最前沿的科学问题，确定海斗物种的分布和组成，海斗压力的作用，食物供给、生理学、深度和海底地形对深海生物群落以及海沟生命演化的影响（HADES，2016）。

2017 年 6 月，美国国家科学院（National Academy of Sciences，United States，NAS）发布消息称其将资助凯克未来项目（National Academies Keck Futures Initiative，NAKFI）和海湾研究计划共 21 项跨学科项目，共计 155 万美元。这些具有竞争力的资助项目将支持深海研究取得更多丰硕的成果。W.M.凯克基金会于 2003 年资助 4000 万美元赠款制定凯克未来倡议（Keck Futures Initiative，2003），计划资助 15 年用于加强研究人员、资助机构、大学和公众之间的沟通，其目的是在前沿领域刺激跨学科研究。海湾研究计划是因墨西哥湾漏油事件于 2013 年在美国国家科学院成立的，旨在提高人类对墨西哥湾和美国其他外部大陆架地区与其相交互的环境和能源系统的了解。资助有关深海主要项目见表 5-1。

表 5-1　凯克未来项目和海湾研究计划资助的深海项目

资助项目	研究主题	资助金额/万美元
深海记忆项目	该项目将在记忆的背景下探索广大未知的深海世界。跨学科研讨会也将推动科学和艺术项目的创新，通过深海及其居民记录了解全球环境变化	10

续表

资助项目	研究主题	资助金额/ 万美元
深海中的律动划桨	许多深海动物通过连续触摸多个附属物来推动自己前行，这种引人注目的技术称为律动划桨（Metachronal Rowing）技术，该项目将通过栉水母和螳螂虾两种模型的物种进行律动划桨技术研究	5
解开深海中塑料碎片足迹奥秘的第一步	塑料碎片几乎在所有的海洋生态系统中都很普遍，当它们被海洋生物吞食时就会把毒素集中起来损害海洋生物健康。该项目将开发工具表征深海中塑料的分布及其对海洋生物的影响	5
通过与中孔暗礁（Mesophotic Reef）的实时互动来促进深海公共管理	该项目包括教室、社区中心和博物馆的互动课程及旅行展览，主要是控制高分辨率云台摄像机和环境传感器，通过互联网将获取的中孔珊瑚礁实时数据以互动课程的形式展示出来	10
沉浸式海洋中层性能实验室（Immersive Mesopelagic Performance Lab）开发项目	艺术家和科学家将研究和开发一个"性能实验室"（IMPeL），旨在让人类站在深海生物的角度，了解海洋中上游地带的生命活动和影响健康的关键因素	2.5
深海生态系统与人类活动交互作用	该项目将描绘深海生态系统与人类活动的相互关系，并与人们进行互动，提高人们对中层海洋区域人类活动影响的认识，以及如何减轻这些影响	10
开发深海微生物生态学（SoniDOME）数据转换工具	该项目将协同开发数据转换工具和方法，以扩大人们对深海微生物生态学的创造性和科学认识	10

2017 年 9 月，美国联邦海洋团队开始着手对大西洋南半球的深海珊瑚、峡谷和气体渗透生态系统进行为期四年半的深海研究，该项目由海洋能源管理局（Bureau of Ocean Energy Management，BOEM）、美国地质调查局（United States Geological Survey，USGS）及国家海洋和大气管理局（National Oceanic and Atmospheric Administration，NOAA）联手，旨在探明美国东南沿海深水区鲜为人知的自然资源。研究人员分别来自国家海洋学伙伴关系计划（NOPP）、TDI-Brooks 国际有限责任公司（BOEM 的总承包商）、USGS 和七个学术机构。科考队将搭载 NOAA 的"双鱼座"科考船，在北卡罗来纳州、南卡罗来纳州和格鲁吉亚沿海以外 30～130m 的地区，利用三周时间探索诸如珊瑚和天然气渗漏以及栖息于其中的生物等地质过程和生物特征。伍兹霍尔海洋研究所的自主水下航行器（AUV）Sentry 将用于调查凯勒峡谷、Pamlico 峡谷、哈特拉斯峡谷以及几个未命名的峡谷的渗水和硬底特征。研究人员将使用各种 AUV 传感器和船载仪表描绘高分辨率的海底表面和地下界面，采集水体和海底沉积物样品，建立深海海底的数据库，包括珊瑚、海绵和生物体。该研究最终将包含弗吉尼亚和格鲁吉亚之间的区域，未来两次考察计划将分别于 2018 年和 2019 年进行（BOEM，2017）。

5.3.2　英　　国

2016 年 2 月，英国自然环境研究理事会（Natural Environment Research Council，NERC）宣布自 2016 年起扩大对大规模战略性研究的资助，新增 3 个地学关键领域并确定了资助的重点主题方向，同时启动新增领域的资助选题征集工作。新增深海研究领域及其重点主题分别如下：①深海可持续资源开发的基础生态学研究，旨在改进对生物多样性及深海生态系统适应性的认识，该领域研究对深海产业发展有直接或潜在的重要影响,当前应重点进行亟须的涉及国家或国际法的以及旨在降低深海产业运营风险的深海资源开发相关的基础研究。重点研究主题包括三大主题:生物多样性,深海环境中动物种群的多样性、不同栖息条件对深海物种多样性的控制作用、同海底资源有效管理相关的生物多样性尺度及其单元的确定;种群及生命历史生物学,基因单元层面(而非形态学层面)的物种而言,深海物种种群规模及其分布、具有不同生命历史特征和处于不同深海环境中的不同物种之间的扩散和种群扩张(因而具有联系);生态适应性及响应、生态系统功能及与之相关的服务环境与生物群落变化的响应、不同种群对于相应环境扰动(如沉积物液化)的生理及行为响应。②南大洋在地球系统中的作用研究,南大洋是目前地球上最大的数据盲区,特别是在冬季,这严重阻碍了有关南大洋对碳和热传输作用的认识和理解。目前所建立的气候和地球系统模型同所有与南大洋热量和碳吸收、深水机制和深水形成率以及过去自然变化成因等相关的重要问题均不相符,同时也同南大洋未来气候变化响应机制不符,因而亟须对南大洋展开深入研究。重点研究主题包括:①控制南大洋碳吸收强度的关键机制以及南大洋对气候变化的响应;②过去及未来南大洋碳吸收与释放的变化及其所产生的气候与生态效应;③控制南大洋"生物碳泵"的制约因素,以及这些因素的气候变化调控机制。

5.3.3　欧　　　洲

2012 年 10 月,欧盟深海和海底前沿(The Deep-Sea and Sub-Seafloor Frontier Project)将欧洲主要的海洋研究中心和大学的科学家召集起来讨论未来 10~15 年的主要科学问题,这些问题将在与深海生态系统、气候变化、地质灾害和海洋资源相关的海底取样实验中加以解决。

欧盟深海和海底前沿主要目的是在最广泛意义上提供欧洲范围内面向可持续性海洋资源管理的路径,制定海底取样战略,从而提高人们对深海和海底过程的认识,主要通过将生命和地球科学、气候和环境变化与社会经济问题和政策建设联系起来实现。

工作组主要结论包括:深海和海底包含一个巨大的物理、矿物和生物资源库,这些资源很快将面临开发,评估所涉及的机遇和风险需要对优秀的深海研究进行保障;欧洲在很多领域拥有尖端技术的潜力,包括在可再生能源领域(如地热、海上风电和海底资源)的钻井和监测技术,科学的海洋钻井在一些方面将持续发挥重要作用,如在资源的勘探,在获取生态系统和地球气候敏感性的估计,或者在提高关于海底地质灾害过程和复发间隔控制因素的认识等方面;在商业开发之前、期间和之后各个阶段都需要科学和专业技能为决策者确定环境保护措施的框架和开展生态影响评估,应对这些社会挑战将促进欧洲科学和教育网络的发展,提升其世界级技术的发展和产业领导力。

2015 年 9 月 1 日,欧洲海洋局发布报告《潜得更深:21 世纪深海研究的关键挑战》(*Delving Deeper: Critical Challenges for 21st Century Deep-sea Research*),工作组审查了当前深海研究现状和相关知识缺口以及未来开发和管理深海资源的一些需求后,提出未来深海研究的八大目标与相关关键行动领域，并且建议将这些目标与行动领域作为一个连贯的整体，构成欧洲整体框架的基础以支持深海活动的发展和支撑蓝色经济的增长。目标一：加强深海系统的基础知识储备，支持深海生态系统和更广泛的学科的基础研究，开发科学的和创新的深海资源管理模式，为重要的深海点创建长期监测与观测项目和体系。目标二：评估深海的各种驱动力、压力和影响，提高对自然和人为的驱动力、压力和影响的认识，了解各方驱动力与压力的相互作用及累积影响，为深海生态系统建立"优良环境状态"，调研深海目标资源的替代供应策略，降低影响并启动区域范围的战略环境管理计划。目标三：促进跨学科研究以应对深海的各种复杂挑战。目标四：为填补知识空白而创新资助机制，将公共资金（欧盟项目和国家项目）用于基础研究以支撑可持续性研究和保护自然资产，开发和部署创新的资助机制和持续的资助来源用于研究与观测。目标五：提升用于深海研究和观测的技术与基础设施。目标六：培养深海研究领域的人力资源。目标七：提升透明度、开放数据存取和深海资源的适当管理。目标八：深海有关的文学著作将向全社会展示深海生态系统、商品和各种服务的重要价值。

欧洲 PharmaSea 合作项目将推动研究人员到地球上一些最深、最冷和最热的区域开展研究。来自欧盟国家的科学家将开展合作来收集和甄选来自巨大的、之前未曾开发的海洋深沟的泥土和沉积物样本。该项目为期四年（2013～2017），获得了欧盟 9500 万欧元的资助，这有助于多个领域科学家开展有效的合作研究。

PharmaSea 项目关注生物发现（biodiscovery）的研究，以及来自海洋生物的新生物活性化合物的开发与商业化，来评估它们作为新的药物线索、营养成分或者化妆品应用的潜力。PharmaSea 项目的目标之一是发现能够产生新抗生素的海洋细菌。研究人员表示，当今世界缺乏良好抗生素的开发，2003 年以来全球几乎没有新注册的抗生素，这种形势很不乐观。同时，PharmaSea 项目也关注治疗神经病学、炎症和其他传染疾病的药物的发现。

目前，仅有少数样品从海洋深沟中取出并开展调查研究，所以该项目研究很有意义。PharmaSea 项目不仅将开发海底的新领域，也将开发"化学空间"的新领域。采用最先进的检测药物活性的生物测定平台，科学家将检测来自海洋样本的许多独特的化合物。国际研究小组将采用通常在海上营救中使用的战略来进行取样研究。同时，来自中国等非欧盟成员国的研究人员也将支持 PharmaSea 项目。首次取样将在东太平洋的阿塔卡马海沟进行，随后的取样地点也包括北极和南极等海域。

欧盟第 7 框架计划资助项目——欧洲海热点生态系统研究及人类活动的影响（HERMIONE，2016），旨在对欧洲深海边界的关键部位的生态系统进行调查，包括海底峡谷、海山、冷泉、开阔的陆坡（openslopes）和深海盆底等。项目提出了若干迫切的问题，如气候变化对深海生态系统的影响，深海生态系统功能的改变，人类活动的影响以及如何以可持续的方式使用海洋，从而适应或减轻这些影响等。

欧洲深海生态系统功能及生物多样性项目（Ecosystem Functioning and Biodiversity in the Deep Sea），进一步探测深海环境、描述深海物种和群落，增加对栖息地环境的物理和地球化学过程的了解。目的是描述、解释和预测深海栖息地生物多样性的变化、深海生态系统的重要地位和深海和全球生物圈的相互作用。

深海和极端环境中物种类型和生态系统时序模式（Deep-sea and Extreme Environments，Patterns of Species and Ecosystem Time Series，DEEPSETS）旨在对若干极端位点如深海沉积物、泥火山、热液喷口和海中洞穴等的生物多样性信息进行监测并与近海海域位点进行比较。

来自欧洲 19 个合作单位的科学家将在近期开始研发超深海自动滑翔机（ultra-deep-sea robot glider），这是欧洲首次研发此类型深海观测设备。该滑翔机将有能力采集深度达 5000m 的海洋数据，单次布放可以持续工作超过 3 个月。该项目从"地平线 2020"的"解锁海洋的潜力"（Unlocking the Potential of Seas and Oceans）项目中获得了 800 万英镑的支持。此次开始启动研发的滑翔机可以对超过 75% 的全球海洋进行数据采集，为科学研究和工业发展开启新的发展空间，可以用于监测水下生物多样性，开展海底采矿和勘探的潜在环境影响评估，进行海底羽状流状态的探测。

5.3.4　德　　国

1999 年，德国阿尔弗雷德·魏格纳研究所暨亥姆霍兹极地海洋研究中心（Alfred Wegener Institute Helmholtz Centre for Polar and Marine Research，AWI）建立了世界上首个极地深海观测站 HAUSGARTEN，主要目的是探测和跟踪大规模环境变化过渡区对生态系统的影响，揭示影响深海生物多样性的因素。HAUSGARTEN 观测站包括 17 个固定观测点，深度范围为 1000～5500m。2008 年，德国亥姆霍兹国家研究中心联合会（The Helmholtz Association）和马克斯·普朗克科学促进学会（The Max Planck Society）正式成立了 HGF-MPG 联合研究组，主要依托 AWI 和马克斯·普朗克科学促进学会海洋微生物研究所（Max-Planck Institute for Marine Microbiology，MPI-MM），共同研究深海生态系统，开发深海相关技术，主要任务是研究生物地球化学、生物多样性和深海生态系统功能与环境变化的关系，焦点问题是开展极区多学科研究和实验工作。MPI-MM 拥有海洋微生物学领域的专业知识和技术，AWI 拥有在极地环境研究和深海的长期观测能力，联合研究组必将在探索全球变化对深海生态系统和极端未知深海栖息地的影响研究方面做出重要贡献。

德国亥姆霍兹国家研究中心联合会自 2004 年以来连续发布大型海洋研究计划[MARCOPOLI（2004～2008 年）、PACES（2009～2013 年）和 PACES 2（2014～2018 年）]。德国联邦教育与研究部（Bundesministerium für Bildung und Forschung）2016 年 12 月发布《深海秘密探索：SONNE 号科考船服役》（Exploring the Secrets of the Deep Sea—The Research Vessel SONNE in the Service of German Marine Science），其介绍了 SONNE 号作为科考平台探索太平洋和印度洋的作用，该报告指出了 SONNE 号在未来德国海洋科学研究尤其是深海探索中发挥的作用。

5.3.5　日　本

2011 年 4 月，日本启动海底资源研究项目（Submarine Resources Research），其目的是通过最先进的调查和研究获取海底资源利用不可或缺的知识。该项目分为 5 个子项目，分别是地球生命工程、海底热液系统、资源地球化学、资源成因和环境影响评价。整个项目由 5 个子项目组以及调查研究推进组和调查研究计划调整组组成，在开展海底资源成因及甲烷生成研究的同时，利用 AUV/ROV 等开展详细的资源探测。在海底热液系统研究方面，通过跨学科研究组、技术开发组以及技术应用组三位一体的研发方式，阐明现场环境和实验室环境下的海底热液循环、海底生命圈规模、存在方式以及相互作用。科学的理解不仅是海底和金属硫化物矿床探测、开发、应用不可欠缺的要素，同时也是日本国立海洋研究开发机构实现科学目标、发挥主导作用的途径。具体的研究目标包括：海底及海底热液金属硫化物矿床的海洋探测及矿床学评价、海底热液循环系统规模及存在方式与矿床成因、海底超大热液矿床探测及成因、海底热液循环系统及其热液驱动型海底生命圈、海底热液矿床及其热液驱动生命圈、海底热液循环系统与热液矿床中电气合成微生物生态系统的阐释。

2013 年 1 月 5 日，搭载了"SHINKAI 6500" 号潜水艇的 YOKOSUKA 科考船从日本横须贺港出发，开始了环球一周的科学考察。11 月 30 日，YOKOSUKA 与"SHINKAI 6500"结束科考任务返回日本。在近 1 年的时间里，QUELLE 2013 主要考察了印度洋、南大西洋、加勒比海以及南太平洋。"SHINKAI 6500"号载人潜水艇探测了深海热液喷口、海底渗流部位、深海海沟以及其他极端环境。

QUELLE 2013 科学考察共分为 4 个阶段，其中第一阶段和第三阶段主要围绕海底热液的调查展开。第一阶段的主要任务是探索初期的生命进化，调查了海域海底热液活跃，喷射的热液中含有高浓度的氢，还栖息着含有硫化铁的鳞足蜗牛等特殊生物。第三阶段调查的海域是开曼群岛和加勒比海英国海域，在该海域调查的主要任务是求证 400℃的深海热液区域是否有生物存在。英国南安普敦大学和美国伍兹霍尔海洋研究所参加了调查，"CHIKYU"号在冲绳海槽热液区域的热液喷出口周边进行钻探，通过柱状地质采样明确了热液活动区域的微生物群落数量和种类以及该环境的生态系统情况。此次科考主要发现了：海底有大面积的热液区以及变质带；海底储存有大量的热液；热液硫化矿物的分布和组成与热液矿成因密切相关。在水深为 900～1200m 的伊平屋海岭北部，利用 HYPER-DOLPHIN 遥控潜器对嵌入了套管的深海钻探孔实施科学调查。通过嵌套形成人工热液喷孔，采集并分析海底以下 100m 的热液，调查海底热液生命圈的生存环境。

2013 年 4 月，日本正式通过《海洋基本计划》（2013～2017 年）决议。决议有关海洋生态系统部分如下：①确保生物多样性。2013 年年底确定出重要的生态学和生物学海域；在推进海洋保护区设立的同时加强对保护区的管理。②降低环境污染负荷。降低封闭水域的水质污染和环境污染负荷。大幅抑制因海上运输而产生的 CO_2 排放量。对海底二氧化碳的回收储存所涉及的生态系统、海水、沉积物等进行科学调查。③全球变暖与气候变化预测及对应的调查研究。为解决全球环境问题，制定国际地球观测计划。调研海洋环流、热量输运以及海洋酸化对海洋生态系统的影响。

5.3.6　其　他　国　家

法国海洋开发研究院（IFREMER）《2009～2012 年研究计划》，旨在明确法国海洋研究中心的研究方向，为 IFREMER 面向 2020 年的海洋科技战略做前期准备，并且致力于将该报告的目标放入法国和欧洲海洋科学战略之中。计划目标明确表示促进合理的海洋生物、海洋矿物和能源资源的利用，保护海洋生态。

2015 年 8 月，澳大利亚发布战略规划报告《国家海洋科学计划：驱动澳大利亚蓝色经济发展》（*National Marine Science Plan*（2015～2025）：*Driving the Development of Australia's Blue Economy*）（Geoscience Australia，2015）。报告介绍了澳大利亚蓝色海洋的愿景、未来的重要挑战和未来的行动等。报告指出，生态系统是澳大利亚面临的海洋主要挑战之一，同时指出国家应促进海洋生态系统过程及其恢复力研究的协调，加强海洋开发（城市、工业和农业）和气候变化对海洋资产的影响研究。为制定更好的可持续发展和气候适应决策，需要考虑海洋系统的各种要素：生物要素、物理要素、社会和经济要素。

2011 年 9 月，加拿大公布了《2011～2016 年加拿大海洋观测网络战略及管理计划》（*Ocean Networks Canada Strategic and Management Plan* 2011～2016）。加拿大海洋观测网络（ONC）建立于 2007 年，该观测网络由两部分组成：维多利亚海底实验网络（VENUS Coastal Network）和加拿大海王星区域性电缆海洋观测网（NEPTUNE Canada Regional Network）。该网络使研究人员可以利用先进的技术进行变革性的海洋研究。该系统可以提供一系列长时间序列的物理、化学、生物和地质学参数的数据，这些数据对海洋系统科学的复杂过程和变化研究提供支持。该观测网络布设于海底活动活跃的区域，对于监测胡安·德富卡洋中脊的海底热液活动具有重要意义。

该报告列举了加拿大海洋观测网络未来 5 年的愿景、使命、战略目标和优先管理事项，这些是对 2008 年最初 3 年计划的继承和发展。未来研究方向包含深海热液系统多学科调查、深海底生态系统服务、范库弗峰岛近海和大陆架生态系统等深海生态相关研究。"海王星"观测系统未来主要关注的领域包括：海底火山过程，热液系统；地震及海啸；矿物、金属及碳氢化合物；海气相互作用；气候变化；海洋中的温室气体循环；海洋生态系统；海洋生产力的长期变化；海洋动物；鱼类资源；污染和有毒藻华；海洋地壳水文地质学。

5.4　深海生态系统研究论文计量分析

5.4.1　数据来源及分析方法

论文数据来源于科学引文索引（SCIE）数据库，深海和生态系统作为主题词，检索策略见表 5-2，检索 2001～2015 年发表的深海生态系统相关研究论文，共检索到 8595 条数据。采用文献计量法对检索到的目标论文进行年代变化、国家分布、科研机构和研究热点等定量分析，对目前深海生态系统研究进行现状解读和趋势研判。

表 5-2　深海生态系统研究论文检索式

检索式序号	检索式	检索结果	检索说明
0	Indexes=SCI-EXPANDED Timespan=2001-2015		
1	TS=(("abyssal" or "dipsey" or "dipsy" or "bathybic" or "benthic" or "bathypelagic" or "hypobenthos" or "abyssalpelagic" or "bathythermograph" or "abysmal sea" or "deep sea" or "deepsea" or "deep-sea" or "deep ocean" or "blue water" or "deep-water" or "deep water" and sea or ocean and sea or ocean or marine))	38 838	深海主题
2	TS=(ecosystem* or ecolog*)	312 339	生态系统主题
3	#1 AND #2	9 045	深海生态系统
4	DOCUMENT TYPES:(ARTICLE OR REVIEW OR PROCEEDINGS PAPER)	8 595	限定论文类型为 ARTICLE、REVIEW、PROCEEDINGS PAPER

5.4.2　深海生态系统论文年度变化

进入 21 世纪，世界主要海洋国家海洋战略的实施推动海洋研究不断发展，深海研究日益成为世界上海洋大国、海洋强国之间竞争的焦点，深海探测技术不断提升也为深海研究以及深海生态系统研究提供了可能。深海相关的研究论文从 2001 年 1611 篇增长至 2015 年 3644 篇，论文数量增加一倍多（图 5-1）。深海生态系统研究论文数量也逐年增多，在深海研究论文中的比例从 2001 年 13.97%增加到 2015 年最高的 28.57%。深海生态系统研究论文比例的增加，表明深海的研究已经从点的研究转向全面系统的研究，对深海的理解不断增强。

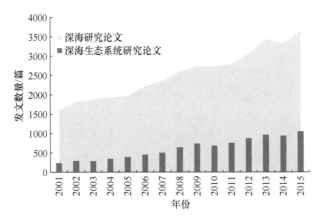

图 5-1　2001～2015 年 SCIE 数据库中的深海生态系统研究论文数量变化

5.4.3　深海生态系统研究论文主要研究力量分析

1. 主要研究国家

按照论文全国家统计（论文署名地址包含该国家均计入该国论文数据中），在 2001～2015 年的 15 年中，SCIE 数据库中深海生态系统研究论文发表数量前 15 位的国家是：美国、英国、德国、法国、澳大利亚、西班牙、意大利、加拿大、日本、中国、葡萄牙、新西兰、荷兰、挪威和瑞典（图 5-2 和表 5-3）。巴西、俄罗斯、印度和韩国分别位于第

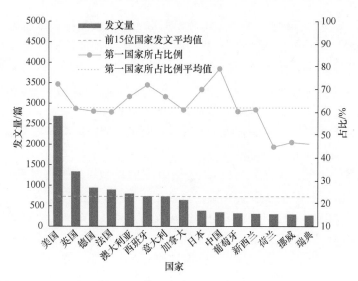

图 5-2 2001～2015 年 SCIE 数据库中的深海生态系统研究论文主要国家

表 5-3 2001～2015 年深海生态系统研究论文发文量的国家

排名	国家	发文量/篇	第一国家所占比例/%	2013～2015 年发文数量/篇	2013～2015 年发文数量占比/%	总被引/次	篇均被引/（次/篇）	H指数	高被引论文/次	被引频次≥50 论文/篇	被引频次≥50 的论文比例/%	NI 发文量/篇
1	美国	2 683	72.34	796	29.67	107 649	40.12	139	65	579	21.58	218
2	英国	1 329	61.63	456	34.31	47 614	35.83	101	26	272	20.47	78
3	德国	939	60.49	295	31.42	32 739	34.87	83	22	168	17.89	44
4	法国	895	60.11	307	34.30	29 431	32.88	82	16	165	18.44	30
5	澳大利亚	798	66.92	307	38.47	26 372	33.05	80	19	146	18.30	37
6	西班牙	732	71.99	281	38.39	22 912	31.3	70	14	119	16.26	21
7	意大利	727	66.85	245	33.70	21 169	29.12	67	10	104	14.31	23
8	加拿大	639	61.03	213	33.33	22 336	34.95	75	18	122	19.09	39
9	日本	380	70.00	126	33.16	10 128	26.65	50	6	50	13.16	21
10	中国	341	79.18	161	47.21	7 876	23.1	44	5	35	10.26	12
11	葡萄牙	318	60.38	116	36.48	7 092	22.3	42	2	33	10.38	4
12	新西兰	309	61.17	92	29.77	9 781	31.65	50	8	50	16.18	23
13	荷兰	301	44.85	101	33.55	9 870	32.79	51	3	53	17.61	19
14	挪威	290	46.90	104	35.86	9 750	33.62	50	9	56	19.31	8
15	瑞典	264	46.21	77	29.17	10 064	38.12	52	4	55	20.83	11
17	巴西	246	74.39	124	50.41	3 653	14.85	30	1	12	4.88	1
18	俄罗斯	198	57.07	53	26.77	4 249	21.46	33	2	17	8.59	5
22	印度	142	83.10	49	34.51	2 946	20.75	28	1	15	10.56	4
30	韩国	82	63.41	32	39.02	1 438	17.54	20	1	5	6.10	1
	全部	8 595	—	2921	33.98	259 493	28.96	168	109	1 282	14.92	360

注：高被引论文（Highly Cited Papers）是根据对应领域和出版年中的高引用阈值，到检索时间为止，本章受到引用的次数已将其归入相对应学术领域同一出版年最优秀的前 1%之列，只包含近 10 年数据；

被引频次≥50 论文：基于检索年代的论文被引数据统计，可被认为是具有一定影响力的论文；

NI 发文量：Nature Index 指标期刊上发表论文数量，采用第一版指标期刊；

全部合计中，总数与各个国家数量并非求和关系，因同一篇论文可能分属不同国家

17、第 18、第 22 和第 30 位（图 5-2 和表 5-3）。美国发文数量占据明显优势，2683 篇论文占全部深海生态系统论文数量 8959 的约 30%，中国论文数量排在第 10 位，整体数量与前面国家存在差距，前 15 位国家平均发文量 729 篇，中国与平均线水平差距也大。但仅统计论文第一完成国家，中国有 79.18%的论文是独立或者主导完成，是前 15 位国家比例最高的，一方面说明中国深海生态系统的研究自主创新较多，论文数量的增长主要是依靠国内研究力量不断创新拓展的；另一方面也说明中国深海生态系统研究与发达国家合作较弱，合作网络有待进一步加强。

美国论文数量领先，论文影响力也位居前列。篇均被引次数高居第一，H 指数达到 139，NI 发文 218 篇（深海生态系统在 *Nature* 和 *Science* 发表文章累积 50 篇），占据全部论文 360 篇的 60.6%。瑞典是前 15 位国家论文数量最少的国家，但篇均被引 38.12 次，位列第二。中国论文篇均被引 23.1 次，前 15 位的国家中仅高于葡萄牙，被引频次≥50 的论文 35 篇，占比 10.26%，中国论文在篇均被引、H 指数、被引频次≥50 的指标方面均处于劣势。

2013～2015 年的论文数量可以在一定程度上反映出国家在该领域的相对优先程度和重要程度。中国 2013～2015 年论文数量 161 篇，这一数据超过了日本，可以排在 2013～2015 年论文数量的第 9 位，与前面国家数据差距已经逐渐缩小，中国 2013～2015 年论文数量占全部论文的 47.21%，在前 15 位国家中占比最高，说明中国深海生态研究近几年才逐渐发展，正在弥补由于前期基础较弱存在的差距。此外，巴西也是近几年发展较为强劲的国家，2013～2015 年论文数量占到 50.41%。

从图 5-3 可以看出，美国论文在数量和影响力方面均处于领先地位，目前尚未有其他国家紧随其后，处于第一梯队；英国、德国和法国等国家受限于国家体量，论文数量增长有限，但论文影响力始终处于领先位置，处于第二梯队；中国和巴西则在论文数量和论文影响力方面均落后，处于第三梯队。

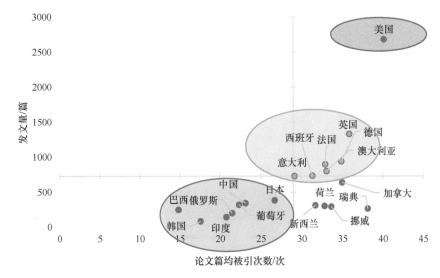

图 5-3　深海生态系统研究论文主要国家发文量和篇均被引分布图

纵坐标为发文量前 15 位国家发表论文数量平均值，横坐标为发文量前 15 位国家论文篇均被引次数平均值以发表深海生态系统研究论文数量的前 50 个国家和地区为主，得到各个国家和地区相互合作关系网络。从图 5-4 可以看出，美国是深海生态系统研究的中心国家，英国、德国、法国和意大利形成第二中心。中国最主要的合作国家是美国，有 75 篇合作论文，与英国、德国和澳大利亚的合作大约在 20 次以上，同日本合作仅有 13 次。

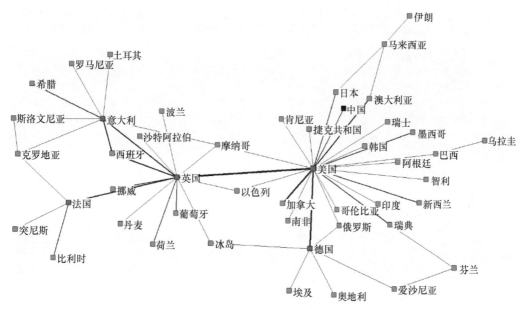

图 5-4　深海生态系统研究论文主要国家和地区关系共现图

NetDraw 软件制作，图中线的粗细表示合作关系强弱，红色是合作中心国家或者地区

2. 主要研究机构

对研究机构在深海生态系统方面的发文数量排列，可以分析得出深海生态系统研究方面的相对研究力量。在深海生态研究方面发表论文排在前 25 位的机构见表 5-4。前 26 位中，美国有 6 个，英国和法国分别有 3 个，德国有 2 个，中国科学院是唯一上榜的中国科研机构，发文数量排在第 20 位。论文篇均被引次数前四位的均是美国科研机构，分别是伍兹霍尔海洋研究所、加利福尼亚大学（包含各分校）、NOAA 和夏威夷大学（包含分校）。中国科学院以篇均被引 24.76 次位于第 24 位，共有 12 篇论文被引次数≥50 次，论文影响力略低于论文数量水平。比利时根特大学和希腊海洋研究中心是发文数量不在前 15 位的国家中进入榜单的两个机构。

表 5-4　2001～2015 年深海生态系统研究论文数量前 25 位的机构（按发文量排序）

排名	机构	国家	发文量/篇	总被引/次	篇均被引/（次/篇）	2013～2015年发文量/篇	2013～2015年发文量占比/%	被引频次≥50的论文/篇	被引频次≥50的论文比例/%
1	加利福尼亚大学	美国	372	19 911	53.52	118	31.72	116	31.18
2	国家海洋中心	英国	239	7 901	33.06	95	39.75	47	22.71
3	西班牙国家研究委员会	西班牙	207	7 685	37.13	67	32.37	47	24.23
4	阿尔弗雷德·魏格纳研究所暨亥姆霍兹极地海洋研究中心	德国	194	7 886	40.65	42	21.65	42	21.76

续表

排名	机构	国家	发文量/篇	总被引/次	篇均被引/（次/篇）	2013～2015年发文量/篇	2013～2015年发文量占比/%	被引频次≥50的论文/篇	被引频次≥50的论文比例/%
5	法国国家海洋研究机构	法国	193	5 344	27.69	75	38.86	26	13.90
6	普利茅斯大学	英国	189	8 115	42.94	79	41.80	45	27.11
7	巴黎大学	法国	187	6 393	34.19	76	40.64	34	18.18
8	美国国家海洋和大气管理局	美国	166	8 510	51.27	55	33.13	37	22.42
9	法国国家科学研究中心	法国	165	4 932	29.89	73	44.24	29	17.90
10	夏威夷大学	美国	162	7 792	48.1	51	31.48	42	27.10
11	伍兹霍尔海洋研究所	美国	155	9 222	59.5	51	32.90	40	30.30
12	新西兰国家水和大气研究所	新西兰	138	4 590	33.26	42	30.43	26	20.31
13	意大利国家研究委员	意大利	132	4 802	36.38	48	36.36	20	15.15
14	根特大学	比利时	128	3 289	25.7	45	35.16	12	10.26
15	俄罗斯科学院	俄罗斯	117	2 704	23.11	29	24.79	11	9.57
16	英国南极调查局	英国	115	4 503	39.16	28	24.35	30	26.32
17	日本国立海洋研究开发机构	日本	114	3 409	29.9	45	39.47	21	19.81
18	华盛顿大学	美国	112	4 720	42.14	35	31.25	25	24.51
19	昆士兰大学	澳大利亚	106	3 625	34.2	46	43.40	22	20.75
20	中国科学院	中国	102	2 526	24.76	56	54.90	12	12.63
21	不来梅大学	德国	95	3 010	31.68	44	46.32	17	18.09
22	巴塞罗那大学	西班牙	94	2 654	28.23	41	43.62	10	10.99
23	塔斯马尼亚大学	澳大利亚	91	3 642	40.02	39	42.86	19	22.09
24	北卡罗来纳大学	美国	87	3 627	41.69	27	31.03	20	22.99
25	希腊海洋研究中心	希腊	86	2 389	27.78	29	33.72	11	12.79

以深海生态系统研究论文数量前 25 位的机构为主，得到主要研究机构的合作关系网（图 5-5）。英国国家海洋研究中心、加利福尼亚大学系统和西班牙国家研究委员会是

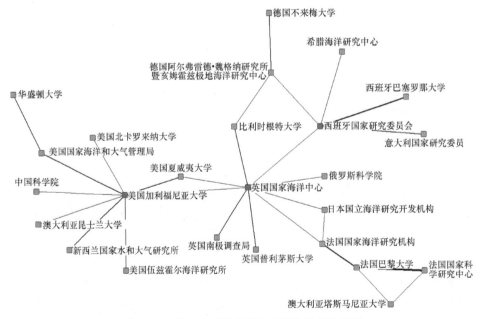

图 5-5　深海生态系统主要研究机构关系共现图

这些机构合作的中心，中国科学院和上述机构合作机会不多，与同在亚洲的日本合作也很少（图 5-5）。

5.4.4　深海生态系统研究论文影响力分析

从深海生态系统研究论文发表期刊看，8959 篇论文分布在 800 多种期刊，其中发文数量前 20 位的期刊发表了大约 40%的论文（表 5-5）。主要期刊所属学科在海洋学、海洋和淡水生物学、微生物学以及生态学和多学科等，期刊所在分区绝大多数在 Q2 及以上，前 20 位期刊中仅有两个期刊在所属学科中位列三区。在 *PNAS*、*Nature* 和 *Science*（以下简称 PNS）上分别发表 67 篇、25 篇和 18 篇重要论文。整体来看，深海生态系统研究论文所在期刊都是各学科领域影响较高的期刊。

表 5-5　2001~2015 年 SCIE 数据库中的深海生态系统研究论文所在期刊前 20 位

排名	期刊名称	发文量/篇	期刊所属国家	期刊影响因子	期刊分区	期刊所属学科
1	*Marine Ecology Progress Series*	613	GERMANY	2.292	Q2/Q1/Q2	Ecology；Marine and Freshwater Biology；Oceanography
2	*PLoS One*	347	USA	2.806	Q1	Multidisciplinary Sciences
3	*Estuarine Coastal and Shelf Science*	273	UK	2.176	Q2/Q2	Marine and Freshwater Biology；Oceanography
4	*Journal of Experimental Marine Biology and Ecology*	250	NETHERLANDS	1.937	Q2/Q2	Ecology；Marine and Freshwater Biology
5	*Marine Pollution Bulletin*	233	UK	3.146	Q2/Q1	Environmental Sciences；Marine and Freshwater Biology
6	*Deep Sea Research Part II: Topical Studies in Oceanography*	224	USA	1.713	Q2	Oceanography
7	*Deep Sea Research Part I: Oceanographic Research Papers*	179	USA	2.48	Q1	Oceanography
8	*Marine Biology*	168	GERMANY	2.136	Q2	Marine and Freshwater Biology
9	*Palaeogeography Palaeoclimatology Palaeoecology*	139	NETHERLANDS	2.578	Q2/Q2/Q1	Geography，Physical；Geosciences，Multidisciplinary；Paleontology
10	*Hydrobiologia*	129	NETHERLANDS	2.056	Q2	Marine and Freshwater Biology
11	*Polar Biology*	128	GERMANY	1.949	Q2/Q2	Biodiversity Conservation；Ecology
12	*Journal of Sea Research*	123	NETHERLANDS	1.888	Q2/Q2	Marine and Freshwater Biology；Oceanography
13	*Biogeosciences*	113	GERMANY	3.851	Q1/Q1	Ecology；Geosciences，Multidisciplinary
14	*Marine Ecology-an Evolutionary Perspective*	107	GERMANY	1.177	Q3	Marine and Freshwater Biology
15	*Ecological Indicators*	104	NETHERLANDS	3.898	Q1	Environmental Sciences
16	*Journal of the Marine Biological Association of the United Kingdom*	101	UK	1.038	Q3	Marine and Freshwater Biology

排名	期刊名称	发文量/篇	期刊所属国家	期刊影响因子	期刊分区	期刊所属学科
17	*Continental Shelf Research*	98	UK	2.064	Q2	Oceanography
18	*Marine Environmental Research*	93	UK	3.101	Q2/Q1/Q2	Environmental Sciences；Marine and Freshwater Biology；Toxicology
19	*Ices Journal of Marine Science*	85	UK	2.76	Q1/Q1/Q2	Fisheries；Marine and Freshwater Biology；Oceanography
20	*Journal of Marine Systems*	84	NETHERLANDS	2.439	Q2/Q1/Q2	Geosciences，Multidisciplinary；Marine and Freshwater Biology；Oceanography

5.4.5 海洋生态系统以及深海生态系统主要研究热点

清洗合并深海生态系统研究论文的主要关键词，除了一些海洋研究通用词汇外，主要的关键词是海洋地域类、生物种类和生态系统功能类等。海洋地域来看，深海研究集中在地中海、大西洋中脊和南北两极；深海生物种类中，集中在底栖动物、冷水珊瑚、有孔虫等；生态系统功能类集中在多样性、生物地理、食物网、气候变化等（表5-6）。

表5-6 2001～2015年SCIE数据库中深海生态系统研究论文主要关键词

关键词	词频	关键词	词频	关键词	词频
diversity	558	distribution	180	macrofauna	129
benthos	328	nutrients	176	benthic communities	124
ecosystem	307	carbon	165	estuaries	123
deep sea	306	fish	154	taxonomy	118
ecology	284	eutrophication	150	biogeography	114
sediment	244	fisheries	146	Antarctic	113
stable isotopes	241	benthic foraminifera	140	phytoplankton	96
Mediterranean Sea	235	coral reef	138	Baltic Sea	95
climate change	232	hydrothermal vents	138	bioturbation	93
community	180	food web	132	diet	93

从深海研究区域看，意大利、西班牙和法国集中在地中海，美国注重南北两极深海研究（图5-6）。

从生物物种关键词来看，有孔虫是大部分国家研究的焦点，美国和澳大利亚注重珊瑚礁的研究，英国关注大型底栖生物的研究（图5-7）。

从生态系统功能来看，生物多样性和气候变化是最主要的研究点（图5-8）。

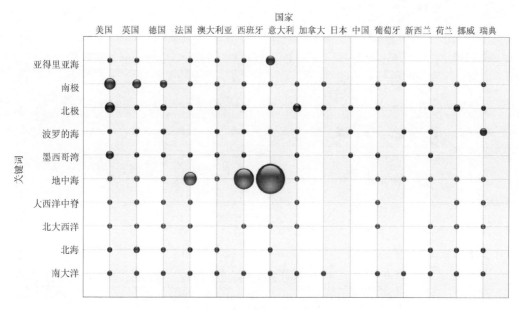

图 5-6　主要国家深海海洋研究海洋地域关键词分布

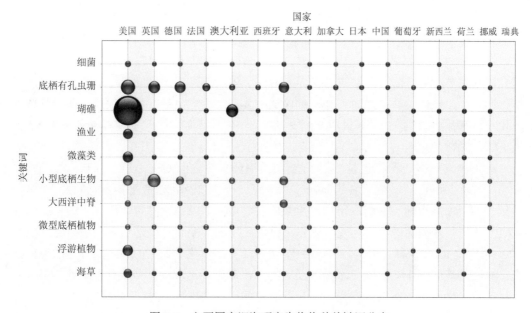

图 5-7　主要国家深海研究生物物种关键词分布

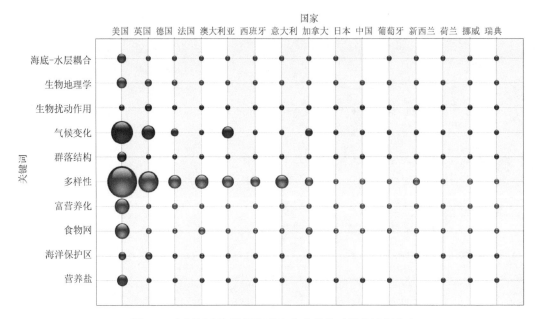

图 5-8　主要国家海洋深海研究生态系统功能关键词分布

5.5　深海生态系统研究热点和发展态势

5.5.1　海底热液生态系统研究

1977 年，美国"阿尔文"（Alvin）号载人深潜器首次在东太平洋加拉帕戈斯群岛附近的断裂带发现热液喷口（hydrothermal vent），发现热液口周围栖息着生物密度较高的管状蠕虫等独特物种（Corliss et al.，1979）。此后，随着人们对深海研究战略性认识的提升，海底热液系统研究日益成为世界上海洋大国、海洋强国之间竞争的焦点。热液区域作为一个最具代表性的深海海洋研究区域，其对于了解生命起源与演化、地球起源与演化等具有重要的意义。根据最新文献资料统计，在全球海洋中已发现 649 处热液区（王淑杰等，2018）。

深海热液俗称"黑烟囱"，是大陆板块与海洋板块之间的火山口，形状与烟囱几乎一模一样，其附近的温度可高达 400℃。海底热液喷口及其独特生物群落的发现是 20 世纪后期全球海洋地质调查取得的最重要的科学成就，也是世界海洋研究中最重要的领域之一，与其相关的资源、环境问题和"黑暗食物链"生命过程是当前深海研究的焦点（Reysenbach and Shock，2002）。热液系统研究具有地球化学、生物和矿产方面的重要意义：海底热液区连接岩石圈、水圈以及生物圈，对研究地球的形成演化具有重要意义；海底热液区蕴藏着丰富的矿产资源，开发潜力大；海底热液区对研究生命起源演化具有重要意义，存在各种特殊的生命，形成极端环境下的生态群落，具有特殊的生态系统和重要的生物基金库；海底热液的探索研究依赖于先进海洋探测和钻探技术，可以促进深海科学技术的发展（王金平等，2015）。

　　近年来，海底热液生物和生态系统的研究已经取得诸多成果。2013 年 10 月，挪威科技大学（NTNU）、挪威国家石油公司（Statoil）和矿业公司（Nordic Mining）开展合作研究项目，绘制了沿大西洋中脊的海洋矿产资源地图。但挪威卑尔根大学（Universite tet i Bergen，UiB）大学地球生物学中心的科学家在洛基城堡（Loki's Castle）周围就发现了 10 个新物种，同时指出，这些特殊的生态系统意味着只能在热液活动已停止的地方进行适当的前瞻性采矿业操作。问题是用现有的技术很难发现海下不活跃的区域，也就是说，目前只能探索活跃的"黑烟囱"区域，这给环境问题、技术和足够的深度带来了严重的挑战（NTNU，2013）。2014 年 5 月，美国伍兹霍尔海洋研究所的地球化学家 Eoghan Reeves 等完成了关于热液生命起源的研究，一个基本发现是：甲硫醇不能够通过无生命参与的单纯化学方法生成，这对生命起源于深海热液假说提出了质疑，但同时甲硫醇可以作为微生物的分解产物轻而易举地形成，这提供了另外一种信息：生命在海底广泛存在（Reeves，2014）。2015 年 2 月，伍兹霍尔海洋研究所研究表明，深海可能是太平洋溶解铁的主要来源，海底热液处的铁易溶于低氧区域，但最新研究表明，深海的溶解铁可以被长距离输送至海洋表面，这对海洋食物链和生物泵作用甚至全球气候变化都有重要影响（WHOI，2015）。2017 年 4 月，日本国立海洋研究开发机构基于对冲绳海槽的深海热液喷出区域的电化学测定，发现海底有自然发电现象，显示深海热液喷口区是一个巨大的"天然燃料电池"，该发现为科研人员在深海寻找利用电能的微生物生态系统提供了线索（JAMSTEC，2017）。2017 年 7 月，蒙特利湾海洋研究所（Monterey Bay Aquarium Research Institute，MBARI）的科学家利用海底机器人分别于 2012 年和 2015 年在加利福尼亚湾南端的和距离加利福尼亚湾北部 75km 的两个热液处采集了生物样，通过对比两个热液口周围生长的生物发现，尽管两个热液裂口距离相近，但仍生长着不同的动物群落，并且 61 个物种中只发现 7 种共同物种。这些发现与评估海底采矿可能造成的生态冲击有关，科学家必须解释区域地质学及化学物质的独特性，而非假定相同的动物幼体会拓殖和重建邻近栖息地。过去 20 年间，海洋生物学家致力于记录海底生物如何从一个热液裂口去向另一个分散的裂口。大多数裂口附近动物会释放出微型幼虫然后被洋流带走。如果这些幼虫存活时间足够长才能抵达另一个热液裂口，它们会选择在海底定居，待年长后拓殖一个新的裂口。这种拓殖理论使得生物学家认为邻近的裂口应有相似的动物群落（MBARI，2017）。

　　目前，关于海底热液生物和生态系统的研究主要依赖于采样技术的进步，而且观测逐渐起步。根据主要研究内容，深海热液的研究热点主要是生物、微生物多样性研究；生物能量来源研究；影响深海热液生物分布因素研究。深海热液生物群落物种具有多样性低、种群密度和生物量高、生长速度快等特点，其区域性分布水平很高，在种和种以上分类（如科、目、门）水平上包含着显著的新的分类，82%的种具有区域性（王丽玲等，2008）。在深海热液口，已经发现众多个体巨大、身体结构极其特殊的无脊椎动物，在深海热液喷口发现的生物种类已有 10 个门，500 多个种属，其特有种超过 400 个，特有的科为 11 个，新发现的物种数量仍在不断增加（Naganoa，2012）。

1. 深海热液底栖生物研究

深海热液底栖近年来不断被发现和鉴定,但总体还是受调查区域、取样不足、活体样品保存困难及热液特殊生境等方面的限制,对深海热液口大型底栖生物的研究还不够全面,根据文献罗列了目前已经鉴定分类的热液喷口主要底栖生物,如表 5-7 所示。

表 5-7　深海热液喷口主要底栖生物(王春生等,2006;王丽玲等,2008)

物种	主要特点
管栖蠕虫	较早进入热液口生物,太平洋热液喷口的优势种类之一
贻贝	丛生在岩缝中,以鳃上共生的微生物产生的碳水化合物为食物来源
双壳类(蛤)	有腹足,可以移动,分布在热液群落的外围
蟹类	腐食和捕食食性,捕食管栖蠕虫、小贻贝和多毛类等
虾类	大西洋中脊热液生物群落最主要的优势种之一
多毛类	体表共生有大量微生物,典型地生活在温度较高的热液喷出口处,大西洋中脊热液生物群落的优势种之一
管水母类	腐食食性者,是热液口的清道夫,它们是最晚进入热液口的种类之一
章鱼和鱼	热液口生物群落最高一级的捕食者,丰度极低
其他大型底栖生物	腔肠动物的海葵很丰富,但其他种类较为罕见,在太平洋的一些热液口原始型的藤壶成为优势种,棘皮动物、海绵、苔藓动物比较少见

2. 深海热液微生物研究

深海微生物数量巨大,占地球微生物总量的 90%,是主要的初级生产力之一(Naganoa,2012)。深海热液环境中也生存着大量微生物,具有特殊的基因类型、生物结果和代谢机制,主要包括细菌、古菌以及病毒等,由于存在于极端特殊环境中,也被统称为极端微生物,包括嗜热菌、嗜冷菌、嗜碱菌、嗜酸菌、嗜盐菌、嗜压菌等(席峰等,2004)。

深海热液微生物主要存在方式有三种(王丽玲等,2008):与宿主以共生关系存在,寄生于微小生物、动物体内或体表;独立生存的微生物,以颗粒的形态聚集在生物和非生物物体的表面上,尤其是深海沉积物中,IODP 钻探证据显示,海底 800m 以下还存在生命(党宏月等,2005);悬浮形式存在,随热液流体喷出海底,悬浮于热液柱水体中,形成"细菌汤"。

由于深海微生物仍的原位取样以及现场培养存在困难,分子生物学方法成为深海热液微生物研究的主要方法。16SrRNA 基因的分析不但鉴定发现了许多新的种属,也发现了深海微生物所具有的独特特征,有助于认识深海极端环境下微生物的适应和生存机制,建立独特的基因库。

3. 深海热液微生物能量来源

极端深海环境中,能量的来源成为科学研究的焦点,尤其是在发现深海热液处蕴含的巨量生命体以后。目前,关于深海能量的认识是生命通过氧化还原反应利用不同来源的地球化学能量,在深海热液处,主要依赖热液喷口中的还原性物质提供的化学能。研究人员根据深海热液微生物利用能量的不同途径,将其能量合成与代谢途径总结为三种类型（王丽玲等，2008）：第一种是无机化能自养类型，热液喷口提供了不同条件的温度和化学组分，成为热液微生物的合成有机物质的有利条件。热液中无机化能自养微生物成为热液生态系统的主要生产者，将 CO_2 转化为其他生物可利用的有机物，同时也是物质循环中重要的碳汇。此外，无机化能自养微生物代谢反应中利用热液喷出的 H_2，被认为是地球上最古老的代谢途径之一，广泛存在于热液微生物群落中。热液口的硫化物氧化、Fe^{3+}、Mn^{2+}、Fe^{2+} 等其他无机物的氧化也是化能合成来源之一（黄菊芳等，2006）。第二种是有机营养类型：CH_4 是热液喷口的另一种还原性化合物，甲烷氧化菌通过氧化 CH_4 固定碳或生成 CO_2 获得生长所需的能量，还产生可供其他微生物利用的碳中间物和代谢底物。还有一些古细菌，可以直接发酵利用环境中的大分子有机物。第三种是混合营养类型：部分生活在热液环境中的微生物可根据外界生境条件变化，在自养和异养之间转换，兼有无机化能自养和有机营养代谢两种生长方式，如深海热液口的嗜热细菌等。研究表明在合适的条件下，异养能够生产较多的能量，微生物的这种转换能力被认为是对极端环境变化的适应机制。

4. 深海热液喷口区影响生物群落分布的因素

海底热液环境受到诸多因素的影响，如温度、化学成分、地形地貌等。热液生物群落的分布尚无既定规则，每个热液口的生物群落分布具有一定的类似性而又各不相同。例如单个热液口处，随着从热液口中心到边缘温度的不同，生物群落也呈环状分布，不同温度条件下存在不同的优势物种。化学成分的影响很显著，S 为主或者 Fe 为主的热液，都会影响附近生物的分布。已有的研究也证明，即便是距离很近的热液喷口处，其生物群落分布也不尽相同（MBARI，2017）。

深海化能合成生态系统生物地理计划（ChEss）从热液系统中发现大量新的物种，初步划分了深海化能合成生态系统全球生物地理格局，发展了新的生态学分支，并且在基因组水平上认识到生物对缺氧、富硫和金属等特殊环境新的适应策略（Baker et al.，2010）。由于深海热液喷口所处的特殊环境，开展深海热液生物群落研究工作对仪器设备的要求较高。目前，一般是通过配备有保真采样系统的直视采样设备或深潜器现场取样来获得相关样品，利用深潜器还可直接对海底生物进行检测，对海底环境及其物理、化学参数进行直接的测定。长期海底定点观测技术对获得热液生态系统连续观测资料必不可少，借助于在海底安置的定点观测站可以通过传感器、测量仪器等设备实时记录各种参数的变化再对数据进行回收处理。将玻片等装置置入海底进行原位培养是研究深海微生物种类常用的方法，借以研究微生物在培养基上的生长状况、代谢机制、转化速率等。特别研制的深海微生物培养装置可以模拟热液喷口区的温度、压力及其他一些参数条件，对一些热液微生物的分离培养是必备的。随着研究的深入，各种专门的仪器设备正在不断研制和完善中。

5.5.2　海山生态系统

海山（seamounts）通常是指深海大洋中位于水面以下、高度大于 1000m 的隆起地形（Epp and Smoot，1989），广义的海山也包括在海底中相对高度小于 1000m 的海丘（hillsor knolls）。根据最新资料估计，全球海洋中超过 1000m 的海山超过 10 万座，其中大部分分布在太平洋（Yesson et al.，2010）。

海山独特的地形地貌，使得海山周围形成了复杂的水文地理环境特征（Chivers et al.，2013），加上洋流在海山周围的变化，造就了适宜的生存条件，包括营养物质来源丰富、栖息地多样化等。海山成为海洋中生物丰富的区域之一，海山生态系统也因此成为国际研究的热点（汪品先，2013）。

目前针对海山的调查研究相对较少，尤其是在全球海山不断被发现确认的情况下。对海山的调查研究主要分布在近海或者陆架，对北太平洋和大西洋的海山研究较多，而对赤道太平洋分布众多的海山研究较少。对海山的研究，主要是生物多样性、海山假说、影响海山生物分布的环境因子，以及海山生物群落生产力等（张钧龙，2013）。

1. 海山生物多样性

海山生态系统中物种门类丰富，包含几乎所有海洋已发现的门类。CenSeam 计划详细收录了全球海山调查获得的生物记录数据，有 17 000 多条，且数目在不断增多。基于目前海山研究现状，海山生态系统中存在的物种数量可能要远超过已确认的物种数量。深海研究的不断增强，意味着未来海山生态系统中将会发现更多的新物种。海山底部环境以岩石底质为主，主要优势种有海绵、珊瑚、海葵、海笔、水螅、海百合等（Smith et al.，2004），深海珊瑚（冷水珊瑚）是目前研究较多的类群。平顶海山（guyots）环境主要以沉积物为主，食碎屑生物居多（Derekp et al.，2009）。针对海山底内生物群落研究不多，大型底栖动物主要包括多毛类、甲壳动物、软体动物、纽虫、星虫等，小型底栖动物包括线虫、桡足类、铠甲动物和动吻动物等，海山还是鱼类大量聚集的地方（张钧龙和徐奎栋，2013）。

2. 海山物种假说

海山物种假说如表 5-8 所示。

表5-8　主要海山物种假说（张钧龙和徐奎栋，2013）

序号	假说	主要描述
1	海山特有种假说	特有种存在，海山独特的环境条件，包括地理隔离、洋流特点等，可能会使海山生态系统中生物进化产生地理隔离，形成特有种。泰勒柱（Taylor column）是海山特有种假说的有利证据，解释了产生特有种的物种滞留机制
2	物种源汇假说	海山之间共有物种存在，高的种群幼虫密度，但幼虫扩散范围有限
3	孤岛隔离假说	海山的水文条件如泰勒柱等使海山如同海洋中的岛屿，有着与周围的深海平原或深渊截然不同的生物区系
4	绿洲假说	海山生态系统丰富的营养物质造成物种较多，丰度较大，但不存在隔离

3. 海山生物与环境因子的关系

由于海山的独特环境，水深、洋流、地形都会影响海山生物分布。高度在 1000m 以上的海山上下跨度较大，海山顶阳光可以到达，就意味着山顶区初级生产力可以维持其他高营养级物种的生存。缺氧区同样是一个关键因素，位于缺氧区的海山部分物种稀少，但非缺氧区的海山其他区域生物丰度将远高于缺氧区。海山地形也会影响生物分布，洋流与海山相互作用，沉积物上升或者沉积；浮游生物包括幼虫的滞留与聚集等，进一步影响海山生物群落。海底矿产区域和非矿产区域生物分布也存在显著差异。热液喷口形成的独特生境条件，也会影响热液区和非热液区海山的生物分布。

目前针对海山生物分布的驱动因子研究已有部分进展，但因子间相互作用机制和影响尚无完整研究。此外还有一些海底活动，如火山爆发、海底地震等，受限于观测监测手段，无法研究这些活动对海山生态系统带来的影响。

4. 人类活动对海山生态系统的影响

海山生态系统中存在的丰富物种成为渔业的目标，海底矿产资源的开发利用也会影响生物群落的分布。研究人员系统评估和测试了太平洋 7 个地区多金属结核开发对海底动物物种密度和底栖生物群落多样性的影响，发现开发多金属结核矿物将会对海底生态系统带来严重破坏。研究人员模拟评估了比任何采矿计划都小的研究区域，结果显示开发活动将会造成严重和长期的海底生物数量及其多样性的锐减，这种影响甚至会在 26 年之后仍然存在。虽然这些生态系统最终会有所恢复，但是很少有系统可以恢复到以前的基线水平。未来会有越来越多的人关注海洋，特别是到深海地区来寻求食物、清洁能源和战略矿产的供应，深海生态系统应提前保护（Jones et al., 2017）。

5.5.3　深海冷泉系统

海底冷泉从发现到现在已经近 40 年，是海底热液之后的另外一项深海重要发现，都具有深海极端环境特征，都存在大量的生物。冷泉是指分布于大陆边缘海底来自沉积界面之下，以水、碳氢化合物（天然气和石油）、硫化氢、细粒沉积物为主要成分，流体温度与海水相近的流体，并广泛发育于活动和被动大陆边缘斜坡海底。冷泉常呈线性群产出，主要集中在断层和裂隙较发育地区，伴随着大量自生碳酸盐岩、生物群落、泥火山、麻坑、泥底辟等较为宏观的地质现象（陈多福等，2002）。

1. 冷泉种类及形成原因

根据冷泉喷溢的速度将冷泉分为喷发冷泉、快速冷泉和慢速冷泉。喷发冷泉是海平面快速下降、强烈的构造活动、地震等引发的大陆坡崩塌，或海底沉积物中水合物分解导致压力过高，在很短时间内大规模排放甲烷，在海底一般不形成冷泉沉积和冷泉生物群。快速冷泉常形成于泥火山或断层构造面，海底表面具有麻坑、海底穹顶、泥底辟等冷泉地貌特征，海底常形成多种自生矿物沉积，冷泉生物群发育并具有繁盛、死亡多次演替特征。目前世界上发现的冷泉大部分是快速喷发的冷泉，具有资源意义和生物价值。慢速冷泉是浅表层的生物成因气以及缓慢来源于深部的热成因气在相对透水的粗粒沉积层运移，一般不形成排放口或特征冷泉地貌，冷泉生物不发育或零星发育，管状蠕虫、蛤类、贻贝类较少，易形成菌席结构（陈忠等，2006）。

目前的研究中，认为冷泉形成的因素主要包括：海底沉积物埋藏或者沉积物滑动、运移及重新沉积；全球气候变冷或变暖引起海平面升降，从而使海底压力和温度变化；构造抬升或海平面下降使压力降低；与地震有关的压力快速变化、火山喷发、地温梯度升降；海底底层水变暖或温盐环流变化，冬季变冷和夏季升温引起的海底环境变化（陈忠等，2007）。

2. 冷泉环境中的生物

冷泉环境中生物系统是重要的标志，在一定范围内能够指示冷泉流动方向和冷泉基本特征。甲烷氧化菌和硫酸盐还原菌利用化能作用提供碳源和能量，是冷泉生物系统的初级生产者。发育形成的菌席是食物链的基础，供养了其他动物，主要分布在冷泉沉积物界面上，也可以作为冷泉位置和规模的标志物，是流体强烈上涌的标志（陈忠等，2007）。

冷泉生态系统中微生物是重要的部分，甲烷氧化菌和硫酸盐还原菌在能量转化过程中会产生特定的生物标志物，其种类、丰度和碳同位素比值可以指示微生物的存在和种类，甚至可以反映古菌群落结构的变化，因此，冷泉微生物标志物是研究冷泉区域的重要手段之一（丁玲和赵美训，2010）。

冷泉沉积物中，有孔虫是主要底栖动物，使得有孔虫广受关注的原因是非冷泉环境与冷泉环境中，壳体碳同位素值变化范围差异较大，冷泉环境中含有孔虫丰度和分异度低于非冷泉环境中有孔虫，这些特点使得冷泉有孔虫成为冷泉存在的指示物，同时也广泛应用于研究极端环境下生物的适应机制（向荣等，2012）。

冷泉生态系统中一级消费者主要是深海双壳类（贻贝类和蛤类）、蠕虫（管状群蠕虫和冰蠕虫）多毛类动物、海星、海胆、海虾等；二级消费者主要是鱼、螃蟹、扁形虫、冷水珊瑚等。贻贝类栖息在甲烷和硫酸盐含量较高的活动冷泉口，拥有共生体并依赖共生体提供营养；管状蠕虫没有嘴和内脏，缺少消化管道，需要吸取沉积物中硫化物，并依赖安置在体内的化能自养细菌供给能量；生存在冷泉口的蛤类以体内硫酸盐还原菌供给能量，冷泉独特的环境适宜蛤类生存，形成高密度的蛤床，蛤类是冷泉环境中常见的大型动物；线虫类动物是冷泉或非冷泉沉积物中轻小型底栖动物的优势种，在浅水冷泉环境中，线虫类动物和桡足类动物比例在 4～10，但是深水冷泉环境中，这一比例可达到 1000 以上，线虫类动物数量可超过有孔虫成为冷泉环境主要的生物量贡献者（陈忠等，2007）。

3. 冷泉的气候意义

冷泉的流体可能来自于下部地层中长期存在的油气系统，也可能是海底天然气水合物分解释放的烃类（CH_4 等）。全球海洋环境中可能发育有 900 多处海底冷泉活动区，每年释放大量 CO_2 和 CH_4 等烃类气体到大气中，而 CH_4 的温室效应是相同质量 CO_2 的 20 倍以上，因此是全球变化的重要影响因子。研究冷泉具有重要的科研意义，冷泉溢出的 CH_4 和 CO_2 可能是全球气候变化的重要因素。同时，全球圈层相互作用和全球变化也是科学研究前沿之一。

参 考 文 献

陈多福, 陈先沛, 陈光谦. 2002. 冷泉流体沉积碳酸盐岩的地质地球化学特征. 沉积学报, 20(1): 34-40.

陈忠, 颜文, 陈木宏, 等. 2006. 海底天然气水合物分解与甲烷归宿研究进展. 地球科学进展, 21(4): 394-400.

陈忠, 杨华平, 黄奇瑜, 等. 2007. 海底甲烷冷泉特征与冷泉生态系统的群落结构. 热带海洋学报, 26(6): 73-82.

党宏月, 宋林生, 李铁刚, 等. 2005. 海底深部生物圈微生物的研究进展. 地球科学进展, 20(12): 1306-1313.

丁玲, 赵美训. 2010. 生物标志物及其碳同位素在冷泉区生物地球化学研究中的应用. 海洋地质与第四纪地质, (2): 133-142.

黄菊芳, 曾乐平, 周洪波. 2006. 深海热液喷口微生物对矿物元素行为的影响. 生态环境学报, 15(1): 175-178.

金翔龙. 2006. 海洋、海洋经济与人类未来. 海洋学研究, 24(2): 1-7.

马乐天, 李家彪, 陈永顺. 2015. 国际大洋中脊第三个十年科学计划介绍(2014—2023). 海洋地质与第四纪地质, 35(5): 56-56.

孙松, 孙晓霞. 2007. 国际海洋生物普查计划. 地球科学进展, 22(10): 1081-1086.

孙晓霞, 孙松. 2010. 深海化能合成生态系统研究进展. 地球科学进展, 25(5): 552-560.

汪品先. 2013. 从海洋内部研究海洋. 地球科学进展, 28(5): 517-520.

王金平, 鲁景亮, 王立伟, 等. 2015. 海底热液系统研究国际发展态势分析//张晓林, 张志强. 国际科学技术前沿报告. 2015. 北京: 科学出版社.

王金平, 张波, 鲁景亮, 等. 2016. 美国海洋科技战略研究重点及其对我国的启示. 世界科技研究与发展, (1): 224-229.

王丽玲, 林景星, 胡建芳. 2008. 深海热液喷口生物群落研究进展. 地球科学进展, 23(6): 604-612.

王淑杰, 翟世奎, 于增慧, 等. 2018. 关于现代海底热液活动系统模式的思考. 地球科学, 43(3): 835-850.

席峰, 郑天凌, 焦念志, 等. 2004. 深海微生物多样性形成机制浅析. 地球科学进展, 19(1): 38-46.

向荣, 方力, 陈忠, 等. 2012. 东沙西南海域表层底栖有孔虫碳同位素对冷泉活动的指示. 海洋地质与第四纪地质, (4): 17-24.

张均龙, 徐奎栋. 2013. 海山生物多样性研究进展与展望. 地球科学进展, 28(11): 1209-1216.

Baker M C, Ramirez-Llodra E Z, Tyler P A, et al. 2010. Biogeography, ecology, and vulnerability of chemosynthetic ecosystems in the deep sea// Life in the World's Oceans: Diversity, Distribution, and Abundance. New Jersey: Wiley-Blackwell.

Beaulieu S, Joyce K, Soule S A. 2010. Soule, Global Distribution of Hydrothermal Vent Fields (WHOI). http://vents-data.interridge.org/sites/vents-data.interridge.org/files/ventmap_2011_no_EEZs.jpg. [2016-06-18].

BOEM. 2017. Federal Ocean Partnership Launches DEEP SEARCH Study Off the Mid- and South Atlantic Coast. https://www.boem.gov/press09122017/. [2017-09-12].

Chivers A J, Narayanaswamy B E, Lamont P A, et al. 2013. Changes in polychaete standing stock and diversity on the northern side of Senghor Seamount(NE Atlantic). Biogeosciences, 10(6): 3535-3546.

CoML. 2013. Census of Marine Life. A Decade of Discovery. http://www.coml.org. [2016-06-18].

Corliss J B, Dymond J, Gordon L I, et al. 1979. Submarine thermal sprirngs on the galapagos rift. Science, 203(4385): 1073-1083.

Derekp T, Amyr B, Paule B, et al. 2009. Predicting global habitat suitability for stony corals on seamounts. Journal of Biogeography, 36(6): 1111-1128.

Epp D, Smoot N C. 1989. Distribution of seamounts in the North Atlantic. Nature, 337(6204): 254-257.

Global Distribution of Hydrothermal Vent Fields. http://vents-data.interridge.org/sites/vents-data. interridge.

org/files/ventmap_2011_no_EEZs.jpg.[2016-06-18].

Goffredi S, Johnson S, Tunnicliffe V, et al. 2017. Hydrothermal vent fields discovered in the southern Gulf of California clarify role of habitat in augmenting regional diversity. Proceedings of the Royal Society B: Biological Sciences, 284: 20170817.

HADES. 2016. Hadal Ecosystems Studies. http: //web.whoi.edu/hades/. [2016-06-18].

HERMIONE. 2016. Hotspot Ecosystem Research and Man's Impact On European Seas https://cordis. europa.eu/project/rcn/92899/en. [2018-06-18].

ICES. 2014. Strategic plan 2009—2013. http: //www. ices. dk. [2016-06-18].

JAMSTEC. 2017. Deep-sea hydrothermal systems are—natural power. plants. http: //www. jamstec. go. jp/e/ about/press_release/20170428/. [2018-06-18].

Jones D O B, Kaiser S, Sweetman A K, et al. 2017. Biological responses to disturbance from simulated deep-sea polymetallic nodule mining. PloS One, 12(2): e0171750.

Keck Futures Initiative. 2003. Keck Futures Initiative and the Gulf Research Program Award $1.55 Million for 21 Projects. https: //www.keckfutures.org/grants/deep_blue_sea_grantees. Html. [2017-06-12].

MBARI. 2017. New study challenges prevailing theory about how deep-sea vents are colonized. http: //www. mbari. org/new-study-challenges-prevailing-theory-about-how-deep-sea-vents-are-colonized/. [2016-06-18].

Naganoa Y. 2012. Fungal diversity in deep-sea extreme environments. Fungal Ecology, 5(4): 463-471.

NTNU. 2013. Deepwater Mining in Norway. https: //phys. org/news/2013-10-deepwater-norway. html. [2016-06-18].

Reeves E P, Mcdermott J M, Seewald J S . 2014. The origin of methanethiol in midocean ridge hydrothermal fluids. Proceedings of the National Academy of Sciences, 111(15): 5474-5479.

Reysenbach A L, Shock E. 2002. Merging genomes with geochemistry in hydrothermal ecosystems. Science, 296(5570): 1077-1082.

Seamounts Online. 2016. Global Census of Marine Life on Seamounts. http: //seamounts.sdsc.edu. [2016-06-18].

Smith P J, McVeagh S M, Mingoia J T, et al. 2004. Mitochondrial DNA sequence variation in deep-sea bamboo coral(Keratoisidinae)species in the southwest and northwest Pacific Ocean. Marine Biology, 144(2): 253-261.

Wessel P, Sandwell D T, Kim S S. 2010. The Global Seamount Census. Oceanography, 23(1): 24-33.

WHOI. 2015. Study Finds Deep Ocean is Source of Dissolved Iron in Central Pacific. http: //www. whoi. edu/news-release/dissolved-iron. [2016-06-18].

Yesson C, Clark M R, Taylor M L, et al. 2011. The global distribution of seamounts based on 30 arc seconds bathymetry data. Deep Sea Research Part I: Oceanographic Research Papers, 58(4): 442-453.

第6章 深海油气资源勘探研究国际态势分析

深海油气资源的开发主要依靠深海油气勘探技术的提高。深海勘探始于20世纪60年代，经过几十年的发展，尤其是最近20年的发展，取得了突出成就，相继发现一批大型油气田，深海油气储量得到快速增长，全球深海油气开发变为焦点，研究也不断升温。我国深海勘探在全球大形势下也不断发展。

近年来，美国、英国、中国等以及各相关国际组织相继制定了研究计划，加强了深海油气资源勘探开发研究，以期获得科学发现和了解资源状况。这些报告阐述了各自未来研究的方向和重点。这些研究计划包括：《2012~2017年外围大陆架（OCS）油气租赁计划》、油气资源评估项目；英国的近海石油和天然气行业战略（2014~2017年）；中国的863计划海洋技术领域重大项目、《能源发展战略行动计划（2014~2020年）》、海洋科技政策发展战略、政策工具推动海洋油气开发等。从这些研究计划的发展和演变，可以看出国际深海油气资源研究的整体状况和发展态势。

以SCIE中检索到2000~2014年的4763篇深海油气资源研究相关文献为基础，分析了国际深海油气资源研究的主要研究主体(国家和机构)分布和不同时期的研究热点，结合对国际相关战略规划的分析，归纳出国际深海油气的研究热点集中在"碳氢化合物、沉积物天然气水合物、石油泄漏、墨西哥湾"等方面。其中，对碳氢化合物的研究出现频次最高，达282次。对深海油气资源的研究主要还是集中在墨西哥湾沿岸，对环境的影响方面，主要包括环境污染和环境毒理学对生物系统的影响。

综合国际研究计划、文献计量分析和相关文献调研的结果，总结2012~2014年深海油气资源相关的国际研究热点，发现2012~2014年的研究主要集中在油气泄漏、天然气、碳水化合物、墨西哥湾、沉积物、冷泉生态系统、稳定同位素生物退化、甲烷等方面。在最近三年没有再出现，且之前研究中使用频次较高的词汇为侏罗纪与中新世深海生物的研究以及藻类的化学作用研究。

文献计量分析中通过发文量统计显示的深海油气资源研究的主要国家为美国、德国、中国、英国、法国、加拿大、日本、澳大利亚、意大利、挪威、西班牙、荷兰、巴西、俄罗斯、苏格兰。通过论文的被引频次等影响力统计，发现美国、德国、英国、法国和荷兰国家占据优势地位。从全球深海油气资源研究的合作关系来看，美国、德国、英国和法国在全球从事深海油气资源的研究中处于核心合作者地位，中国开展深海油气资源研究的主要合作国家也为美国。

6.1 引　　言

海洋中蕴藏着丰富的固态、液态、气态等矿产资源，其中，海洋油气资源是其中重要的一种。现代科学技术的发展使得人类开发海洋资源的步伐加快，尤其是近几年全球海洋油气资源勘探的进一步发展，海洋深海油气的开发技术也越来越完善。例如，石油钻井工程技术的不断改进，对油气资源的开采利用起到了积极的推动作用。海洋作为全球油气资源的重点接替区之一，深海将成为未来海上油气开发的主战场，深海在全球勘探开发投资、储量增长和产量等领域占有重要的地位，成为国际大石油公司争相布局的重要领域（吕建中等，2015）。

海洋油气资源的获取主要依靠海洋勘探技术的进步。海洋油气资源勘探起步于 18 世纪末。20 世纪 90 年代以来海洋油气勘探开发迅猛发展，并逐渐向深海区拓展。海洋油气勘探从 20 世纪 40 年代的近海边和内湖开发石油资源，其作业深度为 10m 以内，至 20 世纪 60 年代末作业水深已超过 200m。20 世纪 70～80 年代，作业水深超过 500m，1999 年作业深度超过 2000m，目前已经可以在水深超过 3000m 的海域进行钻井作业。新的海洋油气资源开采技术，对我国实现由近海向深海开发有效地转移，为全面深入开发海洋油气资源提供了坚实的技术支持。

据有关数据统计，世界海洋油气资源数量约占全球油气资源总量的34%。全球海洋油气资源储存总量 1000 多亿吨，现在已经探明的储存量约为 380 亿吨。我国有渤海、黄海、东海和南海，海域辽阔，海洋资源丰富，其中的海洋油气资源储存也非常巨大。未来全球40%油气资源将来自深海。中国海洋的油气资源中，70%蕴藏于深海区域。关于海洋油气资源量的估算和统计，不同的机构和学者都做过工作。虽然具体数据有差异，但均认为在海洋沉积盆地中蕴涵着丰富的油气资源。全球海洋面积约 $3.61 \times 10^8 km^2$，约占地球总面积的71%，其中具有含油气远景的沉积盆地面积约 $7.8 \times 10^7 km^2$，与陆地相当（表 6-1）。

表 6-1　含油气远景沉积盆地面积

位置	面积/$10^8 km^2$	含油气远景区面积/$10^7 km^2$
陆地	1.48	7.8
海洋	3.61	7.8
深海	2.80	1.0
大陆边沿海区	0.54	4.7
小洋盆	0.28	2.1
陆地和海洋合计	5.10	15.6

注：据美国石油地质学家 L.G.威克斯

从勘探结果来看，世界上深海油气盆地主要为滨大西洋深海盆地群、滨西太平洋深
海盆地群、新特提斯构造域深海盆地群和环北极深海盆地群，各深海盆地群油气勘探程
度和成果差别很大。世界深海油气勘探开发的热点区域集中在美国的墨西哥湾盆地、西
非的尼日利亚、加蓬、安哥拉和刚果等海域的下刚果盆地和巴西的坎波斯盆地。近几年
来，亚太地区，尤其是中国的南海，也逐渐成为深海油气勘探的热点地区之一。深海油
气勘探开发自 20 世纪 90 年代以来，受到跨国石油公司青睐并迅速发展。表 6-2 为世界
主要深海区油气资源量的分布及储量情况。

表 6-2 世界主要深海区油气资源量

国家或地区	海域	油气储量/亿吨当量	石油/10^8t	天然气/$10^8 m^3$
美国	墨西哥湾北部	21	15	6000
巴西	东南部海域	27	23.2	4100
西非	三角洲、下刚果	28.6	24.5	4100
澳大利亚	西北陆架	13.6	0.5	13100
东南亚	婆罗洲	5.3	2	3300
挪威	挪威海	5.1	1.1	4000
埃及	尼罗河三角洲	4.8	—	4800
中国	南海北部	1	—	1000
印度	东部海域	1.6	—	1600

资料来源：《石油深水设置系统》，2004

近 5 年来全球重大油气发现中 70%来自水深超过 1000m 的水域。当前，深海油气
产量约占海上油气总产量的 30%。尽管来自深海的油气发现数不是很多，但是其油气资
源的发现量却是十分巨大的。2012 年，全球超过 1500m 水深的总发现量接近 16.3 亿吨，
相当于陆地上的 6 倍，接近浅水的三倍，2012 年全球排名前十的油气发现中全部来自深
海，其中 7 个为亿吨级重大油气发现，见表 6-3。至 2013 年全球深海油气产量超过 5 亿
吨油当量，占全球海上油气产量的 1/5，并且这个比例还在逐年上升。

表 6-3 2012 年全球 10 大油气发现

排名	国家	所在盆地	发现井	发现井水深/m	油气类型	概算储量/亿吨油当量
1	莫桑比克	鲁伍马	Golfinho1	1027	气	5.06
2	莫桑比克	鲁伍马	Mamba Northeast1	1840	气	3.69
3	莫桑比克	鲁伍马	Coral 1	2261	气	2.4
4	巴西	桑托斯	4-SPS-086B-SPS	2160	油气	1.92
5	莫桑比克	鲁伍马	Mamba Northeast1	1690	气	1.38
6	巴西	坎波斯	1-PAODEACUCAR-RJS	2789	油气	1.26
7	坦桑尼亚	鲁伍马	Mzia 1	1639	气	1.04
8	坦桑尼亚	鲁伍马	Jodari 1	1153	气	0.95
9	坦桑尼亚	坦桑尼亚	Zafarani 1/1st	2582	气	0.92
10	坦桑尼亚	坦桑尼亚	Lavani 1	2400	气	0.92

资料来源：中国石油集团经济技术研究院，《2013 年国内外油气行业发展报告》

伴随全球经济的飞速发展，各国对石油的需求不断增长，然而国际原油价格却一直在提高，为石油行业带来巨大的发展潜力，但也给深海油气勘探和开发带来了严峻的挑战。在扩大原油产量，增加石油供应，加强海洋油气资源的勘探，促进重大油气资源的发现和开采方面，对海洋油气资源开发技术提出了新要求。未来，深海必然对油气资源的发展起到重要作用。但是，深海油气勘探也面临技术上的挑战，在深海钻遇浅层气和天然气水合物可能会发生地质灾害。深海油气勘探开发，需要与船舶及海洋结构设计、海洋环境保护、海洋钻井、海洋探测等多个技术领域协作，集信息技术、新材料技术、新能源技术及多学科于一体，这样方能加速深海油气资源的开发。

6.2　国际主要研究计划和行动

6.2.1　美　　　国

1.《2012～2017 年外围大陆架油气租赁计划》（*Five-Year Outer Continental Shelf* （*OCS*）*Oil and Gas Leasing Program*）

美国海洋能源管理局主要负责大陆架外缘石油、天然气和其他海洋矿物质的租赁政策制订及项目开发。该局主要负责四项工作，其中《海上油气资源租赁项目五年计划》是其中主要工作之一。该计划自 1980 年开始，正在进行的是 2012～2017 年大陆架外缘 5 年租赁计划，该计划正式生效是 2012 年 8 月 27 日，计划的截止日期是 2017 年 8 月 26 日。应大陆架外围土地行动计划的需求，一项覆盖 2017～2022 年关于海洋油气资源新的租赁 5 年计划项目于 2015 年 1 月宣布了执行计划草案。

"石油和天然气发展五年计划"为美国大陆架外围石油和天然气租赁销售建立了一个时间表。该计划对海上石油天然气的开发规模、时间和位置的潜在租赁活动作了详细部署。该计划的目的是满足美国国家的能源需求。《2012～2017 年外围大陆架（OCS）油气租赁计划》在业界被称为美国深海石油"五年计划"，该计划将美国深海石油资源开发提上日程。计划主要包括六个规划区中 15 个潜在的油气资源租赁销售区域，主要区域为靠近北极的阿拉斯加区域和墨西哥湾区块。该计划详细描述并估测了未被发现但是技术上可被开采的油气资源量（表 6-4）以及每个区域的租赁销售时间表。

表 6-4　《2017～2022 年外围大陆架石油天然气租赁计划草案》部分

序号	编号	区域	年份
1	249	墨西哥湾地区（Gulf of Mexico Region）	2017
2	250	墨西哥湾地区（Gulf of Mexico Region）	2018
3	251	墨西哥湾地区（Gulf of Mexico Region）	2018
4	252	墨西哥湾地区（Gulf of Mexico Region）	2019
5	253	墨西哥湾地区（Gulf of Mexico Region）	2019
6	254	墨西哥湾地区（Gulf of Mexico Region）	2020

序号	编号	区域	年份
7	255	波弗特海（Beaufort Sea）	2020
8	256	墨西哥湾地区（Gulf of Mexico Region）	2020
9	257	墨西哥湾地区（Gulf of Mexico Region）	2021
10	258	库克海湾（Cook Inlet）	2021
11	259	墨西哥湾地区（Gulf of Mexico Region）	2021
12	260	大西洋中部和南部（Mid-and South Atlantic）	2021
13	261	墨西哥湾地区（Gulf of Mexico Region）	2022
14	262	楚科奇海（Chukchi Sea）	2022

此项计划涉及的区块涵盖了美国 75%尚未开发的油气资源，扩大大陆架外围地区的油气生产是美国能源战略的一个关键组成部分。此次美国深海石油开发区域的调整，是美国《未来能源安全蓝图》的步骤之一，将保障美国能源安全的重心转向深海、非常规油气及新能源上，从而实现油气开发回归美国本土。美国海洋能源管理局设立了深海科学研究计划，加大了深海考察和科研活动。一些海洋科研单位启动了对外大陆壳的研究。

《2017～2022 年大陆架外围石油天然气租赁计划草案》于 2015 年 1 月 29 日发布，该草案共涉及 8 个公开区域的 14 个海上油气资源潜在开发日程表，主要包括墨西哥湾区域、阿拉斯加沿岸和大西洋中部及南部区域。该草案依据《国家环境保护法案》的环境分析部分，包括与该草案实施相关的海上环境影响分析，即油气资源租赁开采中潜在的环境影响，并会采取一种可行的、供选择的对环境可以减少和可消除的潜在石油天然气租赁销售时间表。该草案的石油天然气租赁计划见表 6-4。

2. 油气资源评估项目

资源评价项目通过关键技术和经济分析，支持所有的美国海洋能源管理局的项目，包括能源的和非能源相关的项目。该项目的主要目标是识别大陆架外围最有潜力的石油和天然气的开发，包括天然气水合物。该项目主要包括 7 个部分：资源评估项目、储备库存计划、公平市场价值评估、租赁开发前的监管、地质地球物理数据采集分析等。资源评估项目工作开始于一个地区的地质研究，以确定潜在的石油和天然气资源的存在。评估活动的规模范围从大的历史（如美国海洋能源管理局国家评估和区域结果）到销售（即个人前景）。早期阶段的重点是评估区域级别，但是随着更多的数据和信息积累逐渐转移到预期前景。一旦确定了一个销售区域，资源评估部门将进行重点分析，以更准确地估计个体资源潜力的前景。资源评估不仅支持政策选择、立法提案和行业活动，而且也是对当前和未来大陆架外围油气开发的潜在影响的关键分析。

6.2.2　加　拿　大

2016 年 11 月，加拿大渔业及海洋部（Fisheries and Oceans Canada）、加拿大海岸警卫队（Canadian Coast Guard）、加拿大环境和气候变化部（Environment and Climate Change）共同宣布了一个预计未来 5 年投资 15 亿美元的《国家海洋保护计划》。该计划将提升海上航运的安全和可靠性，保护加拿大海洋环境，创造稳固的本土居民社区和沿海社区。该计划将达到或超越国际相关标准，得到土著地区联合管理、环境保护和基于科学的标准的支持。

该计划致力于实现的目标有 19 个，其中有 4 项计划目标与油气有关，如下。

目标七：开发加拿大水域溢油事件的综合性响应系统。与合作伙伴合作，建立一个无缝的响应系统。加拿大政府将与利益相关方、专家、企业、沿海及本土居民合作探索如何能够更好地应对危险货物泄漏带来的风险。

目标十七：研究建立新技术和多种合作关系，对溢油事件及时响应。加拿大政府将提高对溢油事件清理的新技术研究能力，寻求安全、可靠而且更有效的技术来清理石油泄漏。研究新的清洁技术是海上安全计划的重要组成部分。

目标十八：提升局部海洋环流知识，追踪溢油轨迹。开展科学研究以便更好地理解加拿大特定水域及特定环境条件下的石油产品存在形式。这将包括采用洋流、风和海浪等知识建立和完善海洋模型，以便更准确地跟踪石油泄漏和预测其污染轨迹。

目标十九：提升对海上油气产业的预测能力，提升决策支持能力。提出对本土和沿海社区关于游船交通带来的风险，进一步分析各种类型的石油和石油产品溢出时对海洋环境的影响。这将有助于对溢油事件做出科学有效反应并提高净泄漏造成的环境问题的效益分析，从而有效进行决策。

6.2.3　英　　国

近海石油和天然气行业战略（2014~2017 年）。英国健康与安全执行局（Health and Safety Executive）是英国一个非政府部门公共机构，执行局的能源部门主要负责油气工业。该战略主要包括以下三部分内容：海上的战略背景、主要的目标、离岸交付策略。该战略的主要目的是保障英国大陆架近海石油天然气工业在开发上的健康和安全。

6.2.4　中　　国

1. 863 计划海洋技术领域重大项目

"深水油气勘探开发技术与装备"重大项目，专业涵盖深海勘探、平台设计和水下设备。项目的目的是重点开发深海油气资源勘探开发技术与装备，解决制约我国深海油气勘探开发技术与装备开发的瓶颈性问题，掌握具有我国特色的、拥有自主知识产权的深海油气勘探开发核心技术，研制一批重大装备，基本掌握深海油气勘探开发系列核心技术，具备 3000m 水深油气勘探开发技术与装备自主研发能力，实现我国深海油气勘探开发技术跨越式发展。

2.《能源发展战略行动计划（2014~2020 年）》

2014 年 6 月 7 日，国务院发布了《能源发展战略行动计划（2014~2020 年）》，将海洋油气资源的开采提升至战略层面。该计划按照以近养远、远近结合、自主开发与对外合作并举的方针，以加强渤海、东海和南海等海域近海油气勘探开发，加强南海深海油气勘探开发形势跟踪分析，积极推进深海对外招标和合作，尽快突破深海采油技术和装备自主制造能力，大力提升海洋油气产量为目标。确立了非常规油气及深海油气勘探开发、煤炭清洁高效利用等 9 个重点创新领域，明确了页岩气、煤层气、页岩油、深海油气等 20 个重点创新方向，相应开展了页岩气、煤层气、深海油气开发等重大示范工程。

3. 海洋科技发展战略

《1986～2000 年全国科学技术发展规划纲要（草案）》及 1992 年国务院《国家中长期科学技术发展纲领》中指出，海洋科技政策的重点领域是海洋油气、海洋渔业、海洋交通运输、港口建设、海洋生物。这在其细化的《中华人民共和国科学技术发展十年规划和"八五"计划纲要（1991～2000）》《全国科技发展"九五"计划和到 2010 年长期规划纲要》《国民经济和社会发展第十个五年计划科技教育发展专项规划（科技发展规划）》中均有体现（李国军，2015）。

4. 政策工具推动海洋油气开发

财政、税收等激励性的政策措施在海洋领域的作用日渐显现，有效促进了海洋油气勘探、开采设备及技术的引进。1989 年《开采海洋石油资源缴纳矿区使用费的规定》出台，推行海洋油气开发向气倾斜、油气并重的财政政策。1993 年《国家海域使用管理暂行规定》指出，海洋勘探石油平台免收海域使用金，海洋石油生产平台酌情收取海域使用金。1997 年《关于在我国海洋地区开采石油（天然气）进口物资免征进口税收的暂行规定》及其补充通知规定了海洋石油（天然气）勘探、开采、进口设备、材料免征税收。2003 年国务院《全国海洋经济发展规划纲要》明确提出了建设海洋强国的战略目标。重点支持对海洋经济有重大带动作用的海洋生物、海洋油气勘探开发、海水利用、海洋监测、深海探测等技术的研究与开发（李国军，2015）。

6.3　国际深海油气资源研究文献计量分析

6.3.1　检索策略

本章文献信息来自于美国科学信息研究所的科学引文索引数据库。以 SCIE 数据库为基础，采用文献计量的方法对国际深海油气资源研究文献的年代、国家、机构以及研究热点分布等进行分析，以了解该研究领域的国际发展态势，把握相关研究的整体发展状况。

以"主题严格限定"构建检索式。检索式为：TS=（（deepwater or "deep water" or "deep-water" or "deep-sea" or "deepsea" or "deep sea" or benthal or benthic or "deep ocean" or "Abyssal sea" or "Abyssal-sea" or "abyssal pelagic" or "bathypelagic"）and（gas or oil or "hydrogen gas" or petroleum or natgas or "natural gas" or "Flammable Ice" or "Gas hydrate" or "fule ice" or "Combustible Ice" or hydrocarbon))。

在得到初步检索结果后,将数据进行合并、去重和清洗处理,最终得到 2000~2014 年 SCIE 数据库中"深海油气资源"相关研究论文 4763 篇,检索日期:2017 年 4 月,以此为基础从文献计量角度分析国际深海油气资源研究的发展态势。

从发表的 SCIE 论文看,深海油气资源研究起步相对较早。大概在 20 世纪 70 年代末就有研究论文,但是美国科学信息研究所的科学引文索引数据库显示在 1990 年之前深海油气资源研究处于一个低迷状态,少有研究;大概从 20 世纪 90 年代末开始迅速升温并迅速增长,而后又进入迅猛的发展时期。故本章选取 2000~2014 年作为数据分析的时间段,在该时间段内深海油气资源研究的总体发展情况如图 6-1 所示,年平均发文数量在 300 篇以上。具体来说,进入 21 世纪之后,深海油气资源的相关发文呈现稳步增长趋势,在 2007 年发文量呈现稍稍下降之后,以直线增长趋势上升,并在 2014 年达到顶峰,有 625 篇相关研究论文被 SCIE 数据库收录。

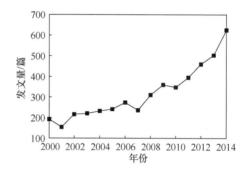

图 6-1　2000~2014 年国际深海油气资源研究发文量变化情况

6.3.2　主要研究力量

1. 主要国家

从发文量方面来看,美国在深海油气资源研究论文方面占绝对优势,有 1848 篇,数量远远超过其他国家。图 6-2 所示为除美国外发文量大于 100 篇的主要国家,英国、

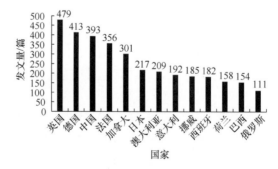

图 6-2　除美国外深海油气资源研究论文＞100 篇的国家

美国因发文数量要领先于其他国家,故未列在此图中

德国、中国、法国、加拿大的发文量较多，均超过 300 篇。中国发文量为 393 篇，排在第 3 位，除上述国家外，日本、澳大利亚、意大利、挪威、西班牙、荷兰、巴西、俄罗斯分列第 6～13 位。

为了更深入了解各国在深海油气资源研究方面的影响力，从主要国家（发文量≥100篇）所发表的深海油气资源研究论文的总被引频次、篇均被引频次、高被引论文比例等方面进行了分析，表 6-5 给出了主要国家（发文量>100 篇）深海油气资源发文量及影响力统计。可以看出，在所有发表论文中已经被引用的论文占比最高的是荷兰，为99.37%；除中国和俄罗斯外，其余国家被引论文占所有发文的比例都在 90% 以上。2012～2014 年发文量占比最多的为中国，为 52.42%，表明我国的深海油气资源研究正处于上升期。

分析发现，除中国之外，其他国家的文章总被引频次基本与发文量成正比，如图 6-3

表 6-5 主要国家（发文量>100 篇）深海油气资源发文量及影响力统计

序号	国家	发文量/篇	总被引/次	篇均被引/（次/篇）	2012～2014年发文量占比/%	被引论文比例/%	被引频次≥50 的论文比例/%	被引频次≥100 的论文比例/%
1	美国	**1 848**	**57 603**	31.17	38.64	94.48	16.77	6.11
2	英国	479	14 896	31.1	27.55	97.28	17.96	6.68
3	德国	413	15 561	**37.68**	30.75	97.58	16.95	**7.26**
4	中国	393	5 043	12.83	**52.42**	89.82	4.58	1.02
5	法国	356	10 530	29.58	28.09	97.75	16.29	5.06
6	加拿大	301	8 608	28.6	29.9	98.34	15.28	3.99
7	日本	217	5 419	24.97	22.12	94.47	10.14	3.23
8	澳大利亚	209	6 850	32.78	32.54	97.13	15.79	3.83
9	意大利	192	4 510	23.49	31.25	97.92	10.94	3.13
10	挪威	185	5 152	27.85	31.89	96.22	13.51	3.78
11	西班牙	182	4 672	25.67	33.52	98.35	10.99	3.85
12	荷兰	158	5 691	36.02	29.11	**99.37**	**19.62**	5.06
13	巴西	154	2 266	14.71	36.36	90.91	4.55	1.95
14	俄罗斯	111	1 534	13.82	27.03	84.68	4.5	3.6

注：表中加粗数据为各统计项最大值

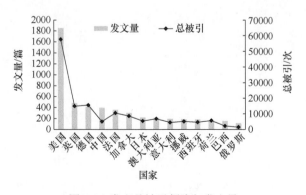

图 6-3 发文总被引频次与发文量

所示。从表 6-5 看到，美国、德国、英国和法国的总被引频次最高，均超过 10 000 次，美国的总被引频次为 57 603 次，这与美国在深海油气资源研究乃至全部涉海研究方面的投入是相符的。中国在深海油气资源研究方面发表的论文数量居世界前四，但是其发文的总被引频次却相对较低。澳大利亚总发文量相对偏低，但是其论文的总被引频次却相对较高。加拿大总被引频次在 8000 以上。

图 6-4 为主要国家深海油气资源研究发文的篇均被引情况。篇均被引次数最多的是德国，为 37.68 次/篇。篇均被引频次最少的为中国，这可能与中国 2012～2014 年发文占比较高有关。从图 6-4 来看，主要国家其篇均被引频次在篇均被引平均值以上的国家为美国、德国、英国、法国、加拿大、澳大利亚、挪威和荷兰。表明这些国家的发文具有相对高的影响力。

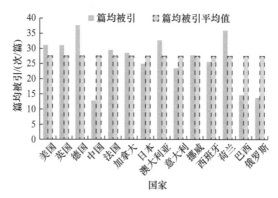

图 6-4　主要国家深海油气资源研究发文的篇均被引情况

图 6-5 为主要国家深海油气资源发文被引频次≥50 的论文比例情况。从图中看出，荷兰被引频次≥50 的论文比例最高，中国、巴西和俄罗斯等国家深海油气资源发文被引频次≥50 的论文比例相对较少。而美国、德国、英国、法国、加拿大、澳大利亚、挪威、荷兰等国家的发文被引频次≥50 的论文比例都在这些主要国家平均比例之上。

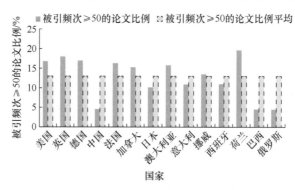

图 6-5　主要国家深海油气资源发文被引频次≥50 的论文比例情况

图 6-6 为主要国家深海油气资源发文被引频次≥100 的论文比例情况。从图中看出，德国发文被引频次≥100 的论文比例最高，中国则是被引频次≥100 的论文比例最少的国家。

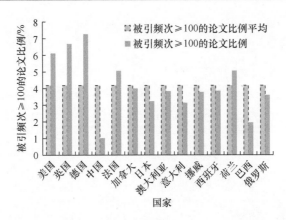

图 6-6 主要国家深海油气资源发文被引频次≥100 的论文比例情况

综合上述比较，主要国家在深海油气资源研究中在发文量及影响力均占优势的为美国、德国、英国、法国和荷兰。中国虽然在深海油气资源研究中论文总数位于前四名，但是其论文超过一半以上为 2012～2014 年发文，其论文的影响力远低于其他国家。

图 6-7 为深海油气资源研究主要国家之间的合作情况，圆圈代表不同的国家，连线的粗细代表国家的合作强度，连线越粗合作的次数就越多。图中显示，美国与其他国家的合作强度最为密切，其主要的合作国家为德国、中国、澳大利亚和英国；其次为德国，其与主要国家的合作强度也是相对较强的，主要合作国家为英国、美国和法国；澳大利亚、中国、加拿大与美国的合作强度大。美国、德国、英国和法国在全球从事深海油气资源的研究中处于核心地位。

2. 主要机构

在机构发文量方面，加利福尼亚大学发文最多，为 222 篇，其次为路易斯安那州立大学、美国地质调查局、法国海洋开发研究院、美国国家海洋和大气管理局等机构，发文量均超过 110 篇。中国的机构中，中国科学院排在第 7 位，如图 6-8 所示。图中发文量显示出明显的三个梯队变化，加利福尼亚大学为第一梯队，路易斯安那州立大学～得克萨斯大学为第二梯队，其余为第三梯队。

表 6-6 列出了排名前十位机构的发文量、总被引频次、篇均被引频次、2012～2014 年发文占比、被引论文比例、被引频次≥50 的论文比例、被引频次≥100 的论文比例情况。从表中可以看到，加利福尼亚大学除去 2012～2014 年发文占比之外，其余各项指标均排名第一位。中国科学院 2012～2014 年发文占比排名第一。

为了更深入了解各主要研究机构在深海油气资源研究方面的影响力，从主要机构所发表的热液研究论文的总被引频次、篇均被引频次、高被引论文比例等方面进行了分析，见表 6-6。图 6-9 为篇均被引频次与被引频次≥50 的论文比例情况，从图中可以看出，除法国海洋开发研究院之外，其他各机构在引文变化上基本一致。加利福尼亚大学、美国地质调查局、法国海洋开发研究院以及得州农工大学其篇均被引频次均在篇均被引频次均值之上。路易斯安那州立大学、中国科学院和俄罗斯科学院的篇均被引频次在篇均被引频次的均值之下。

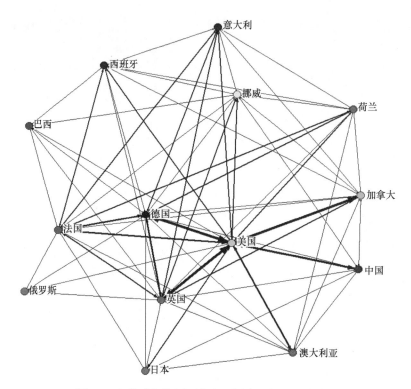

图 6-7　深海油气资源研究主要国家之间的合作情况

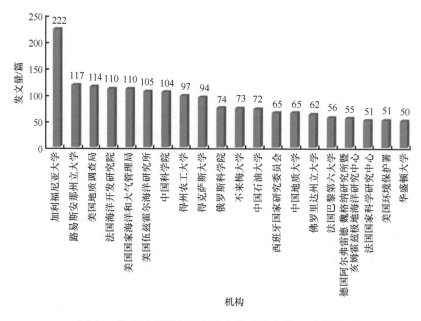

图 6-8　深海油气资源研究论文发表最多的 20 个机构

表 6-6　排名前十位机构的发文及论文影响力指标

排名	机构	发文量/篇	总被引/次	篇均被引/（次/篇）	2012～2014年发文占比/%	被引论文比例/%	被引频次≥50的论文比例/%	被引频次≥100的论文比例/%
1	加利福尼亚大学	222	9208	41.48	32.16	94.14	25.23	9.91
2	路易斯安那州立大学	117	2073	17.72	44.74	87.18	7.69	1.71
3	美国地质调查局	114	3125	27.41	26.55	93.86	16.67	4.39
4	法国海洋开发研究院	110	2637	23.97	24.07	90.9	22.72	5.45
5	美国国家海洋和大气管理局	110	2786	25.33	33.33	90	11.82	4.54
6	美国伍兹霍尔海洋研究所	105	3188	30.36	36.19	90.48	16.19	6.67
7	中国科学院	104	920	8.85	45.1	79.81	0.96	0
8	得州农工大学	97	2810	28.97	29.9	90.72	17.53	6.19
9	得克萨斯大学	94	2380	25.32	36.96	89.36	9.57	5.32
10	俄罗斯科学院	74	876	11.84	17.57	83.78	4.05	1.35

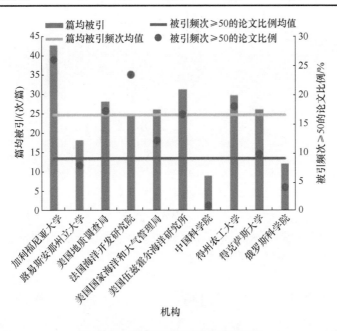

图 6-9　主要机构的发文影响力变化

图 6-10 采用 TDA 软件中的聚类图工具——Aduna 成图工具直观显示了深海油气资源研究前 10 位机构间的合作关系，每一个点代表一篇文献。图中展现的主要机构中加利福尼亚大学的发文数最多；从机构间的合作关系看，深海油气资源研究主要机构的合作极为密切，尤其是加利福尼亚大学、美国国家海洋和大气管理局。

3. 主要资助机构

从深海油气研究的资金资助渠道来看（资助发文量在 20 篇以上），美国国家科学基金会（NSF）是全球最大的深海油气研究资助机构，所资助发表的论文数量远远领先于

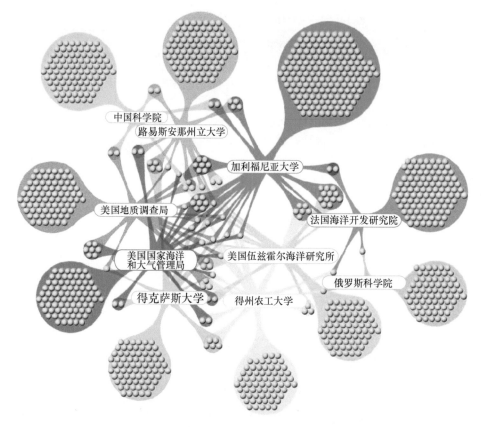

图 6-10　深海油气资源研究前 10 位机构间的合作关系

其他资助机构。其次为中国国家自然科学基金委员会、英国/石油墨西哥研究计划、美国国家海洋和大气管理局等机构资助也较为突出，如图 6-11 所示。其中，中国国家自然科学基金委员会和中国国家重点基础研究发展计划、中国国家科技重大专项是中国在深海油气资源研究领域发文量最多的资助机构。

6.3.3　从文献计量角度看研究热点变化

1. 研究热点分析

深海油气资源研究涉及的相关研究学科较多，大概为 WOS 数据库学科分类中的 100多个学科领域。其中，最主要的文章集中在环境科学和地球科学，其发文量均超过和接近 1000 篇；其次为海洋及淡水生物学和海洋地理学，这两个学科的发文量均在 600 篇以上。载文数量在前 10 的学科领域还有地球化学及地球物理学、生态学、能源与燃料、毒理学、工程与油气、环境工程学等领域，如图 6-12 所示。

图 6-13 为主要学科的年度发文量按学科领域的占比分布情况。可以看出，2000～2014 年，深海油气资源研究论文的学科分布变化不是很明显，也就是说，在这期间深海油气资源研究涉及的学科领域均衡发展。相对来说，较为明显增长的学科领域为环境科

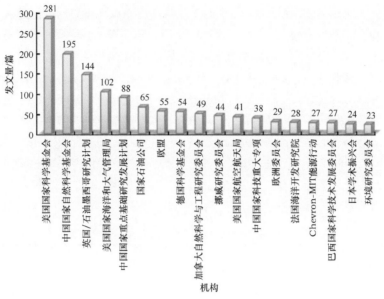

图 6-11 深海油气资源研究主要资助机构

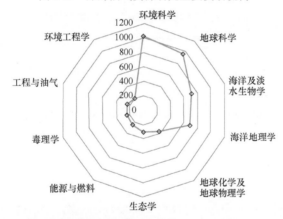

图 6-12 深海油气资源研究涉及的主要学科领域

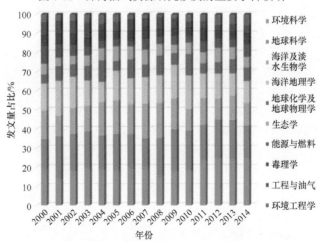

图 6-13 主要学科的年度发文量按学科领域的分布情况

学领域和环境工程学领域。图 6-13 显示的年度学科分布以环境科学、地球科学、海洋及淡水生物学和海洋地理学领域为主，与图 6-12 所有年份前 10 个学科分布相似，也印证了 2000~2014 年深海油气资源研究的学科领域均衡分布是一致的。

从论文发表期刊来看，深海油气资源研究论文主要发表的期刊为：*Marine Pollution Bulletin*、*Marine and Petroleum Geology*、*Environmental Science and Technology*、*Environmental Toxicology and Chemistry*、*Marine Ecology Progress Series*、*Marine Geology*、*PLoS One*、*Aapg Bulletin*、*Deep Sea Research Part I: Oceanographic Research Papers*、*Earth and Planetary Science Letters*。总体来看，研究论文的发表期刊学科相对集中，但是也涉及多个领域，主要为海洋污染、海洋油气地质、环境化学、海洋生态等，这也反映出深海油气资源研究具备多学科特征，见表 6-7。

表 6-7　深海油气资源研究主要发文期刊分布

序号	刊名	记录数
1	*Marine Pollution Bulletin*	200
2	*Marine and Petroleum Geology*	162
3	*Environmental Science and Technology*	158
4	*Environmental Toxicology and Chemistry*	141
5	*Marine Ecology Progress Series*	91
6	*Marine Geology*	83
7	*PLoS One*	68
8	*Aapg Bulletin*	64
9	*Deep Sea Research Part I: Oceanographic Research Papers*	61
10	*Earth and Planetary Science Letters*	59

2. 热点变化

从有效关键词统计来看，碳氢化合物、沉积物、天然气水合物、石油泄漏、墨西哥湾等是出现频次最高的关键词。其中，对碳氢化合物的研究出现频次最高，达 282 次。对深海油气资源的研究主要还是集中在墨西哥湾沿岸，环境的影响方面，主要包括环境污染和环境毒理学对生物系统的影响（表 6-8）。

表 6-8　主要关键词分布情况

序号	关键词（英文）	关键词（中文）	出现频次
1	hydrocarbons	碳氢化合物	282
2	sediment	沉积物	208
3	gas hydrate	天然气水合物	186
4	oil spill	石油泄漏	171
5	Gulf of Mexico	墨西哥湾	125
6	methane	甲烷	92
7	bioaccumulation	生物体内积累	83
8	cold-seep ecosystem	冷泉系统	79

续表

序号	关键词（英文）	关键词（中文）	出现频次
9	toxicology	毒理学相关	74
10	carbonate system dynamics model	碳酸盐岩系统	71
11	polychlorinated biphenyls（PCBs）	多氯联苯	63
12	biomarkers	生物指标	61
13	stable isotopes	稳定同位素	61
14	hydrothermal vents	热液喷口	56
15	pollution	污染	54
16	benthos	海底生物	53
17	turbidites	软泥浊流层	52
18	bioavailability	生物利用度	49

图 6-14 给出了关键词的年度出现数量情况，从图中可以看到，随着年代的增加关键词出现的数量也呈现上升的趋势变化，且表现为两阶段变化特征，尤其是 2010～2014 年深海油气资源相关的研究关键词呈现直线增加的趋势。通过主要关键词的年度分布变化分析，深海油气资源研究的关键词主要集中在油气泄漏、天然气、碳水化合物、墨西哥湾、沉积物、冷泉生态系统、稳定同位素、生物退化、甲烷等方面。

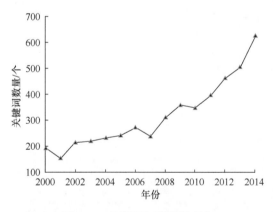

图 6-14　关键词年度数量变化

表 6-9 列出了 2012～2014 年新出现的词汇和 2012～2014 年不再出现的词汇，从文章中关键词的变化可以看出，2012～2014 年的研究集中在深海盆地以及深海盆地地区的漏油事件造成的环境污染研究中。在 2012～2014 年没有再出现，且之前研究中使用频次较高的词汇为侏罗纪、中新世、深海生物的研究以及藻类的化学作用研究。

表 6-9　2012～2014 年词汇变化

2012～2014 年首次出现的词汇	中文解释	2012～2014 年不再出现的词汇	中文解释
gene expression	基因表达	macrobenthos	大型底栖生物
photochemistry	光化学	New Zealand	新西兰
steel catenary riser	钢悬链线立管	diversity	多样性
Mahanadi basin	马哈纳迪盆地	Miocene	中新世

2012~2014 年首次出现的词汇	中文解释	2012~2014 年不再出现的词汇	中文解释
photooxidation	感光氧化	Jurassic	侏罗纪
robotics	机器人	organochlorines	有机氯
central canyon	中央峡谷	Lumbriculus variegatus	一种水生动物
sedimentary model	沉积模型	algae	藻类
thermodynamics	热力学	chemosynthesis	化学合成
deepwater horizon spill	深海漏油事件	Amphipods	端足类
DWH oil spill	深海漏油事件	black carbon	黑炭
octocoral	珊瑚	respiration	呼吸作用
menhaden	鱼种	lipids	液体
CH_4	甲烷	continental shelf	大陆架
deep-water basins	深海盆地	isotopes	同位素

3. 高被引论文分析

根据对应领域和出版年中的高引用阈值，到 2017 年 2 月为止，高被引论文被引用的次数已将其归入地学（geosciences）学术领域同一出版年最优秀的前 1%的行列。高被引论文数量能够从侧面反映该领域具有国际影响力的论文水平。共得到深海油气资源领域高被引论文 30 篇，如表 6-10 所示。其中高被引论文主要集中在 2006 年、2008 年、2009 年和 2010~2014 年，2006 年有 2 篇，2008~2009 有 2 篇，2010 年有 5 篇，2011 年有 5 篇，2012 年有 8 篇，2013 年有 1 篇，2014 年有 7 篇。

表 6-10　高被引论文列表

论文题目	期刊	年	卷期	被引次数
Fallout plume of submerged oil from Deepwater Horizon	*Proceedings of the National Academy of Sciences of the United States of America*	2014	111（45）	50
Submesoscale dispersion in the vicinity of the Deepwater Horizon spill	*Proceedings of the National Academy of Sciences of the United States of America*	2014	111（35）	52
Metagenomics reveals sediment microbial community response to Deepwater Horizon oil spill	*Isme Journal*	2014	8（7）	53
Deepwater Horizon crude oil impacts the developing hearts of large predatory pelagic fish	*Proceedings of the National Academy of Sciences of the United States of America*	2014	111（15）	70
Shale gas potential of the major marine shale formations in the Upper Yangtze Platform，South China，Part III：mineralogical，lithofacial，petrophysical，and rock mechanical properties	*Energy and Fuels*	2014	28（4）	35
A review of oil，dispersed oil and sediment interactions in the aquatic environment: Influence on the fate，transport and remediation of oil spills	*Marine Pollution Bulletin*	2014	79（1-2）	54
Crude oil impairs cardiac excitation-contraction coupling in fish	*Science*	2014	343（6172）	63
Extent and degree of shoreline oiling：Deepwater Horizon Oil Spill，Gulf of Mexico，USA	*PLoS One*	2013	8（6）	77

续表

论文题目	期刊	年	卷期	被引次数
Composition and fate of gas and oil released to the water column during the Deepwater Horizon oil spill	*Proceedings of the National Academy of Sciences of the United States of America*	2012	109（50）	183
Chemical data quantify Deepwater Horizon hydrocarbon flow rate and environmental distribution	*Proceedings of the National Academy of Sciences of the United States of America*	2012	109（50）	86
Genomic and physiological footprint of the Deepwater Horizon oil spill on resident marsh fishes	*Proceedings of the National Academy of Sciences of the United States of America*	2012	109（50）	83
Impact of the Deepwater Horizon oil spill on a deep-water coral community in the Gulf of Mexico	*Proceedings of the National Academy of Sciences of the United States of America*	2012	109（50）	113
Metagenome，metatranscriptome and single-cell sequencing reveal microbial response to Deepwater Horizon oil spill	*Isme Journal*	2012	6（9）	174
Degradation and resilience in Louisiana salt marshes after the BP-Deepwater Horizon oil spill	*Proceedings of the National Academy of Sciences of the United States of America*	2012	109（28）	104
Impact of the deepwater horizon oil spill on bioavailable polycyclic aromatic hydrocarbons in Gulf of Mexico Coastal Waters	*Environmental Science and Technology*	2012	46（4）	112
Microbial gene functions enriched in the Deepwater Horizon deep-sea oil plume	*Isme Journal*	2012	6（2）	109
Hydrocarbon-degrading bacteria and the bacterial community response in Gulf of Mexico Beach Sands Impacted by the Deepwater Horizon Oil Spill	*Applied and Environmental Microbiology*	2011	77（22）	210
Oil biodegradation and bioremediation：a tale of the two worst spills in US history	*Environmental Science and Technology*	2011	45（16）	189
Fate of dispersants associated with the deepwater horizon oil spill	*Environmental Science and Technology*	2011	45（4）	235
A persistent oxygen anomaly reveals the fate of spilled methane in the Deep Gulf of Mexico	*Science*	2011	331（6015）	202
Earth's energy imbalance and implications	*Atmospheric Chemistry and Physics*	2011	11（24）	165
Tracking hydrocarbon plume transport and biodegradation at deepwater horizon	*Science*	2010	330（6001）	336
Deep-sea oil plume enriches indigenous oil-degrading bacteria	*Science*	2010	330（6001）	454
Propane respiration jump-starts microbial response to a deep oil spill	*Science*	2010	330（6001）	197
Methanotrophs and copper	*Fems Microbiology Reviews*	2010	34（4）	220
Review：In situ and bioremediation of organic pollutants in aquatic sediments	*Journal of Hazardous Materials*	2010	177（1-3）	123
The ethylene response factors SNORKEL1 and SNORKEL2 allow rice to adapt to deep water	*Nature*	2009	460（7258）	276
A simple and efficient method for the solid-phase extraction of dissolved organic matter（SPE-DOM）from seawater	*Limnology and Oceanography-Methods*	2008	6	241
Novel microbial communities of the Haakon Mosby mud volcano and their role as a methane sink	*Nature*	2006	443（7113）	257
Biogeographical distribution and diversity of microbes in methane hydrate-bearing deep marine sediments，on the Pacific Ocean Margin	*Proceedings of the National Academy of Sciences of the United States of America*	2006	103（8）	332

6.4　深海油气资源研究主要内容

6.4.1　全球海洋油气资源储量研究

1980 年以后，日、美、英、法、德等海洋强国纷纷制定了海洋经济发展规划，海洋油气业作为技术含量及经济效益高的海洋支柱产业，其重要性得到了很大程度的体现。从国际上看，目前从水面到海床垂直距离达 500m 以上的为深水，1500m 水深以上为超深海。由于深海地质条件复杂，油气勘探开发技术难度和投入呈几何倍数增长，此前全球深海油气勘探一直为少数国际大石油公司垄断。

美国、挪威等国的海洋油气勘探技术相对成熟，西非、巴西和墨西哥湾三大海域仍然是世界海洋油气勘探的主要区域（江怀友等，2008）。科学家通过对 25 448 个油气田（包括海域 6005 个油气田）的统计发现，至 2009 年 8 月海域油气储量占全球储量中，浅水陆架油气储量占到 90%，深海仅占 10%（江文荣等，2010）。

进入 21 世纪，海洋勘探由浅层向深层、由盐上向盐下、由浅水向深海转移；三维地震大面积、深海钻井新技术广泛使用，深海勘探水域不断加深；2005~2014 年深海储量增长最快；近几年勘探开始关注北极地区，因为那里蕴藏着更丰富的油气资源。早先海洋油气田开发在近岸浅水，并逐渐向深水推进；早期以大规模的油气藏开发为主，随着钻探丛式井、大位移水平井的应用，大大降低了钻探成本，使得开发的油气藏越来越小、水深度越来越大、开发周期越来越短（江文荣等，2010）。

近 10 年发现的储量超过 1×10^8t 的大型油气田中，海洋油气占到 60%，其中一半分布于水深超过 500m 的深海区域（胡文瑞等，2013）。据雪佛隆-德士古公司估计，截至 2012 年全球深海储量占全球储量的 7%，2017 年占到 10%。2013 年全球深海油气产量超过 5 亿吨油当量，占全球海上油气产量的 20% 以上，预计到 2025 年这一比例将提升到 30% 以上（余本善和孙乃达，2015）。

在中国油气对外依存度不断提高的背景下，叩开深海油气资源的"大门"，成为立足国内寻求油气资源的重要战略选择。勘探结果已经表明，我国南海的油气资源丰富，约占中国油气资源总量的 1/3，其中 70% 都储藏在深海区域。

6.4.2　全球海洋油气资源分布研究

大陆架浅水海域的海洋油气资源约占世界海洋油气总量的 60%，深海及超深海油气资源量占比 40%。从区域分布来看，海洋油气资源主要分布在巴西东南近海、墨西哥湾、西非几内亚近海、委内瑞拉近海、埃及尼罗河三角洲海域、北海俄罗斯巴伦支海、滨里海、波斯湾、俄罗斯西西伯利亚喀拉海海域、东南亚海域和澳大利亚西北大陆架等 12 个区域（闫伟，2014）。其中，墨西哥湾、西非海域和巴西被称为深海油气开发的金三角区域，此外，中东、东南亚和北海也有较丰富的储量。图 6-15 为 2006~2010 年全球

主要深海油气区域产量占比。其中，西非、北美（墨西哥湾）和拉美（巴西）等为主要
的深海油气区域。

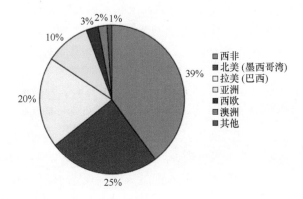

图 6-15　2006～2010 年全球主要深海油气区域产量占比

第六届国际石油技术大会报道的研究基本是关于自深层、深海和天然气水合物的
（王毓俊，2014）。余本善和孙乃达（2015）对美国地质调查局、美国能源信息署、国际
能源机构等的研究资料进行了分析，认为深海油气资源目前已经有 60 多个国家在进行
勘探开发活动，目前深海作业深度已经达到 2934m，在建的深海作业的最大额定已经达
到 4000m，随着装备技术的提高，未来深海作业深度将会不断向更深海洋进军。在深海
油气勘探开发的金三角区域（墨西哥湾、巴西海域和西非临海），集中了约 70%的深海
勘探开发活动。

6.4.3　全球海洋油气资源开发研究

国际海洋油气资源开发始于 20 世纪 40 年代，自 20 世纪 60 年代大范围开发以来，
其趋势主要表现为：海洋油气产量比同期大陆油气产量的增长速度快；未来，海洋油气
开发将会是主要的油气来源。随着深海油气资源勘探的深入，深海的油气产量将会成为
国家油气资源的主要贡献力量，海洋油气勘探将向大陆架及深海区延展，未来深海油气
生产规模将扩大，深海油气的产量会不断增加。

目前从事海上石油天然气勘探和开发的国家超过 100 个，海上油气田超过 2200 个，
全球海上油气田的产量和储量也不断增加（余本善和孙乃达，2015；闫伟，2014）。海
洋油气资源主要分布在大陆架，其面积约为 $2700 \times 10^4 km^2$，占全球海洋油气资源的 60%，
但大陆坡的深海、超深海海域的油气资源潜力可观，约占 30%。

全球深海富油盆地群主要沿大西洋呈南北向展布，深海富气盆地群主要沿特提斯呈
东西向展布。深海油气区主要为美国的墨西哥湾、巴西、西非区域，但是近年来随着其
他区域对深海油气资源的勘探，发现在东非及东地中海等也有超大深海油气田涌现，受
到跨国油气大企业的关注，其成为深海油气开发投资的热点（闫伟，2014）。据美国地
质调查局统计，富油盆地以巴西东部的坎波斯盆地和桑托斯盆地资源最为丰富；西非深
海盆地已探明油气储量达 $166.478 \times 10^8 m^3$ 油当量；墨西哥湾盆地也是世界上主要深海富

油盆地之一，2000 年其深海产油气的量已经超过浅海（牛华伟等，2012）。未来 10 年勘探开发水域从近海向远海拓展，作业水深纪录将突破 4000m，甚至有望突破 5000m（吕建中等，2015）。有研究对全球海洋资源的开发和发展趋势进行了综述，认为随着科技的不断进步和涉海经济的发展，海底区域的开发将会日趋增多，未来勘探开发深海将成为主要活动，对海洋中天然气水合物的调查也将会逐步转向对资源的开发和利用（李军和袁伶俐，2013）。

中国海洋勘探从 20 世纪 80 年代起步，经历了由浅海向深海的发展历程。2006 年的珠江口深海区钻探表明中国深海是重要的油气储藏区域（王毓俊，2014）。未来 10 年，中国将开发领海区域油气资源，将会从浅海向深海和超深水发展，目前的主要攻关对象是 500m 以深的深海、超深海（胡文瑞等，2013）。也有学者对中国深海油气勘探存在的科技问题进行了剖析，认为我国虽然深海油气丰富，但是对深部地质地球物理资料和油气地质评价的缺乏限制了深海油气的勘探开发（李颖虹和任小波，2011），指出我国深海油气勘探开发的六大科技问题，同时提出 5 条深海油气勘探开发的科技发展对策。

6.4.4　海洋油气勘探开发技术和装备研究

海洋油气开发深海化发展趋势对勘探开发技术和装备提出了更高的要求。目前，美国是深海油气勘探开发领域技术领先的国家，拥有占世界七成的深海钻井装置；日本、英国、挪威、法国、德国、瑞士等发达国家在钻井设备制造、海上铺管技术等方面实力突出；巴西目前在深海及超深海油气勘探开发领域也达到了世界先进水平。深海油气开发需要大量的资金投入，2012 年世界（美、加、中除外）海洋钻井投资共计约 900 亿美元，是全世界钻井总投资的 61%，估计到 2018 年海洋钻井投资将高达 1600 亿美元，比重进一步上升。深海油气开采的基础设施有地面井、水下井、平台、管线、海底硬件设备等，其中水下井投资费用最高，约为 35%，其次是管线和平台（蔡黄河和彭振斌，2014）。

吕建中等（2015）对深海勘探开发技术现状与趋势进行了分析，认为除了涉及资金量巨大、对项目运作管理要求高等挑战外，深海油气勘探开发面临五大技术挑战——自然及气候条件、水深、低温、浅层地质灾害、作业安全等风险，并归纳总结出创新技术在深海自动化、海底化、多功能化和革新性方面取得的进展。莫杰等综述了美国、日本、巴西、俄罗斯、欧洲各国、韩国和中国在深海技术领域研发的主要成果。他认为美国是最早进行深海钻探和开发的国家，20 世纪 60 年代美国的三大海洋研究所和迈阿密大学提出深海钻探计划（1968～1983 年）；而后开始的大洋钻探计划中，美国因其技术的先进性，具有领导地位，其领先于世界的技术为深海科学观测光缆，2010 年美国研制的深潜水系统的光缆作业深度可达 9km。日本的深海技术主要表现为深潜技术和运载系统方面，其深海钻探船技术居世界领先地位，如日本的地球号深海钻探船可进行地形、地质和资源探测。巴西拥有一流的深海油气勘探技术，可以对大部分陆坡地区进行深海油气勘探开发（莫杰和肖菲，2012）。巴西国家石油公司在深海及超深海的勘探开发方面具有世界顶尖技术，油气勘探深度已经超过 3km，该公司于 20 世纪 80 年代首次推出深海石油发展计划，21 世纪该公司推出的新型海底原油开发技术可以使深海油气开采量提高约 140%。2015 年的报告《深海油气资源钻探与开发装备发展现状及对策（2014～2015)》中指出，国外主流的深海钻采设备已经发展到第六代半潜式钻井平台和钻井船，我国与国外相比还存在技术水平落后、关键装备国产化程度低、自主设计研发能力薄弱等问题（李彬和孔腾淇，2015；齐晓，2015)。孙宝江等（2011）分析了国内外深海油气钻井技术（深海双梯度钻井技术、深海浅层钻井技术、深海钻井水合物预测及抑制技术、深海钻井液及固井水泥浆技术)，阐述了深水钻井技术面临的挑战（水深、风浪、低温带、水合物和深海钻井地质灾害)，并对关键装备（钻井船、半潜式钻井平台，深海钻机系统，动力定位系统，隔水管系统，水下井口和防喷器组合）的发展状况进行了剖析。深海油气开发是一项庞大的系统工程，深海油气钻井技术和装备直接决定着海洋油气资源开发水平，其是成功开发深海油气资源的关键。

6.5　对我国油气研发的启示

海洋装备具有技术门槛高、资金密集度高、国际化程度高等基本特点，是高科技、高投入、高风险、高回报产品，是高端制造业的典型代表。美国在海洋油气勘探开发领域一直保持着领先地位，美国主要通过具有雄厚资金和技术实力的跨国石油公司在海洋油气开发领域与产油国进行国际合作，主要方式是兼并、联合和收购。日本的海洋油气资源储量少，本国的海洋油气开发力度并不大，基本依赖于油气进口，但日本海洋油气勘探开发技术却具有世界先进水平，其策略是输出技术换取油气进口；日本在非常规开发、钻井技术、油气藏描述等领域具备技术优势，日本非常重视与资源国进行国际合作，以海外并购等方式获取海外海洋油气资源的开采权，形成了以技术开发为主强化与资源国战略合作为特色的海洋油气产业，在保障本国油气供应充足的同时在世界海洋油气市场中占据了优势地位。英国海洋油气资源的开发主要集中于北海海域，显著特点是开发力度逐年加大，同时加强了海洋技术在海洋油气开发中的支柱作用。同美国一样，英国海洋油气产业发展以英国石油公司等大石油公司为前导，海洋科技为后盾，在非洲、南美、亚洲和里海等新开发地区积极开展国际合作。我国的深海区资源丰富，潜力很大，然而由于技术、资金等，勘探程度很低。但近几年来，我国无论是深海的油气发现，或是深海勘探装备和技术，都取得了重要进展。加快深海油气勘探的步伐，对保障我国能源安全具有重要的战略意义（牛华伟等，2012)。

经过几十年的发展，深海油气资源的勘探开发技术已经略有成熟，当下，深海探井的纪录也都已经超过了 3000m。目前投入开发的油气田其深度也都已经接近 3000m。随着勘探技术的不断提高，以及国际合作的增强，海洋油气勘探开发还会向更深的领域进军。尽管深海油气勘探已经展现出美好的前景，但是还需要进一步加强以下几个方面的工作。

（1）提高深海油气勘探技术。

快速发展的经济对油气资源有着巨大的需求量，发展油气产业关乎国家能源安全和经济的可持续性增长，加快海洋油气开发已经成为各国能源战略中相当重要的一环。尽管海洋油气资源蕴藏量非常可观，但海洋深海油气业产业水平仍较低，存在勘探开发技术落后等问题。进行海洋石油合作活动能够促进其勘探开发技术的进步，并且有利于实现海洋工程装备的现代化（侯贵卿和孙萍，1997）。应鼓励并支持一些有实力的公司介入国际深海项目，加强深海关键装备的研发、设计和制造，加强重大海工装备的研发设计。

（2）加强国际交流，建立跨国合作模式。

深海油气资源的开发，主要依靠深海油气勘探开发技术的提高。随着技术的发展，海洋油气勘探开发还会向更深的领域进军。深海技术装备需要不断向自动化、海底化、多功能化方向发展，深海勘探开发的适应能力、经济性和安全性急需增强。深海油气勘探技术创新，颠覆了传统的开发方式，降低了深海油气勘探开发的成本和风险，推动了陆上油气勘探开发技术的突破和飞跃。加快深海油气勘探的步伐，将会对保障国家能源安全产生重要而深远的意义。海洋油气开发受技术、资金、风险要素制约，跨国油气公司战略联盟合作模式成为趋势。全球深海油气勘探开发总投资规模不断扩大，选择适当的海洋油气开发国际合作模式，对内可以增强对本国海域油气资源的保护，对外可以促进海洋油气企业制定正确的长期海外发展战略，积极推动各国海洋油气产业向前发展。

（3）深海油气开发成本及环境风险高，需要采取灵活共赢方式进行开采。

海上寻找油气本身风险高，其资源勘探活动也需要付出巨额资本，一般是陆地油气开发成本的 5 倍以上。海上油气开采易发生漏油事件，海上漏油容易给环境造成污染，并且长时间难以消除，如墨西哥湾漏油事件。我国深海油气勘探开发也将会向深水挺进，这亟须完善海上石油勘探规划，促进深海装备制造技术的提高。实现自主经营的同时，需要灵活采取合作共赢方式，吸纳国际先进石油公司参与开发。

参 考 文 献

蔡黄河, 彭振斌. 2014. 海洋油气钻探及其相关应用技术的发展与展望. 科技视界, 33: 5-6.

侯贵卿, 孙萍. 1997. 世界海洋油气勘探开发形势评述. 海洋地质动态, 4: 1-3.

胡文瑞, 鲍敬伟, 胡滨. 2013. 全球油气勘探进展与趋势. 石油勘探与开发, 4: 409-413.

江怀友, 赵文智, 闫存章, 等. 2008. 世界海洋油气资源与勘探模式概述. 海相油气地质, 3: 5-10.

江文荣, 周雯雯, 贾怀存. 2010. 世界海洋油气资源勘探潜力及利用前景. 天然气地球科学, 6: 989-995.

李彬, 孔腾淇. 2015. 深海油气资源钻探与开发装备发展现状及对策(2014~2015). 世界制造业发展报告.

李国军. 2015. 中国海洋科技发展报告. 海洋社会蓝皮书.

李军, 袁伶俐. 2013. 全球海洋资源开发现状和趋势综述. 国土资源情报, 12: 13-16.

李颖虹, 任小波. 2011. 我国深水油气勘探领域主要科技问题与发展对策. 中国科学院院刊, 1: 75-79.

吕建中, 郭晓霞, 杨金华. 2015. 深水油气勘探开发技术发展现状与趋势石油钻采工艺, 37(1): 13-18.

莫杰, 肖菲. 2012. 世界深海技术的发展. 海洋地质前沿, 6: 65-70.

牛华伟, 郑军, 曾广东. 2012. 深水油气勘探开发——进展及启示. 海洋石油, 4: 1-6.

齐晓. 2015. 世界主要国家关于深海资源的探索实践. 环渤海经济瞭望, 2: 57-59.

孙宝江, 曹式敬, 李昊, 等. 2011. 深水钻井技术装备现状及发展趋势. 石油钻探技术, 2: 8-15.

王毓俊. 2014. 我国深海油气勘探开发现状及展望//中国石油和石化工程研究会. LNG 绿色船舶和 LNG 船舶与海洋工程技术创新发展交流会论文集. 北京: 中国石油和石化工程研究会.

闫伟. 2014. 我国海洋油气企业的国际竞争优势及合作模式选择研究. 青岛: 中国海洋大学硕士学位论文.

余本善, 孙乃达. 2015. 全球待发现油气资源分布及启示. 中国矿业, S1: 22-27.

International Energy Agency. 2008. World Energy Outlook 2008, Part B: Oil and Gas Production Prospects. Paris: International Energy Agency.

第7章 深海矿产资源研究国际态势分析

深海矿产资源主要是指分布在深海和大洋底部的矿产资源，目前已经探明的包括金属结核、结壳、热液矿床和天然气水合物、深海磷钙土和深海多金属硫化物矿等，西方海洋国家从20世纪50年代末开始投资进行海洋资源调查活动，并于70年代进行了采矿系统的海上试验，基本完成了开采前的技术储备，预计于2020年后实现规模化开采。

以SCIE数据库为基础，采用文献计量的方法对国际深海矿产资源研究文献的年代、国家、研究机构以及研究热点分布等进行了分析。发文量较多的国家分别为美国、德国、中国、英国和加拿大。发文量最多的研究机构是印度国家海洋局，其次为美国地质调查局；中国科学院在发文量上位居全球第六位。从篇均被引频次来看，最高的是牛津大学，其次为美国地质调查局、苏黎世联邦理工学院。从国家合作关系看，中国主要是与美国、加拿大、日本、德国和英国开展合作研究。

从深水矿产资源研究相关论文中提取出的主要关键词看，研究区域主要集中在大西洋、太平洋和印度洋，研究领域为铁锰结核、热液、多金属硫化物，以及深海矿产资源开采对古海洋生态、生物、微生物的影响研究。

7.1 引　　言

深海一般是指大陆架或大陆边缘以外的海域，深海约占海洋面积的92.4%和地球面积的65.4%。尽管深海蕴藏着极为丰富的海底资源，但由于开发难度大，目前基本上还没有得到大规模开发。深海矿产资源除海洋油气资源和海滨矿砂外，海底目前已知有商业开采价值的还有多金属结核、富钴结壳和多金属硫化物等金属矿产资源。这些矿物中富含镍、钴、铜、锰及金、银金属等，总储量分别高出陆上相应储量的几十倍到几千倍（刘少军等，2014）。

随着陆地金属矿产资源的日益枯竭，海洋固体矿产资源已成为世界各国关注的对象。西方海洋国家从20世纪50年代末开始投资进行海洋资源调查活动，抢先占有颇具商业远景的多金属结核富矿区，并于70年代进行了采矿系统的海上试验，基本完成了开采前的技术储备。作为扩大人类生存资源储备的重要资源，发现深海矿产资源并开发成为整个人类生存的一项深远意义的战略行动。目前已经探明的深海矿产资源主要是指分布在深海和大洋底部的矿产资源，主要包括金属结核、结壳、热液矿床和天然气水合物、深海磷钙土和深海多金属硫化物矿等。但是，由于深海矿产资源的矿区基本位于国际海域的海底，它的开发活动必须经过国际海底管理局的同意和批准方可生效与合法。

人类对深海的探索和研究相对于探索地球表面来说才刚刚开始，一方面，深海底的巨大水压力、海水中电磁波传播的严重衰减、海洋的风浪流复杂流场等，使海洋矿产资源开发面临极为严峻恶劣的超常极端环境；另一方面，深海矿产资源的特殊赋存状态、深海采矿的特殊环境保护要求也使得深海矿产资源的开采原理、工艺和装备不能直接采用陆地上已发展成熟的采矿技术。随着人类新需求的出现和科学技术的进步，人类对深海的不断探索，还会在深海海底发现更多新的矿产、新的资源。人类对大洋多金属结核、富钴结壳、海底多金属硫化物及磷钙土的大规模开发利用估计到 2020 年左右才能实现。深海矿产资源开发过程中，在促进国家经济发展的同时，也会对海洋的环境造成严重的污染，会造成海洋水体富营养化、影响生物多样性，因此在海洋开发过程中需要注意环境影响评价（黄裕安，2015）。本章未将油气资源统计在深海矿产资源的研究范畴中，深海油气资源在第 6 章中已做过分析。

7.2　深海矿产资源分类

7.2.1　多金属结核矿

多金属结核矿是一种富含铁、锰、铜、钴、镍和钼等金属的大洋海底自生沉积物，呈结核状，主要分布在水深 4000m 大洋海底的平坦洋底，颜色为棕黑色，其大小一般为3～6cm，径向长度一般为毫米至几十厘米，有时可达 1m 以上；重量从几克到几百克、几千克，甚至几百千克不等。金属结核中的元素多为工业上所必需的金属。有些稀有元素具有放射性，其含量也挺高，如铍、铈、锗、铌、铀、镭和钍的浓度多为海水中浓度的上千倍以上，这些多金属结核矿为深海重要的矿产资源。

7.2.2　富钴结壳矿

富钴结壳矿是生长在海底岩石或岩屑表面的一种结壳状自生沉积物，主要由铁锰氧化物组成，富含锰、铜、铅、锌、镍、钴、铂及稀土元素，其中钴的平均品位高达 0.8%～1.0%，是大洋锰结核中钴含量的 4 倍。金属壳厚平均 2cm，最大厚度可达 20cm。结壳主要分布在水深 800～3000m 的海山、海台及海岭的顶部或上部斜坡上。1994 年成立以来，国际海底管理局相继就区域内多金属结核、多金属硫化物和富钴结壳 3 种主要矿产资源的勘探活动做出了规定。此前，中国已于 2001 年在东北太平洋获得多金属结核矿区勘探权，2011 年又获得西南印度洋多金属硫化物矿区专属勘探权。主要生长期可能是10Ma 前和 16～19Ma 前的两个时代，生长速率为 27～48mm/Ma。

7.2.3　海底多金属硫化物矿床

海底多金属硫化物矿床是指海底热液作用下形成的富含铜、锰、锌等金属的火山沉积矿床，极具开采价值。按产状可分为两类：一类是呈土状产出的松散含金属沉积物，如红海的含金属沉积物（金属软泥）；另一类是固结的坚硬块状硫化物，与洋脊"黑烟筒"热液喷溢沉积作用有关，如东太平洋洋脊的块状硫化物。按化学成分可分为四类：第一类富含镉、铜和银，产于东太平洋加拉帕戈斯海岭；第二类富含银和锌，产于胡安·德富卡海岭和瓜亚马斯海盆；第三类富含铜和锌；第四类富含锌和金，与第三类同时产出。多金属硫化物也见于中国东海冲绳海槽轴部。海底多金属硫化物矿床与大洋锰结核或富钴结壳相比，具有水深较浅（从几百米到 2000m 左右）、矿体富集度大、矿化过程快，易于开采和冶炼等特点，所以更具现实经济意义。

7.2.4　磷　钙　土　矿

磷钙土是由磷灰石组成的海底自生沉积物，按产地可分为大陆边缘磷钙土和大洋磷钙土。它们呈层状、板状、贝壳状、团块状、结核状和碎砾状产出。磷钙土常伴有高含量的铀和稀土金属铈、镧等。据推算，海区磷钙土资源量有 3000 亿 t。

7.3　深海矿产资源分布

7.3.1　多金属结核矿

通过深海勘测，发现多金属结核在太平洋、大西洋、印度洋的许多海区均有分布，唯太平洋分布最广，储量最大，并呈带状分布。太平洋海区拥有东北太平洋海盆、中太平洋海盆、南太平洋、东南太平洋海盆等 4 个分区，在东北太平洋克利顿断裂带与克拉里昂断裂带之间的地区（CC 区）是最有远景的多金属结核富集区。其中，位于东北太平洋海盆内克拉里昂、克里帕顿断裂之间的 CC 区是多金属结核经济价值最高的区域。世界深海多金属结核资源极为丰富，远景储量约 3 万亿 t，仅太平洋的蕴藏量就达 1.5 万亿 t。我国科学家以结核丰度 10kg/m^2 和铜镍钴平均品位 2.5% 为边界条件，估计太平洋海域可采区面积约 425 万 km^2，资源总量为 425 亿 t。其中，含金属锰 86 亿 t，铜 3 亿 t，钴 0.6 亿 t，镍 3.9 亿 t，表明多金属结核的经济价值确实巨大。多金属结核矿每年还以 1000 万 t 的速度不断增加。无疑这些丰富的有用金属将是人类未来可利用的替代资源。

7.3.2　富钴结壳矿

根据调查结果，太平洋、大西洋和印度洋中都分布有大量的钴结壳矿藏，富钴结壳矿床潜在资源量可能达到 10 亿 t，钴金属含量达数百万吨。富钴结壳矿区富含的各类元素，有可能成为我国未来经济建设中的重要资源。富钴铁锰结壳氧化矿床遍布全球海洋，集中在海山、海脊和海台的斜坡和顶部。数百万年以来，海底洋流扫清了这些洋底的沉积物。

由于富钴结壳资源量大，潜在经济价值高，产出部位相对为浅，且其矿区分布大多落在 200 n mile[①] 的专属经济区范围之内，《联合国海洋法公约》规定沿海国家拥有开采

---

① 1 n mile=1.852km

权，在深海诸矿种之中它是法律上争议最少的一种矿种，因而它是当前世界各国大洋勘探开发的重点矿种。自 20 世纪以来，富钴结壳已引起世界各国的关注，德、美、日、俄等国纷纷投入巨资开展富钴结壳资源的勘查研究。目前工作比较多的地区是太平洋区的中太平洋山群、夏威夷海岭、莱恩海岭、天皇海岭、马绍尔海岭、马克萨斯海台以及南极海岭等。据估计，在太平洋地区专属经济区内，富钴结壳的潜在资源总量不少于 10 亿 t，钴资源量就有 600 万 t，镍 400 多万 t。在太平洋地区国际海域内，经俄罗斯对麦哲伦海山区开展调查，也发现了富钴结壳矿床，资源量也达数亿吨，还有近 2 亿 t 优质磷块岩矿床共生。我国南海也发现了富钴结壳。所发现的富钴结壳钴含量一般比大洋锰结核高出 3 倍左右，而镍是锰结核的 1/3，铜含量比较低，铂的含量很富，稀土元素含量也很高，都具有工业利用价值。

近年来，中国大洋矿产资源研究开发协会又开始在太平洋深海海域进行了面积近 10 万 km^2 的富钴结壳靶区的调查评价，其中有可能寻找到有商业开发潜力的区域，为华夏子孙在此领域里争占一席之地。

7.3.3　多金属硫化物

海底多金属硫化物属于海底热液矿床，多分布于大洋张性活动板块边界，其分布具有明显的规律性（栾锡武，2004；季敏和翟世奎，2005；夏建新和李畅，2007）；主要产于海底扩张中心地带，即大洋中脊、弧后盆地和岛弧地区，如东太平洋海隆、大西洋中脊、印度洋中脊、红海、北斐济海、马里亚纳海盆等地都有不同类型的热液多金属硫化物分布，表 7-1 为具有商业开采价值的硫化物矿床分布（姜秉国，2011）。富含金属的高温热水从海底喷出，在喷口四周沉淀下多金属氧化物和硫化物，堆砌成平台、小丘或烟囱状沉积柱。世界已有 70 多处发现有热液多金属硫化物产出，在东海冲绳海槽地区已发现 7 处热液多金属硫化物喷出场所。目前我国主要对海底热液多金属硫化物矿进行了实验性地勘察。

表 7-1　具有商业开采价值的硫化物矿床分布

矿床	位置	所属国家或地区
Atlantis II 海渊	红海	沙特阿拉伯/苏丹
Explorer Ridge	东北太平洋	加拿大
Lea 海盆	东北太平洋	加拿大
Middle Valley	西南太平洋	汤加
北 Fiji 海盆	西南太平洋	斐济
东 Manus 海盆	西南太平洋	巴布亚新几内亚
中 Manus 海盆	西南太平洋	巴布亚新几内亚
Conical 海山	西南太平洋	巴布亚新几内亚
冲绳海槽	西太平洋	中国/日本
Galapagos 裂陷	东太平洋	厄瓜多尔
东太平洋海隆 13°N	东太平洋	国际海底
tag 热液区	中部大西洋	国际海底

7.3.4　磷钙土矿

大陆边缘磷钙土主要分布在水深十几米到数百米的大陆架外侧或大陆坡上的浅海区，主要产地有非洲西南沿岸、秘鲁和智利西岸；大洋磷钙土主要产于太平洋海山区，往往和富钴结壳伴生。磷钙土生长年代为晚白垩世到全新世，太平洋海区磷钙土含有15%～20%的 P_2O_5，是磷的重要来源之一。另外，磷钙土常伴有高含量的铀和稀土金属铈、镧等。据推算，海区磷钙土资源量有 3000 亿 t。

7.4　深海矿产资源开采技术研究

7.4.1　多金属结核矿开采技术

深海多金属结核开采技术的研究开始于 20 世纪中叶，主要是开发了一些海底多金属结核的采矿车。早期多金属结核采矿设备见表 7-2。

表 7-2　早期多金属结核采矿设备（吴鸿云，2011）

采矿船技术	时间	国家	备注
拖拽式采矿船	1967 年	日本	单船采矿系统：日本分别对 1410m 和 3760～4500m 水深进行单船采矿系统实验
	1973 年	法国	双船采矿系统
穿梭潜器材矿车			包括飞艇型和梭车形两种形式的潜水遥控车，集采集和输送于一体，每天可以完成 3 次往返
基于阿基米德螺旋行走机构的采矿车			采用液压驱动的阿基米德螺旋行走，集矿方式为转轮和链带机械集矿，操作两根铲斗链，把多金属结核铲起，通过输矿皮带传输到储矿罐。其作业水深为 5500m
履带自行式采矿车	20 世纪 70 年代	以德国、中国和印度为代表	德国锡根大学研制的履带自行式采矿车，采用液压驱动和渐开线履齿橡胶履带行走，有较好的越障能力，高压水射流机构集矿；印度自行研制独特集矿头，采矿时通过机械臂的左右摆动，用泥浆泵抽取海底表面的多金属结核；中国研制的履带自行式集矿机，采用三角形高齿履带，利用高压水射流机构集矿，破碎机为单齿辊式

7.4.2　富钴结壳开采技术

美、德、日、俄等发达国家在钴结壳资源的勘察、开采、冶炼加工等技术研究上投入了巨资，已取得较大进展。俄罗斯于 1998 年在国际海底管理局第四届会议期间正式向管理局提出了制定海底钴结壳开发的有关规章的要求。中国、韩国等少数国家近十年来也积极开展了钴结壳开采技术等方面的研究工作。

1. 各国对富钴结壳的调查

表 7-3 为各国对富钴结壳的主要调查活动，从表中看到，各国对深海富钴结壳的调

查研究主要开始于 20 世纪 80 年代, 开展调研的国家主要为德国、美国、俄罗斯和日本。中国对深水富钴结壳的调查开始于 20 世纪 90 年代, 主要是对中太平洋海山区有计划的调查。

表 7-3　对富钴结壳的开展早期调查的主要国家及其活动

开始时间	主要国家	开展主要活动
1981 年	德国	进行了第一次系统的调查, 发现中太平洋 800~2500m 海域较大范围内赋存有巨大经济价值的钴结壳潜在资源
1983~1984 年	美国	对太平洋、大西洋等海域进行了一系列航次的调查研究, 发现在太平洋岛国专属经济区 (包括马绍尔群岛共和国、密克罗尼西亚联邦和基里巴斯共和国) 的赤道太平洋、美国专属经济区 (夏威夷, 约翰斯顿群岛) 以及中太平洋国际海域 800~2400m 水深的海山处, 存在许多有开采价值的富钴结壳矿床, 仅夏威夷-约翰斯顿环礁专署经济区内 5 万 km^2 的目标区内钴结壳的资源量就达 3 亿吨, 按当时估计, 此资源开采出来可供美国消费数万年
1986 年	俄罗斯	开始有计划地进行钴结壳的地质勘探工作
1986 年	日本	在米纳米托里西马群岛区域采集到了富钴结壳样品, 成立了钴结壳调查委员会
1983 年	韩国	韩国科学技术部及韩国商工能源部资助的韩国海洋开发研究院 (KORDI) 开始进行深海采矿研究
1997 年	中国	正式开始对中太平洋海山区 (位于中太平洋海盆北缘, 夏威夷-天皇海山链以西, 美国威克专属经济区与夏威夷专署经济区之间的国际海域) 有计划地进行前期调查

2. 富钴结壳开采技术研究

富钴结壳的开采技术主要来自美国、日本和俄罗斯三国, 其开采技术多为自行式采矿机-管道提升的钴结壳开采、拖曳式采矿机-管道提升的钴结壳开采以及绞车牵引挠性螺旋滚筒截割采矿机-管道提升钴结壳开采, 具体开采技术的实践应用见表 7-4。

表 7-4　富钴结壳主要开采技术及技术实践

国家	采矿技术	实践
美国	自行式采矿机-管道提升的钴结壳开采方法	由装备多个机械臂的自行式海底钴结壳采矿车切割钴结壳及其基岩, 破碎的钴结壳及其基岩经水力吸矿器吸入储存仓, 再经二次破碎及分选后, 采用气力提升方式扬矿管提升到水面支持船, 具备采剥、集矿、大块破碎分选、提升、运输 5 个功能
日本	拖曳式采矿机-管道提升的钴结壳开采方法	由海面采矿船通过扬矿管牵引海底集矿机行驶采集钴结壳, 经整粒、分离并逐渐去除沉积物后, 以空气提升的方式输送。拖曳式采矿机-管道提升的钴结壳开采方法无法有效控制桶斗的运行轨迹, 不能适应海底地貌和结壳度的变化, 回采率低, 生产能力波动, 且无法保证达到设计能力, 不适于大面积开采
俄罗斯	绞车牵引挠性螺旋滚筒截割采矿机-管道提升钴结壳开采方法	根据结壳及其基岩的物理机械性能, 提出了 "电耙式钴结壳采矿车方法"。作业时, 采矿车经潜水平台下放到海底, 采矿船后退一定距离, 装设用缆索与潜水平台连接的锚固绞车座。启动电动机, 通过减速机驱动螺旋滚轴, 滚筒上的切割刀和截齿切割结壳, 泵叶片旋转, 均匀吸入结壳, 由提升泵经垂直提升管提升至水面支持船。该采矿方法对于开采微地形变化莫测的钴结壳而言, 机构简单, 极具应用前景

7.4.3　海底多金属硫化物开采技术研究

多金属硫化物的开采技术与具体操作情况见表 7-5。

表 7-5　多金属硫化物的开采技术与具体操作情况

采矿技术	开采计划	具体操作介绍
台阶式连续采矿系统	鹦鹉螺委托奥利帕森工程咨询公司针对 Solwara 矿区开采计划设计	2008 年设计的该采矿系统主要由采集系统、水面支撑船和采集系统勾构成；2010 年，鹦鹉螺对原采矿系统的海底采矿设备进行了改进，采矿系统包括辅矿机、采矿机和集矿机
抓采式半连续开采系统	海王星委托沃利帕森工程咨询公司针对 Kermadec 07 矿区开采计划而设计	该开采系统主要有采矿船、管道输送系统和采矿车等；试验开采系统包括两个分系统，即分拣破碎系统和履带式采矿车开采系统
钻探爆破式间断开采方法	以美国为首的相关研究机构正在研发自动钻探爆破开采技术	该开采系统的程序主要为钻探和爆破、集矿、破碎和输送，主要由爆破装置、集矿机、提升系统、采矿船等组成，该项目计划 2020 年投入生产。破碎后的矿石由集矿机通过水力提升系统运输到水面
陡帮式连续开采方法	中国专利设计的一种陡帮式开发技术	该设计主要用于丘状矿体、矿体硬度适中。该采矿系统主要有海底采矿车、水面工作船、采掘机构

7.4.4　小　　结

深海采矿装备发展已具备技术可行性。近年来海洋油气开采获得巨大成功。目前，世界海洋油气的开采已接近 3000 m 水深，预计 2020 年左右可达到 5000m 深度（Halkyard，2008）。伴随海洋油气开采而发展起来的深海动力传输与通信技术、深海电动机与液压等基础装备与组件等可直接应用于深海采矿系统；深海油气工业中管道输送技术、深海调查和作业的各类海底作业机器人技术可借鉴和移植到深海采矿工业；深海多金属结核和深海多金属硫化物采矿技术方案和试验系统已经过半工业性或海底原位测试试验的成功验证（刘少军等，2014）。

当前深海采矿装备的研发需要集中优势力量合理组织。20 世纪多金属结核的海试大多是由多国财团联合进行的。目前，鹦鹉螺矿业在其深海多金属硫化物商业采矿系统研制中则是采用 EPC（engineering，procurement and construction）模式进行组织与管理，在全球范围内寻求世界顶级专业厂家参与其采矿系统装备的研制（Blacnburn and Hanrahan，2010）。鹦鹉螺矿业采矿系统的研制进程证明，全球顶尖专业厂家的参与以及"设计–采购–建造"的全程生产组织与管理模式极大地加快了其研发进度，也可以预测，该方式将为深海采矿系统的开发提供世界一流的技术支撑和质量保障（刘少军等，2014）。

7.5　深海矿产资源文献计量分析

7.5.1　检　索　策　略

本章文献信息来自于美国科学信息研究所的科学引文索引（SCIE）数据库。SCIE数据库收录了世界各学科领域内最优秀的科技期刊，其收录的文献能够从宏观层面反映科学前沿。以 SCIE 数据库为基础，采用文献计量的方法对国际深海矿产资源研究文献的年代、国家、机构以及研究热点分布等进行分析，可以了解该研究领域的发展态势，把握相关研究的整体发展状况。

以"主题严格限定"构建检索式。检索式为

　　ts=((((deepwater or "deep water" or "deep-sea" or "deepsea" or "deep sea" or seafloor) and (mining or "massive sulfide*" or SMS or "polymetallic sulfide*" or "metal* sulfide*" or "multi-metal sulfide*" or "cobalt-rich encrustation*" or "metal* resource*" or "ore forming zone" or "Co rich" or "Co_rich" or "manganese nodule*" or "marine nodule*" or "polym* nodule*" or "manganese nodule" or "polymetallic nodule" or "multi metallic nodule" or "multimetal sulfide" or "Metal polysulfide" or "multi-metallic" or "multimetal" or "Ferromanganese" or "cobalt-rich")) not (gas or oil or "hydrogen gas" or petroleum or natgas or "natural gas" or "Flammable Ice" or "Gas hydrate" or "fule ice" or "Combustible Ice" or hydrocarbon))。在得到初步检索结果后，将数据进行合并、去重和清洗处理，最终得到所有年份 SCIE 数据库中"深水矿产资源"相关研究论文 1283 篇，以此为基础从文献计量角度分析国际深海矿产资源研究的发展态势。

　　从整体论文年度变化来看，发文量呈现出明显的以 1990 年为界线的变化，如图 7-1所示。深海矿产研究最早的论文为 1922 年，该文以荷兰东帝汶岛中生代深海沉积物中锰结核为研究对象。1968~1990 年，深海矿产资源研究比较少，其发展主要在 1975~1978 年有一个上升的高峰期，该时期研究的重点是对深海多金属结核的研究；此时主要的研究国家为美国、德国、加拿大、英国。1990 年之后深水矿产资源研究达到一个迅速增长期，直到目前仍然是深海研究的重点。尤其是 2010 年之后，全球对深海矿产的研究呈现直线上升趋势。人类对深海的探索和研究相对于探索地球表面来说才刚刚开始，随着人类新需求的出现和科学技术的进步，随着人们对深海的不断探索，还会在深海底发现更多新的矿产、新的资源。

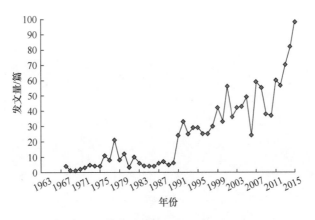

图 7-1　深海矿产资源研究的年度发文量变化

7.5.2　主要研究力量

1. 主要国家

　　如图 7-2 所示，从发文量来看，美国在发文量上占绝对优势，其发文量为 345 篇。

发文在百篇以上的国家分别为美国、德国、中国、英国和加拿大。其中，中国虽然起步比较晚，但是发文量却处于世界前三。发文在 50 篇以上的国家还有日本、印度、澳大利亚和法国。

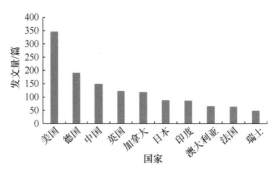

图 7-2　主要国家的发文总量情况

　　为了深入了解各国在深海矿产资源研究方面的影响力，从主要国家（发文量≥04篇）所发表的深水矿产资源研究论文的总被引频次、篇均被引频次、高被引论文占比等方面进行了分析，见表 7-6。美国无论是发文量还是总被引频次都位居首位。篇均被引频次和被引频次≥100 的论文比例最高的为英国，2013～2015 年论文占比最高的为中国，被引论文比例最高的为瑞士。

表 7-6　主要国家的发文及影响力情况统计

国家	发文量/篇	总被引/次	篇均被引/（次/篇）	2013～2015年论文占比/%	被引论文比例/%	被引频次≥50的论文比例/%	被引频次≥100的论文比例/%
美国	345	10 061	29.16	18	91	19	6
德国	190	3 709	19.52	24	88	10	3
中国	148	1 116	7.54	33	68	3	2
英国	121	6 403	52.92	24	86	18	7
加拿大	118	2 656	22.51	25	85	11	4
日本	87	1 536	17.66	30	86	6	5
印度	86	703	8.17	13	81	1	0
澳大利亚	65	1 103	16.97	20	85	9	3
法国	63	1 288	20.44	25	90	11	3
瑞士	48	1 634	34.04	13	92	23	2

　　图 7-3 为主要国家总发文量、篇均被引频次和 2013～2015 年发文量之间的关系图，英国在发文量上排名第四，但是其篇均被引频次远高于其他各国，说明英国在深海矿产研究中，论文的影响力最大。2013～2015 年发文量最高的国家为中国，其次为日本和法国。印度 2013～2015 年发文量占比最小。

　　图 7-4 为发文量前 10 位国家的合作关系，从图中可以看到，从事深海矿产资源研究的主要国家在合作上关系比较密切。美国、德国和中国除了合作的文章之外，该三国自身的发文量也比较大。中国主要是与美国、加拿大、日本、德国和英国合作。英国主要是与瑞士、德国、法国和美国合作。

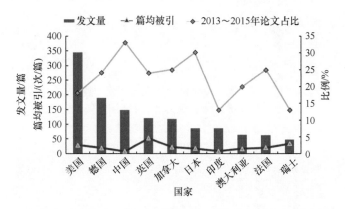

图 7-3　主要国家总发文量、篇均被引频次和 2013～2015 年发文量之间的关系

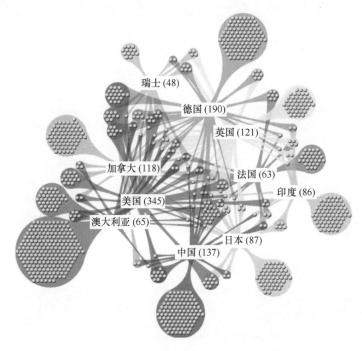

图 7-4　发文量前 10 位国家的合作关系

2. 主要机构

图 7-5 为深海矿产资源研究的主要机构发文量与篇均被引频次的关系图,从图中可以看到,在深海矿产资源研究中发文量最多的是印度国家海洋局;其次为美国地质调查局;中国科学院在发文量上位居第 6 位。从篇均被引频次来看,最高的是牛津大学,其次为美国地质调查局、苏黎世联邦理工学院。篇均被引频次较低的为中国科学院和俄罗斯科学院,尤其是中国科学院发文量居中,但其篇均影响力却是最低的。

表 7-7 为主要机构的发文及影响力情况。其中,美国地质调查局的总被引频次最多,牛津大学篇均被引频次最多,中国科学院 2013～2015 年论文占比最高,东京大学被引频次≥50 的论文比例最高。

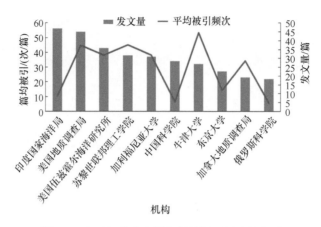

图 7-5　主要机构发文量与篇均被引频次的关系

表 7-7　主要机构的发文及影响力情况

机构名称	发文量/篇	总被引/次	篇均被引/（次/篇）	2013～2015年论文占比/%	被引论文比例/%	被引频次≥50的论文比例
印度国家海洋局	56	482	8.61	4	88	7
美国地质调查局	54	2016	37.33	10	93	19
美国伍兹霍尔海洋研究所	43	1366	31.77	10	88	23
苏黎世联邦理工学院	38	1430	37.63	3	97	8
加利福尼亚大学	37	1173	31.70	7	100	19
中国科学院	34	180	5.29	16	59	47
牛津大学	32	1424	44.50	5	97	16
东京大学	27	317	11.74	15	81	56
加拿大地质调查局	23	656	28.52	6	91	26
俄罗斯科学院	22	102	4.64	6	73	27

图 7-6 为主要机构的合作情况，苏黎世联邦理工学院、美国地质调查局、美国伍兹霍尔海洋研究所和牛津大学等机构与其他单位的合作相对密切。中国科学院主要与苏黎世联邦理工学院、加拿大地质调查局有合作关系。

7.5.3　从关键词看研究热点变化

表 7-8 为深水矿产资源研究相关论文中提取出的主要关键词情况，从表中可以看出，主要关键词集中在大西洋、太平洋和印度洋研究区域上，研究最多的为同位素、铁锰结核、热液、多金属硫化物，同时对古海洋生态、生物、微生物的研究也较多，表明评估深海矿产开采过程对生态的影响也是进行矿产资源开采的一个重要环节。

图 7-7 为主要关键词的共现关系图谱，从图中可以看出，这些主要的关键词的共现关系极为密切，铁锰结核相关的研究主要在印度洋、太平洋、大西洋区域，且与"生物多样性、细菌、同位素、热液"等相关；多金属结核研究主要是在印度洋和大西洋区域开展，其研究多与海底生物多样性、细菌、底栖生物等相关；多金属硫化物多是在太平洋、印度洋区域开展，与热液、古海洋、同位素等研究相关。

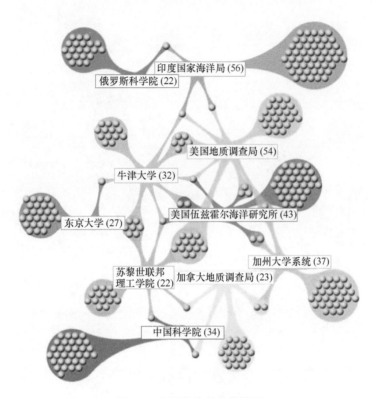

图 7-6　主要机构的合作情况

表 7-8　主要关键词的出现次数及中英文名称

关键词		出现次数
isotope	同位素	137
Fe-Mn	铁锰结核	133
hydrothermal	热液	117
multi-sulfides	多金属硫化物	68
Atlantic	大西洋区域	46
India ocean	印度洋区域	46
Pacific	太平洋区域	35
biodiversity	生物多样性	30
paleoocean	古海洋	30
polymetallic nodules	多金属结核	26
sea mountain	海山	24
bacteria	细菌	17
benthics	底栖生物	16
neodymium	钕	15
rare earth elements	稀有元素	15

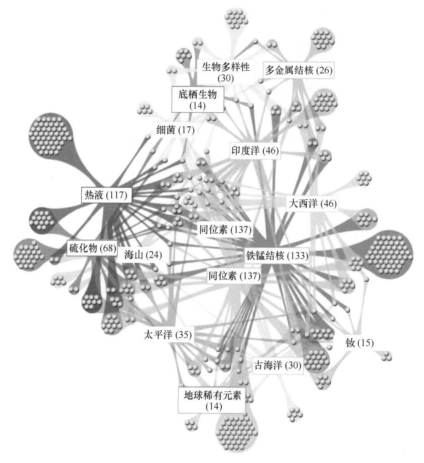

图 7-7　主要关键词的共现关系

7.6　对我国深海矿产资源研发的启示

　　世界海洋中蕴藏着极其丰富的矿产资源和能源,深海矿产资源的开发利用是世界一项长期战略。国际深海采矿技术发展及装备研究与开发的模式,主要包括国家主导并择优依托科研院所实施与企业投资择优委托企业或研究院所开发两种模式,前者以吸收引进消化和自主创新为主,后者则以引进、实用和经济性为主。而具有自主知识产权、可靠性高、效益比大、高智能、环境破坏性小和多用途的海底采矿装备,将不失为我国未来一个深海采矿装备的发展方向(吴鸿云,2011)。鉴于以上分析,我国深海矿产资源开发需要进一步做好以下三点:

　　第一,加快深海矿产资源的产业化开发进程。以国际合作、深海矿产资源占有和深海科技发展战略为主要内容,加大深海矿产资源的开发及其产业化。

　　第二,注重深水矿产资源的开发模式创新。虽然深水矿产资源是社会经济可持续发展的重要战略性储备资源,但是在开发过程中,其对技术的要求、对投资的需求耗费是极高的,受到自然环境、资源地位置、社会政治、科学技术和生态等因素的影响,因此在开发深水矿产资源过程中,最好是以获得一个或多个国家的跨国企业集团的国际合作模式开展，建立核心产业集群及可持续发展的循环经济模式。

　　第三，加强对深海矿产资源的勘探。以自主创新为基础，继续加强对深海富钴结核、多金属硫化物和多金属结核的勘探，促进深海开发技术的发展。

参 考 文 献

黄裕安. 2015. 国际海底矿产资源开发中的海洋环境污染问题及其对策. 科技展望, 6: 250

季敏, 翟世奎. 2005. 现代海底典型热液活动区地形环境特赠分析. 海洋学报, 7(6): 46-55.

姜秉国. 2011. 中国深海战略性资源开发产业化发展研究——深海矿产和生物资源开发为例. 中国海洋大学.

刘少军, 刘畅, 戴瑜. 2014. 深海采矿装备研发的现状与进展. 机械工程学报, 50(2): 8-18.

栾锡武. 2004. 现代海底热液活动取得分布与构造环境分析. 地球科学进展, 19(6): 931-938.

吴鸿云. 2011. 深海固体矿产资源开采装备研究现状与展望. 矿业装备, 9: 35-38.

夏建新, 李畅. 2007. 深海底热液活动研究热点. 地质力学学报, 6(2): 46-55.

Blacnburn J, Hanrahan S. 2010. Offshore Production System Definition and Cost Study. Sydney: Nautilus Minerals Inc.

Halkyard J E. 2008. Status of Lift Systems for Polymetallicnodule Mining. Kingston: International Seabed Authority.

Rona P A. 2002. Marine minerals for the 21st century. Episodes, 25(1): 2-12.

第 8 章　黑潮研究国际发展态势分析

黑潮（kuroshiot）是北太平洋西边界强流，也是世界上第二大暖洋流，具有高温、高盐特征，并存在着显著的多尺度（包括季节、年际和年代际）时空变化。黑潮作为沟通西太平洋与东海和南海的主要海流，它的变化对东亚地区的航海、渔业生产、海洋环境及气候均有重要影响。因此，了解黑潮的变动及其影响是预测气候与加强渔业资源管理的基础。为此，本章简要概述了国际黑潮研究计划，对黑潮研究文献进行了计量分析，并探讨了黑潮研究热点，最后提出了几点建议。

自 1965 年以来，除相继实施了多个与黑潮有关的大型国际计划（世界海洋环流试验 WOCE、气候变率和可预报性研究计划 CLIVAR、全球海洋观测网 Argo 计划等）、专题国际合作研究计划（黑潮及邻近海域的合作研究计划）和中日合作调查研究项目（中日黑潮合作调查研究项目，中日副热带环流合作调查研究项目）外，中国、美国、日本等国家还独自实施了多项黑潮研究计划和项目。这些研究计划和项目的实施，不仅获取了大量的调查资料，而且推动了黑潮研究的深入开展，取得了一大批重要研究成果。其中主要有：基本阐明了东海黑潮路径、流量和热输送的时空变化特征与机制；揭示了黑潮向东海陆架的入侵路径及其水交换过程；基本探明了黑潮入侵南海的方式、路经及其体积输送的季节和年际变化规律；阐释了黑潮海表温度（sea surface temperature，SST）的时空变化特征及其对气候和大气环流的影响过程，并发现海表温度的年际和年代际变化与厄尔尼诺-南方涛动（ENSO）和太平洋年代际振荡（pacific decadal oscillation，PDO）有密切的联系。

通过综合分析近期国内外黑潮研究进展，提出了有关黑潮的研究热点区域和内容。其中主要包括：①东海；②南海；③海表温度；④黑潮大弯曲；⑤黑潮延伸体。

为了更深入地开展黑潮的调查研究，提高我国的黑潮研究水平和实力，提出了四条建议。主要是：①注重黑潮及其邻近海域的海洋再分析资料集的建设；②研制自主产权的我国近海高分辨率海洋模式；③加大海洋观测、探测等基础设施研发的投入；④加强国际合作，开展全流域黑潮调查研究。

8.1　引　　言

黑潮是北太平洋西边界强流，也是世界上第二大暖洋流。其海水深蓝，远看似黑色，故而得名，它以高温、高盐、流幅窄、流速强、流量大而著称，是北太平洋副热带环流系统中最重要的组成部分。黑潮自菲律宾以东海域（11°N～14.5°N）从北赤道流（north equatorial current，NEC）分离后，便沿着吕宋岛东岸北上，越过吕宋海峡，从台湾岛和石垣岛之间进入东海，然后沿着东海大陆架破折处流向东北，在日本九州岛西南约 29°N、128°E 附近折向东，经吐噶喇海峡流出东海，进入日本以南的太平洋海域，并于 35°N、141°E 附近离开日本海岸向东流去，成为黑潮延伸体（或续流）。值得指出的是，黑潮在流经吕宋海峡时以分支或流套的形式入侵南海，而在中国台湾东北部和日本九州西南部各分出一个分支，形成台湾暖流（Taiwan warm current，TWC）和对马暖流（Tsushima warm current，TSWC）。若按照其所在的地理位置来划分的话，狭义的黑潮应由源区黑潮、东海黑潮和日本以南黑潮组成，而广义的黑潮则还应包括黑潮续流。源区黑潮位于吕宋岛和台湾岛以东、130°E 以西海域（Nitani，1972），是黑潮的源头，也是热带太平洋向高纬地区输送水量、热量和能量的主要通道。通常，流经东海和日本以南海域的黑潮被分别称为东海黑潮和日本以南黑潮，而黑潮续流则指离开日本海岸继续向东流的那一段，最东可达 160°E 附近。于是，从地理范围看，整个黑潮系统南北跨越约 15 个纬度（20°N～35°N），而东西则跨越约 40 个经度（120°E～160°E）。

黑潮作为沟通西太平洋与东海和南海的主要海流（卢沙等，2015），对中国海的环流、热盐输运及多尺度过程的相互作用都起着非常重要的作用，其季节和年际变化也对我国的气候有着很大影响（王兆毅，2012）。黑潮入侵东海陆架以及与南海进行质量、动量和能量的交换，不仅直接影响东海、黄海和南海的海洋环境状况、物质和能量输运、环流结构、水团性质、热盐分布，还会对陆架海域的营养物质以及其他生物化学物质的通量和分布产生影响。了解黑潮的变动及其影响是预测气候与加强渔业资源管理的基础。为此，本章通过分析黑潮研究的国际战略部署情况，结合对科研论文产出的文献计量分析，探讨了黑潮研究的发展趋势和热点，以期为我国关于黑潮科研活动的开展以及研究战略的制定提供参考依据。

8.2　国际黑潮研究计划概述

国际上对黑潮的调查活动最早可追溯到 1914 年，但大范围且较系统的海洋调查则始于 20 世纪中期。在 1965 年以前的一些专题调查中，唯有 1914～1937 年在苏澳–与那国岛断面进行的调查较系统，且持续时间较长（Suda，1937），但在 1925～1928 年、1933～1942 年、1948～1949 年、1956 年、1958 年和 1959 年完成的几次大面调查却不够完整、系统，而且这些调查的范围较小，大多集中在台湾岛附近海域（Nitani，1972）。因此，下面重点介绍 1965 年以来实施的有关黑潮调查研究项目和计划。

8.2.1　世界气候研究计划

世界气候研究计划（World Climate Research Programme，WCRP）由世界气象组织（WMO）与国际科学联合会（ICSU）联合主持，以气候系统为主要研究对象。WCRP是 1967～1980 年执行的全球大气研究计划（GARP）的继续。此计划在 20 世纪 70 年代开始酝酿，80 年代开始执行，是全球变化研究中开展得较早的一个计划，是"世界气候计划"（World Climate Program，WCP）中的主要部分。WCRP 的目标是明确气候的可预测性以及人类对气候的影响，关注的焦点是观测大气、海洋、冰雪圈和陆地以及这些圈层之间的相互作用和反馈；增加人类对全球和区域气候变率及其变异机制的理解；评估全球和区域气候重大趋势；制定并提高模拟大尺度气候变化的模型模式（WCRP，2016）。

WCRP 主要致力于以下活动：对全球气候进行分析、评估；进行数值试验、模式比较，改进物理过程的参数化方案；进行陆面过程、云辐射反馈、边界层及海冰的研究。为此，制定并实施了一系列的核心计划，主要包括"气候与冰冻圈"（Climate and Cryosphere）、"协调性区域气候降尺度实验研究"（Coordinated Regional Climate Downscaling Experiment）、"热带海洋与全球大气试验"（Tropical Ocean Global Atmosphere）计划、"世界大洋环流试验"（World Ocean Circulation Experiment）和"全球能量与水循环试验"（Global Energy and Water Cycle Experiment）计划、"平流层过程及其在气候中的作用"（Stratospheric Processes and their Role in Climate）、"北极气候系统研究"（Arctic Climate System Study）和"气候变率和可预报性计划"（Climate Variability and Predictability Program）等（WCRP，2016）。其中，有一部分研究项目涉及了黑潮。下面分别介绍与黑潮有关的研究项目或计划。

1. 世界大洋环流试验

世界大洋环流试验（WOCE）（1990～2000 年）是由联合国教育、科学及文化组织和政府间海洋学委员会、世界气象组织和国际科联海洋研究科学委员会等共同参与发起并联合组织实施的大型国际合作大洋环流调查研究计划。该计划于 1990 年开始实施，为期 10 年，采用多种手段研究了全球大洋环流及其热输送对气候的影响，获取了建立海洋–大气系统总环流模式所需的资料。其中，针对太平洋西边界流的研究主要包括：温盐结构和海平面的基本特征及其异变，海流及其输运的特点和变化，黑潮锋面和锋面涡的特征，黑潮路径及大弯曲的变化特点（范元炳和蒲书箴，1998）。值得指出的是，WOCE 子计划三的主要任务分别在 PCM-1 和 PR21 断面对黑潮主流和分支进行了探测研究。PCM-1 断面观测（1994 年 9 月～1996 年 5 月）由中国台湾大学、中国台湾海洋大学和美国迈阿密大学联合执行。该断面由 11 个锚定浮标观测点组成，沿着苏澳海脊南岸，跨越了从台湾东岸到琉球群岛的西表岛，即台湾以东水道（ETC）。该断面位于台湾以东 24°N 附近的黑潮必经之地，是观测黑潮流量的良好测线。PR21 断面横越巴士海峡，是测量黑潮入侵南海分支的良好位置。中国和菲律宾合作在该断面进行了水文观测。此外，美国国家科学基金会（NSF）资助美国华盛顿大学在 1994～1998 年进行了 WOCE 实施过程中浮标的拉格朗日资料分析。该项目主要分析在西北太平洋收集到的浮标数据（浮标的布放范围为 10°N～40°N，140°E），这也是黑潮延伸体和 WOCE 试验区的一部分。

2. 气候变率和可预报性研究计划

1993 年世界气候研究计划（WCRP）科学委员会提出了气候变率和可预报性研究计

划（CLIVAR）（1993～2008 年），旨在对百年尺度的气候变率进行描述、分析、模拟和预测。CLIVAR 是 WCRP 的四大核心科学计划之一，重点关注海–气相互作用在气候系统中的作用，以深入了解气候变率，提高其可预测性。其中，美国 CLIVAR 西边界流工作小组的研究主题涉及三个方面：①集成黑潮延伸体系统（KESS）、CLIVAR 模式水动力实验（Clivar Mode Water Dynamic Experiment）和其他西边界流海气相互作用研究，并进行综合分析；②甄别西边界流海气相互作用耦合模型；③确定能够解决悬而未决问题的观测缺口和建模实验。

2010 年，CLIVAR 正式批准启动了西北太平洋海洋环流与气候实验（Northwest Pacific Ocean Circulation and Climate Experiment，NPOCE）国际调查研究计划。NPOCE 是由中国科学院海洋研究所胡敦欣院士倡导发起、共有 9 个国家（中国、美国、日本、澳大利亚、韩国、法国、德国、印度尼西亚、菲律宾等）的 19 家研究机构参与的国际合作计划。该计划以现场观测和数值模拟为主要研究手段，进一步认识和理解太平洋西边界流以及潜流系统的结构、变异与机理，太平洋暖池的维持与变异，以及热带西太平洋海–气相互作用对全球以及区域性气候变异的影响等前沿科学问题。

8.2.2　全球海洋观测网

全球海洋观测网是"全球海洋观测系统"（GOOS）计划中的一个针对深海区温盐结构观测的子计划，是由美国等国家的大气和海洋科学家于 1998 年推出并由美国联邦机构间的国家海洋合作计划（NOPP）资助的一个大型海洋观测计划。该计划得到了澳大利亚、加拿大、法国、德国、日本、韩国等国家的响应和支持。中国于 2001 年正式决定加入 Argo 计划。中国 Argo 计划由国家海洋局负责实施，科学技术部资助了项目的启动资金，而且中国气象局和中国科学院等部门及下属有关研究机构共同参与了此项工作。Argo 计划构想在全球大洋中每隔 300km 布放一个卫星跟踪漂流浮标，总计为 3000个，组成一个庞大的 Argo 全球海洋观测网。该计划旨在快速、准确、大范围地收集全球海洋上层的水温、盐度剖面资料，以提高气候预报的精度，有效防御全球日益严重的气象灾害（如飓风、龙卷风、冰暴、洪水和干旱等）。

每月有 3000 多个浮标传输海洋上层测量数据，每年有 200 多篇利用 Argo 研究数据发表的论文，研究主题涉及水团特性、海气相互作用、海洋环流、中尺度涡旋和季节–年际变化（Argo，2016）。

虽然 Argo 计划分别在大西洋和太平洋监测西边界流延伸体，但在黑潮延伸体区部署的浮标密度是墨西哥湾流延伸体区的 2 倍，主要支持黑潮延伸体海气相互作用和海气热交换研究的顺利进行。

黑潮在自南向北流动过程中将低纬度大量的热量、物质、动能和水汽向东亚中高纬度输送（苏纪兰和袁业立，2005），而黑潮延伸体区则是中纬度海洋–大气相互作用的关键海域，也是海洋涡旋最活跃的区域之一。如果 Argo 观测网的空间分辨率不高，将会导致观测资料不足，从而影响对黑潮领域大尺度海洋结构演化的深入研究。因此，Argo 计划小组决定在黑潮区域部署更多的浮标，而毗邻西北太平洋的中国、韩国和日本等国已经对该海域的空间采样密度提高到 Argo 规定标准的近 3 倍（Riser et al.，2016）。

下一步将利用日本气象厅（Japan Meteorological Agency，JMA）和日本海洋科学技术中心开发的四维动态海洋再分析系统（Four-dimensional variational ocean ReAnalysis，FORA）以及欧洲数据模拟系统对黑潮区增强浮标样本进行定量评估，以便设计一个最优 Argo 浮标布放方案（Suga1，2016）。

8.2.3　黑潮及邻近海域的合作研究计划

在联合国教育、科学及文化组织的建议下，1964 年的政府间海洋学委员会（IOC）第三届大会通过了黑潮及邻近海域的合作研究（Cooperative Study of the Kuroshio and Adjacent Regions）计划。1965～1977 年，参加该计划的 10 个国家和地区出动了 40 艘科学考察船，共进行了 435 个航次的调查，获得了 16 727 个大面站的观测资料，调查范围几乎遍及西北太平洋的中、低纬海域，包括日本海和我国黄海、东海、南海，其规模在西北太平洋合作调查史上是前所未有的，获得了丰硕的成果，并出版了大量的资料报告。

8.2.4　中日合作调查项目

1. 中日黑潮合作调查研究项目

根据中日两国政府 1980 年 5 月签订的科学技术合作协定，中华人民共和国国家海洋局和日本科学技术厅于 1986 年开始进行了为期 7 年的中日黑潮合作调查研究，这是中日政府部门间海洋领域的第一个大型合作项目。调查海域为黑潮进入东海至黑潮汇入北太平洋环流所流经的海域。研究内容主要包括 5 个方面：黑潮流经海域海况变异机制；生物生产机制；海洋–大气相互作用；黑潮净化机制；调查研究海域的热能和功能。在 1986～1993 年的 7 年间，中日双方共出动船只 11 艘，在东海、日本以南海域及琉球群岛海区进行了包括物理海洋、化学、生物、气象等项目的 121 个航次的综合性科学调查，为合作研究提供了大量的观测资料。合作期间，中日双方建立起了一个系统、完整的黑潮资料库，并编制出版了 7 册黑潮环境图集和 2 册论文集。此外，中方共发表论文 240 篇，出版了 5 册《黑潮调查研究论文集》。通过对上述资料的分析，基本弄清了东海黑潮的流速结构、流量及其变化特征，也基本探明了我国近海台湾暖流的结构、动力特征和季节变化特点，从而加深了对我国东海陆架环流的认识。

2. 中日副热带环流合作调查研究项目

中华人民共和国国家海洋局和日本科学技术厅于 1995 年 3 月签署了《中日副热带环流合作调查研究项目实施协议》，正式启动了为期 4 年的合作调查研究项目，这是继中日黑潮合作调查研究之后的又一次双边合作。该项目的目的主要是研究黑潮源头副热带区海洋环流的特性及其变化规律。1995～1998 年，中日双方在合作海区共进行了二十几个航次的海上调查，获得了大量有用的资料。据此，对黑潮源区的水文结构与海流状况及其与东海黑潮的关系、副热带逆流的特征与变异以及琉球以东的西边界流进行了深入分析，并研究了调查海区的海气相互作用及其对气候的影响以及该海区的生物生产机制。

8.2.5　国家计划或项目

1. 美国黑潮研究计划与项目

1）黑潮延伸体系统的研究项目

美国国家科学基金会、美国海军研究办公室（Office of Naval Research，ONR）及美国国家海洋和大气管理局（NOAA）是美国海洋科学基础研究的主要资助方。2004 年，NSF 资助了黑潮延伸体系统研究（Kuroshio Ex-tension System Study，KESS）项目，该项目由 NOAA、伍兹霍尔海洋研究所、罗德岛大学和夏威夷大学等多家研究机构参加，旨在研究黑潮延伸体区的环流结构、路径变化及其相关物理过程，识别和量化黑潮延伸体和逆流相互作用的动力和热力学机制（Watts and Donohue，2007）。该项目的主要研究内容包括黑潮延伸体中尺度涡热通量高分辨海洋模式仿真对比研究；黑潮延伸体区不同规模的涡旋热通量；黑潮延伸体海面高度变化；识别并量化黑潮延伸体和逆向环流相互作用的动力学和热力学过程（Spall，1996）。

2）黑潮与棉兰老流的起源探测计划

2011～2014 年，美国海军研究办公室资助了黑潮与棉兰老流的起源（Origins of Kuroshio and Mindanao Current，OKMC）探测计划。该计划主要由斯克里普斯海洋研究所（Scripps Institution of Oceanography）、伍兹霍尔海洋研究所和华盛顿大学应用物理实验室（Applied Physics Laboratory/University of Washington）参与实施。通过对黑潮和棉兰老流区的物质、能量运输和流量模式、温盐特性和漩涡及其对平均流的影响等方面的调查研究，最终明确研究海域的环流和水团性质，加深对北赤道流分叉区动力学的了解，以便建立对北赤道流、黑潮和棉兰老流的可预报性系统（Rudnick et al.，2016）。

OKMC 观测技术手段包括水下断面滑翔机（glider transects）、表层漂流浮标（surface drifters）和剖面探测浮标（profiling floats）。这些观测数据用于研究北赤道流的分叉位置区域的海洋动力机制，以及黑潮和棉兰老流之间水体输运的分配（Jayne，2015）。

2. 日本黑潮研究计划与项目

因黑潮直接流经日本，故对日本的影响颇大，正如有的学者认为的那样，高纬度的日本以稻米为主食，应与黑潮有关。日本以南黑潮的路径变化对日本南部的渔业和航海有很大影响。黑潮于日本东部或东北部与由极地南下的亲潮（oyashio）相汇，形成渔场，因此，日本对黑潮的调查研究非常重视。

2010 年 4 月，由东京大学海洋研究所和东京大学气候系统中心合并成立的东京大学大气海洋研究所（Atmosphere and Ocean Research Institute, The University of Tokyo），下设海洋物理学研究组，专门从事海洋环流、水团、海–气相互作用、大气和海洋扰动等方面的观测、实验和理论研究工作，并设立海洋环流、海洋大气动力学以及海洋变化动力学 3 个研究小组。其中，海洋变化动力学研究小组的主要工作是：①利用数值模拟开展深海环流对日本东部海沟等特殊地形的影响研究。②利用海底电缆监测黑潮流量。海洋环流研究小组的研究内容主要有：研究大气环流的特征和动力学机制及其在水团形成和气候变化中的作用；研究表层环流如黑潮和深海环流从北到南太平洋的流动过程。目前进行的项目包括：

（1）黑潮的变化。黑潮流速和路径的变化极大地影响着全球气候和日本工业，为了弄清这些变化的动力机制，日本对黑潮区的海面高度、水温、盐度及流速进行了持续的实时监测。

（2）北太平洋深海环流。由于复杂的海底地形，研究人员一直未弄清楚北太平洋深海环流路径，因此开发了特殊的海流计和温盐深探测仪，十多年来一直对底层海流流速及 1 万多米深处的水文状况进行连续观测。

3. 中国实施的与黑潮研究相关的项目

1）台湾相关研究

（1）黑潮边缘交换作用研究计划。

台湾大学的海洋学者们从 20 世纪 60 年代初便开展了对台湾以东及其附近区域黑潮的调查研究。1989~2000 年，他们实施了旨在研究东海与黑潮之间相互作用以及物质交换过程的黑潮边缘交换作用（Kuroshio Edge Exchange Process，KEEP）计划，它是全球联合海洋通量研究（Joint Global Ocean Flux Study，JGOFS）计划中的一部分。JGOFS计划于 1990 年 3 月正式确定并开始实施，重点关注海洋内部以及海洋边界在海洋生物和化学、海洋循环和相关物理因素以及人类活动影响下的碳交换过程。KEEP 计划主要包括台湾东北部黑潮锋与涡旋、黑潮逆流、台湾周围海域的上升流、水交换，以及黑潮与东海大陆架间的物质交换过程，尤其是碳交换过程（李威等，2011；Wong et al.，2000）。

（2）黑潮通量变化探测计划。

黑潮通量变化探测（Observations of the Kuroshio Transports and their Variability，OKTV）计划是由台湾科技主管部门资助，台湾大学、台湾海洋大学、台湾师范大学和台湾交通大学参加的黑潮探测计划（2012/8~2015/7）。该计划的研究目标为：观测与探讨台湾以东黑潮的变动与动力过程；量化黑潮各项物理及生地化参数。2012~2015 年来，在台湾以东海域，共进行了 23 个航次的黑潮断面流速、水文、生地化参数调查，更重要的是在花莲测线进行了连续两年的锚碇 PIES（颠倒式回声探测仪）和 ADCP 观测，为深入研究台湾以东黑潮的变动特征提供了宝贵的科学数据。取得的研究成果主要有：在台湾以东的黑潮流域，获得了黑潮变动及海洋小尺度紊流的长期且密集的观测数据；发现黑潮流经绿岛西北方的海底火山所产生的紊流具有异常高的海水混合扩散系数

（Chang et al.，2016）。

2）大陆相关研究

1982～1985 年，国家海洋局第一海洋研究所会同国家海洋局第二海洋研究所和北海分局开展了黑潮及其对东海海洋环境影响研究，共进行了两个航次的专题性调查，获得了东海及东海黑潮主干区大范围较系统的资料和样品，并完成了 37 篇调查报告和专题论文。这是我国首次开展的较大规模的东海黑潮综合性调查。

1986～1989 年，中国科学院海洋研究所、中国科学院南海海洋研究所、中国科学院大气物理研究所、中国科学院地理科学与资源研究所、兰州大学等单位联合实施了中国科学院重大基础性综合研究项目"西太平洋热带海域海–气相互作用及年际气候变化研究"，共进行了 4 个航次的多学科综合性科学考察，获得了大量的海洋水文、海洋化学、海面气象、大气探测等几十个项目的观测资料，为研究包括黑潮在内的西边界流流量和热输送提供了宝贵的科学数据。通过实测资料的研究，首次提出了"太平洋西边界流经向输送对我国东南部冬天的冷暖起着重要作用"和"我国大陆冬天的冷暖不完全取决于来自西伯利亚寒潮的强弱与多寡"的新论点。

自 1999 年以来，科学技术部实施了多个涉及黑潮研究的国家重点基础研究发展计划（973 项目），并取得了许多重要研究成果，如"中国近海环流形成变异机理、数值预测方法及对环境影响的研究"（2000～2004 年）、"中国东部陆架边缘海海洋物理环境演变及其环境效应"（2006～2010 年）、"基于全球实时海洋观测计划（Argo）的上层海洋结构、变异及预测研究"（2007～2011 年）、"北太平洋副热带环流变异及其对我国近海动力环境的影响"（2007～2011 年）等。基于黑潮对我国近海动力环境有举足轻重的作用，上述 973 等项目也开展了有关黑潮对中国近海环流影响的一些研究，提出了东海黑潮多核结构的形成机制、黑潮影响南海的几种可能方式等观点，使人们对黑潮在吕宋海峡的形变和对东海陆架环流的影响有了较深入的认识。

此外，有关黑潮的研究，也得到了国家自然科学基金委员会的大力支持和资助。近期资助的项目主要有：①重大基金项目"太平洋低纬度西边界环流系统与暖池低频变异研究"（2009～2012 年）和"黑潮及延伸体海域海气相互作用机制及其气候效应"（2015～2019 年）；②重点基金项目"中国海黑潮区关键动力过程的非线性特征及其预测方法"（2005～2008 年）；③面上基金项目"台湾以东黑潮低频变异形成机制及其对气候系统的影响（2004～2006 年）"、"东海黑潮三维结构及季节变化研究（2005～2007 年）"、"黑潮流路反气旋弯曲对其向边缘海入侵的影响（2008～2010 年）"、"中尺度涡旋与黑潮在吕宋海峡的相互作用研究（2010～2012 年）"和"台湾东北部中尺度涡旋对黑潮水与陆架水交换的影响（2015～2018）"；④青年基金项目"源区黑潮次表层高盐水的时空变化特征和机制研究"（2016～2018 年）。

2013 年以来，中国科学院组织实施了战略性先导科技专项（A 类）"热带西太平洋海洋系统物质能量交换及其影响（Western Pacific Ocean System：Structure，Dynamics and Consequences，WPOS）之"黑潮及其变异对中国近海生态系统的影响"，共设置 5 个课题：黑潮向近海的物质能量输入；黑潮及其变异对南海北部生态系统的影响；黄、东海生态系统对黑潮变异的响应机制；外海输入对渤海生态环境的影响；黑潮主干区及中国近海航次调查与设备。

　　综上可知，自 20 世纪中叶以来，除相继实施了多个与黑潮有关的大型国际计划（WOCE、CLIVAR、Argo 等）、专题国际合作研究计划（黑潮及邻近海域的合作研究计划）和中日合作调查研究项目（中日黑潮合作调查研究项目、中日副热带环流合作调查研究项目）外，中国、美国、日本等国还各自组织实施了大量的黑潮研究计划和项目。这些研究计划和项目的实施，不仅获得了大量的现场调查资料，还在黑潮的变异与机制、黑潮对邻近海域海洋环境的影响、黑潮流域海气相互作用等方面取得了一大批重要研究成果。

8.3　国际黑潮研究文献计量分析

　　为了便于了解黑潮研究的国际发展趋势，本章使用文献计量学方法对黑潮研究论文进行了综合分析，并探讨了国际黑潮的研究热点。本章所用的文献信息来自于美国科学信息研究所（ISI）的科学引文索引（SCIE）数据库。以 SCIE 数据库为基础，采用文献计量的方法对国际黑潮研究文献的年代、国家、机构以及研究热点分布等进行分析，以期全面了解国际上该研究领域的发展态势，从而把握相关研究的整体发展状况。检索策略是 TS=Kuroshio*，文献类型 article、proceedings paper 和 review，在得到初步检索结果后，将数据进行合并、去重和清洗处理，最终得到 1952～2014 年 SCIE 数据库中"黑潮"相关研究论文 2737 篇，以此为基础从文献计量角度分析国际黑潮研究的发展态势。

8.3.1　黑潮研究论文年际变化

　　从世界各国在黑潮研究方面发表论文的年际变化来看，黑潮研究从 20 世纪 90 年代初开始迅速升温，特别自 2000 年以来，SCIE 中发表的文献数量除个别年份略有波动外，整体呈稳步增长趋势，总发文量以平均每年 10.24% 的速度增长（图 8-1）。

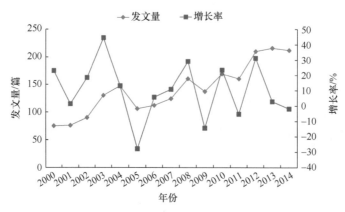

图 8-1　国际黑潮研究论文的年际变化

8.3.2　世界各国或地区黑潮研究情况分析

黑潮研究发文量前 10 的国家如图 8-2 所示。从论文数量来看，日本在黑潮研究方面占绝对优势，发表的论文数量（1055 篇）远远超过其他国家或地区。而在其他国家或地区中，美国、中国的发文量较多，均超过 300 篇，中国的发文量为 537 篇，排在第 3 位。

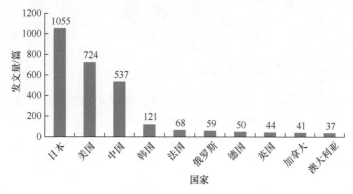

图 8-2　黑潮研究发文量前 10 位的国家

为了更深入地了解各国在黑潮研究方面的影响力，从主要国家所发表的黑潮研究论文的总被引频次、篇均被引频次、高被引论文比例等方面进行了统计分析，结果列于表 8-1 和图 8-6。由表 8-1 和图 8-3 可见，美国和日本的总被引频次皆处于领先地位，均超过 16 000 次，美国总被引频次最高，为 21 366 次，这与美国在黑潮研究乃至全部涉海研究方面的投入和大型黑潮研究计划实施有关；中国处于第二梯队，总被引频次超过 5000 次；篇均被引频次最高的国家是美国、德国和法国，均超过 23 次/篇。2012～2014 年发文占比可以在一定程度上反映出黑潮研究在各国的相对优先程度。其中，西班牙、荷兰和菲律宾 2012～2014 年的发文量占比最高，均超过 45%；在高被引论文方面，被引频次≥50 的论文比例最高的国家是澳大利亚、德国和美国，这些国家均有超过 15% 的论文被引次数达到或超过 50 次。

表 8-1　黑潮研究前 10 位国家的发文量及影响力统计

排名	国家	发文量/篇	总被引/次	篇均被引/（次/篇）	2012～2014 年发文占比/%	被引论文比例/%	被引频次≥50 的论文比例/%
1	日本	1 055	16 290	15.44	20.66	91.85	6.16
2	美国	724	21 366	29.51	24.59	93.51	15.61
3	中国	537	5 543	10.32	41.71	83.99	3.72
4	韩国	121	1 986	16.41	38.02	86.78	9.09
5	法国	68	1 605	23.60	27.94	95.59	10.29
6	俄罗斯	59	753	12.76	16.95	77.97	8.47
7	德国	50	1 258	25.16	38.00	96.00	18.00
8	英国	44	887	20.16	40.91	97.73	9.09
9	加拿大	41	860	20.98	17.07	90.24	7.32
10	澳大利亚	37	807	21.81	32.43	91.89	21.62
	平均值	273.6	5135.5	19.62	29.83	90.56	10.94

注：中国数据不含港澳台。

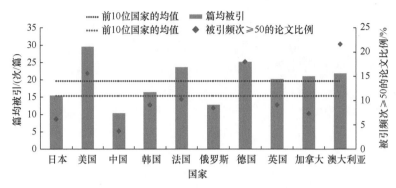

图 8-3　主要研究国家的黑潮研究论文被引频次和高被引论文情况

　　综合各项指标可以看出,日本虽然在发文量方面有较大优势,但其总被引频次和篇均被引频次都低于美国;德国和澳大利亚发文量虽然相对较少,但文章的影响力却很高。

　　中国的发文量排在第 3 位,总被引频次也处于第 3 位,篇均被引位于第 10 位,近 3 年论文占比排在第 1 位,被引论文比例排在第 9 位,被引频次≥50 的论文比例排 10 位。综合来看,我国黑潮研究的相关论文具有一定的数量基础,但从文献计量角度看,论文整体受关注度不高,在学术界的影响力较低,高被引论文数量很少。这可能因为中国 2012~2014 年的发文比例较高而影响了论文引用率的提高,但这并不能完全排除相关研究整体质量不高的可能性。

　　在主要国家的黑潮研究合作中,美国和日本处于合作的中心位置(图 8-4),是国际黑潮研究的主要合作国家,这与它们在科考技术设备上的巨大投入和研究实力的增强有很大关系。

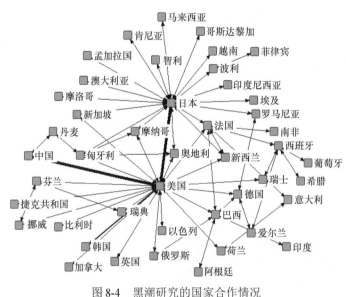

图 8-4　黑潮研究的国家合作情况

8.3.3　黑潮研究机构分析

研究机构发文量如图 8-5 所示,日本东京大学、日本海洋科学技术中心和中国科学院等机构发文量较多。

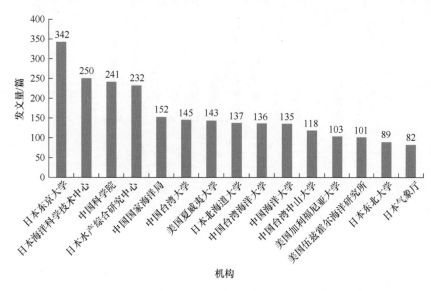

图 8-5　黑潮研究论文发表最多的 15 个研究机构

　　为了更深入地了解各主要研究机构在黑潮研究方面的影响力，从各国主要研究机构所发表的黑潮研究论文的总被引频次、篇均被引频次、高被引论文比例等方面进行了分析，结果列于表 8-2 和图 8-6。

表 8-2　各主要机构的黑潮研究发文量及影响力统计

序号	机构	发文量/篇	总被引/次	篇均被引/（次/篇）	2012～2014 年发文占比/%	被引论文比例/%	被引频次≥50的论文比例/%
1	日本东京大学	342	6265	18.32	18.71	95.91	8.48
2	日本海洋科学技术中心	250	3996	15.98	25.20	94.80	6.80
3	中国科学院	241	2201	9.13	48.13	81.74	2.90
4	日本水产综合研究中心	232	3452	14.88	19.40	92.24	4.74
5	中国国家海洋局	152	1548	10.18	35.53	80.26	3.29
6	中国台湾大学	145	4118	28.40	18.62	96.55	17.24
7	美国夏威夷大学	143	5329	37.27	20.28	98.60	22.38
8	日本北海道大学	137	2776	20.26	20.44	94.16	10.22
9	中国台湾海洋大学	136	2585	19.01	25.74	94.12	7.35
10	中国海洋大学	135	1582	11.72	37.78	84.44	4.44
11	中国台湾中山大学	118	2710	22.97	27.97	90.68	11.86
12	美国加利福尼亚大学	103	3909	37.95	25.24	95.15	22.33
13	美国伍兹霍尔海洋研究所	101	3009	29.79	24.75	92.08	17.82
14	日本东北大学	89	1474	16.56	24.72	85.39	6.74
15	日本气象厅	82	1237	15.09	28.05	95.12	7.32

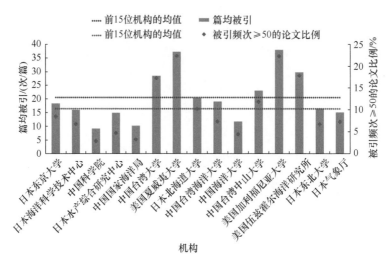

图 8-6　主要研究机构的黑潮研究论文被引频次和高被引论文情况

由表 8-2 可见，日本东京大学、美国夏威夷大学和中国台湾大学的总被引频次较高，均超过 4000 次；篇均被引最高的机构是美国加利福尼亚大学、美国夏威夷大学、美国伍兹霍尔海洋研究所和中国台湾大学，这些机构的篇均被引频次均超过 28 次/篇；2012～2014 年发文占比最多的机构是中国科学院、中国海洋大学和中国国家海洋局，均超过 35%；在高被引论文方面，美国夏威夷大学、美国加利福尼亚大学、美国伍兹霍尔海洋研究所和中国台湾大学均有超过 17% 的论文被引频次达到或超过 50 次。综合各项指标可以看到，美国加利福尼亚大学、美国夏威夷大学、美国伍兹霍尔海洋研究所和中国台湾大学的影响力皆较强，而其他机构的影响力则较弱（图 8-6）。

国际黑潮研究机构主要以美国和日本居多，其次是中国。在机构合作方面，国内间的相互合作较为明显。其中，美国伍兹霍尔海洋研究所、日本海洋科学技术中心、中国海洋大学和中国台湾大学分别是美国、日本、中国研究机构中的主要合作机构。

8.3.4　黑潮研究学科分布

如果将发表的论文按学科分类的话，黑潮研究所涉及的学科主要有：海洋学、气象学与大气科学、地质学、海洋与淡水生物学和渔业等（表 8-3）。其中，海洋学所占比重最大，共有 1470 篇论文，其次是气象学与大气科学，有 339 篇论文。

表 8-3　国际黑潮研究主要涉及的学科

序号	学科领域	文章篇数	序号	学科领域	文章篇数
1	海洋学	1470	6	环境科学与生态学	142
2	气象学与大气科学	339	7	地球化学与地球物理学	81
3	地质学	331	8	古生物学	78
4	海洋与淡水生物学	297	9	动物学	73
5	渔业	174	10	科技-其他主题	64

从论文发表期刊来看，黑潮研究论文主要发表的期刊为：*Journal of Geophysical Research–Oceans*、*Journal of Oceanography*、*Journal of Physical Oceanography*、*Journal of Climate*、*Geophysical Research Letters*、*Continental Shelf Research*、*Fisheries Oceanography*、*Acta Oceanologica Sinica*、*Deep Sea Research Part II：Topical Studies in Oceanography* 和 *Deep Sea Research Part I：Oceanographic Research Papers*（表 8-4）。总体来看，黑潮研究论文主要发表在地球物理、海洋学、物理海洋、气候学以及深海研究等几类期刊上。

表 8-4　黑潮研究论文发表最集中的 10 个期刊

序号	期刊名称	发文记录数
1	地球物理研究杂志-海洋 *Journal of Geophysical Research–Oceans*	302
2	海洋学杂志 *Journal of Oceanography*	209
3	物理海洋学报 *Journal of Physical Oceanography*	183
4	气候学杂志 *Journal of Climate*	107
5	地球物理研究快报 *Geophysical Research Letters*	104
6	大陆架研究 *Continental Shelf Research*	75
7	水产海洋学杂志 *Fisheries Oceanography*	59
8	海洋学报-英文版 *Acta Oceanologica Sinica*	52
9	深海研究，第二部分：海洋学专题研究 *Deep Sea Research Part II：Topical Studies in Oceanography*	50
10	深海研究，第一部分：海洋学研究论文 *Deep Sea Research Part I：Oceanographic Research Papers*	44

8.4　黑潮研究热点

NetDraw 软件是由美国肯塔基州立大学 Steve Borgatti 教授开发的一款社会网络分析软件，它具有直观的图形化显示功能和优秀的开放兼容性，目前已被广泛应用于社会网络分析。此外，本章利用 NetDraw 软件对黑潮研究关键词进行聚类共现分析，并采用 Pathfinder 算法对数据进行了优化处理，即消除网络节点之间较为错综复杂而又相对次要的关联，从而提取出主要的能够反映各关键词之间的网络关系，结果列于图 8-7。由图 8-7 可以明显看出，在黑潮研究关键词系统中，共有三个中心点：①东海（East China Sea）；②南海（South China Sea）；③海表温度（sea surface temperature，SST）。此外，图 8-7 中还有两个次级中心点，分别为黑潮大弯曲（kuroshio large meander）和黑潮延伸体（kuroshio extension）。

为了进一步了解国际黑潮的研究热点，对高被引论文关键词进行了聚类分析。结果表明，国际黑潮高被引论文（被引次数≥50）发文机构主要以美国和日本居多。第一作者机构排名前五的为美国夏威夷大学（25 篇）、美国加利福尼亚大学（16 篇）、中国台湾大学（13 篇）、中国台湾中山大学（11 篇）和日本东京大学（10 篇）。通过 TDA 清洗并统计高被引论文关键词中的有效关键词可以发现，名列前五位的关键词依次为：East China Sea（19 次）、South China Sea（11 次）、sea surface temperature（6 次）、upwelling（6 次）和 decadal variability（5 次）。

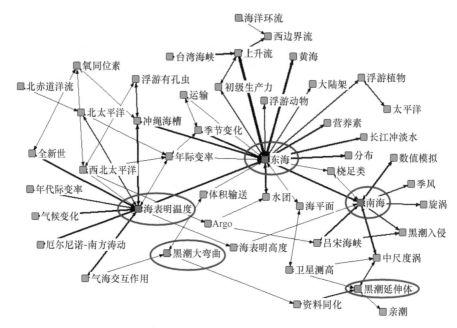

图 8-7　黑潮研究关键词热点分析
连线的粗细表示关键词间的相关度大小

为了更深入地了解黑潮研究高被引论文的研究领域，采用 VOSviewer 可视化软件对包括作者、题名、摘要和关键词进行聚类分析，结果见图 8-8，其中部分高被引论文见表 8-5。结合对高被引论文摘要进行解读，发现高被引论文主要研究的热点可分为两方面：①黑潮延伸体海气相互作用、海表温度异常以及年际变化特征等，主要包括 sea

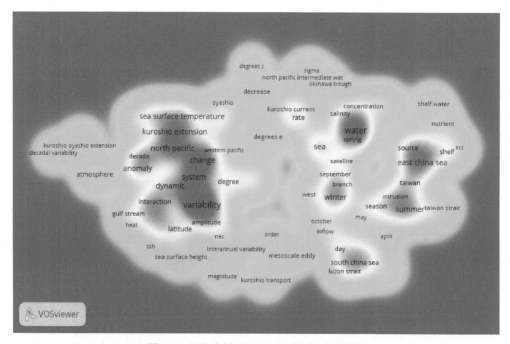

图 8-8　黑潮高被引论文涉及的关键词聚类

表 8-5　国际黑潮被引次数前 20 论文列表

排名	论文题目	出版年	被引次数
1	Annual and interannual variability in the Kuroshio current system	1983	197
2	Variability of the Kuroshio Extension jet, recirculation gyre, and mesoscale eddies on decadal time scales	2005	172
3	Evidence for a wind-driven intensification of the Kuroshio Current extension from the 1970s to the 1980s	1999	168
4	Seasonal and interannual variability of the North Equatorial Current, the Mindanao Current, and the Kuroshio along the Pacific western boundary	1996	160
5	Hydrographic structure and variability in the Kuroshio-Oyashio Transition Area	2003	149
6	Holocene variability of the Kuroshio Current in the Okinawa Trough, northwestern Pacific Ocean	2000	149
7	Variations of current path, velocity, and volume transport of the Kuroshio in relation with the large meander	1995	149
8	Dynamics of the Kuroshio/Oyashio current system using eddy-resolving models of the North Pacific Ocean	1996	146
9	Kuroshio Extension variability and forcing of the Pacific decadal oscillations: Responses and potential feedback	2003	143
10	Distribution and modification of north Pacific intermediate water in the Kuroshio-Oyashio interfrontal zone	1996	143
11	Wind-driven shifts in the latitude of the Kuroshio-Oyashio Extension and generation of SST anomalies on decadal timescales	2001	137
12	Covariations of sea surface temperature and wind over the Kuroshio and its extension: Evidence for ocean-to-atmosphere feedback	2003	135
13	Interannual variability of the Kuroshio Extension system and its impact on the wintertime SST field	2000	135
14	Nutrient gradients from the eutrophic Changjiang (Yangtze River) Estuary to the oligotrophic Kuroshio waters and re-evaluation of budgets for the East China Sea Shelf	2007	119
15	North pacific intermediate water in the Kuroshio Oyashio mixed water region	1995	119
16	Role of the Gulf Stream and Kuroshio-Oyashio Systems in Large-Scale Atmosphere-Ocean Interaction: A Review	2010	118
17	Anticyclonic rings from the Kuroshio in the South China Sea	1998	118
18	Kuroshio intrusion and the circulation in the South China Sea	2004	117
19	Comparison of winter and summer hydrographic observations in the yellow and east china seas and adjacent Kuroshio during 1986	1994	114
20	The flow pattern north of Taiwan and the migration of the Kuroshio	2000	112

注：统计日期为 2016 年 12 月 10 日

surface temperature、kuroshio extension、decadal variability、atmosphere、interaction、variability、anomaly 等关键词；②黑潮入侵东海、南海的方式、季节变化及其影响，主要包括 East China Sea、South China Sea、intrusion、nutrients、branch、season、shelf water、spring、winter 等关键词。

结合高被引论文分析、关键词聚类分析以及国内外大型黑潮研究计划实施情况，关于国际黑潮研究热点主要集中在以下五个方面。

8.4.1　东　　海

在东海，与黑潮相关的关键词主要包括海表温度（sea surface temperature）、上升流（upwelling）、季节变化（seasonal variation）、水团（water mass）、浮游动物（zooplankton）、分布（distribution）、营养物质（nutrients）、黄海（Yellow Sea）、长江冲淡水（Changjiang diluted water)、大陆架（continental shelf）等。

前已提及，黑潮进入东海后，在中国台湾东北部和日本九州西南部各分出一个分支，形成台湾暖流和对马暖流。而对马暖流在济州岛东南方又分出一个分支，进入黄海，形成黄海暖流。这些分支（台湾暖流、对马暖流和黄海暖流）将黑潮的能量、热量和物质输送到东海陆架、黄海甚至渤海。不仅如此，黑潮的主轴和流量皆存在着显著的季节和年际变化，并时常与东海陆架发生强烈的水交换。因此，黑潮及其分支的变异与陆架水的物质交换和能量转化极大地影响着东海和黄海的海洋环境状况、物质和能量输运，不仅会改变东海的环流结构、水团性质和热盐分布，还将对陆架区的营养物质以及其他生物化学物质的通量和分布产生影响，从而改变近海的生物多样性和生态系统的结构与功能（Hung et al.，2003；Hsueh，2000；Chen et al.，1995）。从关键词共现图和文献解读分析可知，关于东海黑潮研究的热点主要集中在以下三方面。

1. 黑潮路径、流量和热输送的时空变化特征与机制

黑潮进入东海后沿着冲绳海槽与大陆架之间的陆架坡折处向东北方向流动，但在大尺度气旋式涡旋的影响下，黑潮水有时会出现两种不同的运动路径：反气旋式的北部路径和气旋式的南部路径，但北部路径并不稳定，每隔 1~3 个月便会发生一次向南部路径转变的现象（Nakamura，2005；Nakamura et al.，2003）。不仅如此，黑潮主轴位置也有明显的季节变化特征，在台湾东北部尤其如此：冬季黑潮主轴向岸移动，而在夏季则会向海移动，远离海岸（Tang et al.，1999）。

如果将流经台湾岛以东水道和吐噶喇海峡的黑潮分别视为东海黑潮的上、下游部分，那么，流经 PN 断面的黑潮则可视为东海黑潮的中部。大量的资料分析表明，黑潮流量存在着显著的多尺度时空变化。在上游区，黑潮的年平均流量一般在 20~33Sv[①]（Hsin et al.，2008；Johns et al.，2001；Nitani，1972），但流量的变化较为复杂，除有约100 天的季节内振荡外（Johns et al.，2001），还有夏强秋冬弱的季节变化（Lee and Takeshi，2007）和 2~5 年的年际变化（贾英来等，2004）。在中部，黑潮的年平均流量为 24.3Sv（齐继峰等，2014），而且存在着夏强、秋弱的季节变化（齐继峰等，2014；Ichikawa and Beardsley，1993）和 2~8 年的年际变化（汤毓祥等，1994；齐继峰等，2014）。此外，黑潮流量还有 25 年的年代际变化和线性递增趋势，在 1956~2005 年，流量增加了 8.7Sv（齐继峰等，2014）。在下游区，黑潮的平均流量为 24.1Sv，也有夏强冬弱的季节特征，但其年际变化的主周期为 4 年（魏艳州等，2013）。

东海黑潮的时空变化机制较为复杂，且多种多样。现有的研究结果表明，黑潮流量的季节内振荡主要是来自于副热带西北太平洋的中尺度涡旋（包括气旋式涡旋和反气旋涡旋）导致的。气旋式涡旋会引起黑潮主轴的离岸弯曲，使得部分黑潮水分流到琉球岛链以东，从而降低了通过台湾以东进入东海的黑潮流量，而反气旋式涡旋则会使得黑潮东侧的水位升高，因而增加了黑潮进入东海的流量（Yang and Liu，2003）；黑潮流量的季节变化主要与季风和密度场的季节变动有关，在秋冬季东海陆架盛行强而冷的东北风，它不仅将产生强的西向埃克曼输送，诱导黑潮水向陆架扩展，还会从海面吸取大量

---

① $1Sv=1\times10^{6}m^{3}/s$

的热量，导致海面冷却，使得陆架区的海水密度明显增大，于是导致更多的黑潮水入侵陆架（汤毓祥，1995），黑潮主流的流量随之减弱，而在夏季暖湿的偏南风有利于更多的黑潮水进入东海，但不利于黑潮入侵陆架，于是黑潮流量增强；黑潮流量和热输送的年际和年代际变化分别与黑潮流域上空的经向风异常和太平洋年代际振荡（Pacific decadal oscillation，PDO）有关，当前期黑潮流域上空盛行偏南（北）风时，黑潮将增强（减弱），于是黑潮流量和热输送皆增多（减少），而前期 PDO 指数处于偏高（低）时期，黑潮流量和热输送皆偏多（少）（齐继峰等，2014；Zhang et al.，2012）。但与之不同的是，黑潮下游处流量的年际变化主要是由黑潮的弯曲导致的（Wei et al.，2013）。

2. 黑潮向东海陆架的入侵路径及其水交换

1）黑潮的入侵路径

黑潮经台湾岛以东进入东海后，因其西倾的等压面失去了台湾岛的"支撑"而发生空间上的地转调整，因而在台湾东北部出现了向东海陆架的入侵（苏纪兰，2001），并形成一分支，即人们所熟知的台湾暖流。此外，黑潮在沿着陆坡向东北流动中，大约在九州西南部的 29°N、128°E 附近开始转向，其中大部分黑潮水转向东流，经吐噶喇海峡返回太平洋，而少部分黑潮水则流向北，形成一分支进入对马海峡，成为对马暖流（宇田道隆，1934）。如果将台湾暖流和对马暖流认为是黑潮向陆架的入侵路径的话，那么，东海黑潮向陆架的入侵主要发生在中国台湾东北部和日本九州西南部海域。

在台湾东北部海域，黑潮在表层的入侵路径主要有两条：一条为沿台湾岛北岸的西北向入侵，另一条为由陆架坡折的直接入侵，但前者主要出现在冬季，而后者则全年都发生（刘晓辉等，2015）。而且，黑潮入侵的形态和方式也有明显的季节变化。冬季，黑潮表层水的入侵最强，是台湾暖流表层水的主要来源；夏季，黑潮表层水的入侵较弱，但黑潮次表层水的入侵却最强，是台湾暖流深层水的唯一来源（Zhang et al.，2012；张启龙等，2007；翁学传和王从敏，1984）。可是，由于缺乏长时间、大范围的测流资料，人们大多利用水文调查资料和数值模拟的示踪物实验来研究黑潮次表层的入侵路径及其变动问题。苏纪兰和潘玉球（1990）通过水团特征分析发现，春夏季黑潮次表层水在台湾东北部的入侵途径一般有两处：一处较靠近台湾岛，而另一处则在彭佳屿至钓鱼岛之间。从台湾以东释放的示踪物所占据的区域和浓度可知，黑潮次表层水主要从台湾东北部的深层入侵陆架（Guo et al.，2006），而 Yang 等（2011）则依据示踪物的运移轨迹将黑潮次表层水的入侵路径命名为台湾东北部黑潮底部分支（kuroshio bottom branch current to the northeast of Taiwan，KBBCNT）。KBBCNT 起源于台湾东北部的黑潮次表层水，进入陆架后，大致沿着 122°E 线从 60m 深处流向西北，而后又转向北，最北可达长江口外海域。这部分黑潮次表层入侵水在北流过程中不断地向西扩展并涌升至上表层（张启龙等，2007），从而形成了著名的浙江沿岸上升流（胡敦欣等，1980）。

在九州西部海域，黑潮向陆架的入侵主要是通过对马暖流来实现的。由于对马暖流是黑潮在九州西南部的一个北向分支（Liu and Gan，2012；Hsueh，2000；Nitani，1972），从它的强弱变化便能较好地了解黑潮在东海东北部的入侵行为。对马暖流从东海东北部开始向北流动，然后通过对马海峡进入日本海，最后大部分海水通过津轻海峡（小部分经宗谷海峡）流入北太平洋。在九州西部，黑潮北向分支的流量约为 4.0Sv[①]（Lie et al.，1998），而对马暖流在对马海峡的流量为 1.8Sv（Liu and Gan，2012）。但应指出的是，有关对马暖流的来源迄今仍存在较多争议。按照传统的观点，对马暖流是黑潮在九州西南海域分离出的一个北向分支，当它到达济州岛东南海域后便分为两支：左侧的一支流向西北进入黄海，成为黄海暖流，而右侧的一支则继续向北，大约在对马岛西南部分为两支，分别从朝鲜海峡和对马海峡进入日本海。这一观点几乎沿用了半个多世纪。但在 20 世纪 70 年代初，Lim（1971）首先对这一观点提出了质疑，并认为对马暖流是由黑潮表层水和大陆沿岸水混合而成的。之后，人们围绕着对马暖流的来源问题进行了广泛而深入的调查研究，但仍未达成共识，尚存在着多种观点。数值模拟结果表明，对马暖流的来源具有明显的季节变化，秋季主要来源于黑潮的北向分支，而在其他季节则源于台湾暖流（Isobe，1999）。但 Guo 等（2006）基于高分辨率的数值模拟结果发现，对马暖流共有 3 个来源：①来自于台湾海峡水，但夏季最多而冬季最少；②源于台湾东北部的黑潮入侵水，但秋季最多、夏季最少；③源于九州西南部黑潮的北向分支，秋季最多、冬季最少。此外，示踪物实验表明，夏季对马暖海峡有一半的海水来源于黑潮，另一半则来自台湾海峡水；冬季，80%的对马海峡水来自黑潮，而 20%源于台湾海峡水；但在东海陆架的底层，终年被黑潮水所盘踞。由此可见，黑潮在东海东北部的入侵也较强，深底层尤其如此。

如果用 200m 等深线的黑潮流量作为衡量黑潮入侵陆架指标的话，那么，在台湾以北至九州以西海域皆有黑潮向陆架入侵现象，但存在着季节尺度的时空特征：冬季全流域的入侵最强（1.69Sv），而夏季则最弱（0.48Sv）；在空间上，台湾东北部的黑潮入侵较强，而九州西南部的入侵则较弱（宋军等，2016）。

2）黑潮与陆架水的水交换

毋庸置疑，黑潮在向陆架入侵的同时，还将与陆架水进行水交换。但因缺乏大量的有针对性的调查资料，有关黑潮与东海陆架水交换的研究不够深入。早期的研究大多用 T-S 多边形混合百分比法来探讨东海陆坡处水团间的混合过程（李可和卢中发，1987；杨天鸿，1984），而 Chen 等（1995）则用此法较为详细地研究了 1988 年 9 月和 1989 年 12 月黑潮与陆架水团间的交换过程。他们发现，在台湾东北部主要有四个水团参与了黑潮与陆架水的水交换，但各水团的作用有所不同。在东海陆架上，陆架表层水所占的比例由 9 月的 70%～80%减少到 12 月的 20%，而陆架底层水则由 9 月的 10%减少到 12 月的几乎为零；陆架水的减少引起了黑潮水的大量入侵，9 月黑潮表层水、黑潮热带水（也有学者称之为黑潮次表层水）和黑潮中层水在陆架上的比例分别为 10%、50%和 30%，而在 12 月则分别是 30%～50%、30%和 10%～30%。为了进一步了解黑潮与陆架水的季节交换，林葵等（1995）利用 1987 年 9 月～1992 年 11 月在东海获得的 31 个航次的断面调查资料，估算了黑潮与陆架水间的季节输运和交换。结果表明，在台湾东北部，黑潮向陆架的年平均输运量为 0.54Sv，而陆架水向黑潮区的输运量则为 0.67Sv，参与交换

---

① 1Sv=1×10^{6}m^3/s

的总量达 1.21Sv，但交换总量具有夏强（1.81Sv）、冬弱（0.73Sv）的季节变化特征。

黑潮与陆架水交换过程中，除了黑潮向陆架的入侵机制外，中尺度涡旋的作用也很重要。在东海黑潮锋面处，时常会出现中尺度涡旋，即黑潮锋面涡旋（Guo，1993）。这些中尺度涡旋在黑潮与陆架水交换过程中发挥了十分重要的作用。由于锋面涡旋是气旋式涡旋，它不仅将黑潮的上层暖水输送到陆架上，还将陆架混合水卷带入黑潮主流中，同时还会驱动涡旋中心区的下层黑潮冷水向上涌升，把丰富的营养盐带到真光层。显然，正是锋面涡旋的存在，才促使黑潮水、陆架水和黑潮下层涌升冷水三者在陆架坡折处附近以中尺度规模进行交换与混合。资料分析表明，涡旋卷入黑潮中的陆架混合水平均为 0.44Sv[①]，而进入陆架的倒卷黑潮水仅为 0.04Sv；对于东海陆架边缘而言，锋面涡的作用将使 1.8Sv 的陆架水卷入黑潮中，此输送量与台湾海峡的年平均流量相当；虽然黑潮暖水通过锋面涡旋作用进入陆架的输送量比较小，但在九州西南的深水区，它的输运量却是相当大的，是对马暖流的重要来源（郭炳火和葛人峰，1997）。由数值模拟结果得出，黑潮因与陆架水交换损失了约 7% 的热量和盐量，并以约 1.0Sv 的流量获得淡水（Hsueh，2000）。

3. 黑潮对东海陆架区营养盐的影响

营养盐是海洋生态系统的主要生源物质，并且是影响海洋初级生产力的重要因素，其输送、循环与更新是构成再生的生命资源的物质与环境基础。然而在人类活动的影响下，大量的营养盐被输送入海，导致东海西部近岸区特别是长江口及其邻近海域富营养化日趋严重，有害赤潮频繁发生，给该海域的生态系统造成严重危害。而赤潮的发生很大程度上取决于局地营养盐的异常增多。已有研究表明，除了长江径流带来大量的陆源物质（包括营养盐）外，黑潮次表层水的向岸入侵也是东海陆架区营养盐的重要贡献者（Chen，1996）。东海黑潮区的营养盐浓度呈表层低、底层高的分布特征，底层高营养盐中心分别位于台湾东北部和九州岛西南部海域（刘超等，2012；Wong et al.，1998）。这进一步证实了黑潮次表层水向陆架入侵的路径分别位于台湾东北部和九州西南部海域。张启龙等（2007）认为，除了包括长江冲淡水在内的江浙沿岸水具有高营养盐含量外，台湾暖流深层水也有丰富的营养盐，而台湾暖流表层水的营养盐则偏低。台湾暖流深层水来源于台湾东北部海域的黑潮次表层水，而台湾暖流表层水则是由黑潮表层水和台湾海峡水混合而成的（Zhang et al.，2014；张启龙和王凡，2004；翁学传和王从敏，1984）。Chen（2008）指出，黑潮中层水（应为黑潮次表层水）输入的磷酸盐是长江和黄河等径流输入的磷酸盐的许多倍，东海陆架上 71% 的磷酸盐是由黑潮入侵水贡献的。杨德周等（2009）根据观测资料和数值模拟分析指出，秋季长江口外叶绿素高浓度区的营养盐主要来源于黑潮次表层水营养盐的平流输入，其输入的营养盐量比长江口输入的营养盐量高一个量级。

8.4.2　南　　海

在南海，与黑潮相关的关键词主要包括：黑潮入侵（kuroshio intrusion）、中尺度涡旋（mesoscale eddies）、吕宋海峡（Luzon Strait）、分支（branch）、数值模型（numerical

---

① 1Sv=1×10⁶m³/s

model）和季风（monsoon）等。南海是西太平洋最大的边缘海，也是一个半封闭的深水海盆，其跨度大为 0°～23°N、99°E～121°E，面积约达 350 万 km²，平均水深逾 1800m，最深可达 5420 m。它通过台湾海峡、吕宋海峡、民都洛海峡和巴拉巴克海峡、邦加海峡、加斯伯海峡和卡里马塔海峡、马六甲海峡与东海、西太平洋、苏禄海、爪哇海及印度洋相通。南海岛屿众多，海底地形复杂多样，既有宽广的大陆架，又有险峻的大陆坡和辽阔的深海盆地。黑潮在流经吕宋海峡时会发生形变并入侵南海，与南海进行质量、动量和能量的交换，从而对南海的温盐特征、环流结构和生态系统产生影响（Nan et al.，2014）。黑潮与南海的水交换主要是通过吕宋海峡进行的，其是黑潮影响南海最直接的通道（苏纪兰和袁业立，2005）。从关键词共现图，并结合文献解读分析可知，在南海关于黑潮的研究热点主要如下。

1. 黑潮入侵南海的方式和路径

关于黑潮对南海的影响，是当前争论最多的问题之一，主要集中在黑潮以何种方式进入南海、黑潮与南海的水交换以及黑潮入侵南海的动力机制等方面。黑潮在流经吕宋海峡时，经常会入侵南海，并与南海发生强烈的水交换，但黑潮入侵南海的方式和路径目前尚未达成共识，主要有三种观点：南海的黑潮分支、流套和流环。

1）黑潮分支

基于水文观测资料发现，冬季在东北风的影响下部分黑潮水从吕宋海峡进入南海（Nitani，1972；Dale，1956），而在夏季部分黑潮水则通过吕宋海峡直接进入台湾海峡（Chu，1971；Chan，1970）。Qiu 等（1984）通过 1976～1982 年的观测资料分析，发现夏季在南海暖流南侧有一支来自于黑潮的西向流，并将其命名为南海分支（SCSBK）。在春末和夏季，SCSBK 在表层的宽度为 55～110km，但在东沙岛东南部较宽，而西南部则较窄。郭忠信等（1985）指出，冬季黑潮分支的表层流速最大可达 144cm/s，宽度在 130km 以上。而且，浦书箴等（1992）从 20 世纪 80 年代末期 5 个不同航次的调查资料中发现了黑潮分支经吕宋海峡进入南海东北部。后来的一些资料分析结果（Qu et al.，2000；Wang and Chern，1996）和数值模拟结果（Fang et al.，1996；Metzger and Hurlburt，1996；Li et al.，1996；）也都揭示了黑潮分支的存在。

2）黑潮流套

李立和伍伯瑜（1989）通过分析 1966 年夏季吕宋海峡附近的海面动力高度场和其他观测资料发现，黑潮常以流套形式经吕宋海峡进入南海。后来，这一新观点引起了人们的关注，并对这一现象进行了研究。Zhang 等（1995）基于一个三维非线性诊断模式的模拟结果指出，在 1965 年和 1966 年夏季黑潮皆以流套的形式进入南海，至少在表层它可西伸至 118°E 附近。Huang 和 Zheng（1995）根据 1992 年 3 月的 CTD 资料分析结果认为，黑潮从吕宋海峡中南部进入南海，然后在吕宋海峡西部的 100m 深处分成三部分：第一部分从吕宋海峡北部以流套形式流出南海；第二部分向西伸展至东沙岛以北的陆架区；第三部分在吕宋海峡南部形成一气旋式环流。Liu 等（1996）分析了 1990 年以来在吕宋海峡和南海北部获得的水文资料和卫星海面温度数据得出，黑潮从吕宋海峡的中南部进入南海，而从海峡北部返回太平洋，即黑潮路径呈弯曲态，但弯曲的程度冬季较大、夏季较小。Farris 和 Wimbush（1996）认为，在东北风驱动下的埃克曼（Ekman）输送迫使黑潮表层水向西流，并在吕宋海峡形成一流套。Li 等（1996）及 Li 和 Liu（1997）也都指出，北向的西边界流如黑潮在西边界豁口处会变形，当豁口足够宽时，它将变成一反气旋流套。

3）黑潮流环

李立等（1997）指出，1994 年 9 月在南海北部陆坡附近有一闭合的反气旋式流环，其水平尺度约为 150km，中心位于 21°N、117.5°E 附近，近表层的流速约为 1m/s，因其内部的温盐值不同于周围的南海水，故可认为该流环来源于黑潮。Li 等（1998）运用高分辨率的海洋气候模式模拟的海面高度场揭示出 1995 年 1～7 月流环从黑潮脱落并在南海北部向西南方向流动的全过程。

基于 SST、海面高度等资料，Caruso 等（2006）指出，黑潮入侵南海的形态和路径存在着明显的年际变化，冬季尤其如此。当黑潮在吕宋海峡中部入侵时，便会在南海北部形成一个反气旋式流套，可是在某些年的冬季，黑潮会在吕宋海峡北部入侵，并将出现一气旋式流套。

吕宋海峡是沟通西北太平洋和南海的重要通道，海峡东侧海域属于北太平洋副热带逆流区（sub-tropical countercurrent，hereafter STCC），是北太平洋海域继黑潮延伸体之后的第二大涡旋活跃区（赵杰，2010）。当中尺度涡旋西传到黑潮附近时，不仅会导致黑潮的流态发生形变，也会对黑潮入侵南海的流量产生重要影响（Lien et al.，2014）。不仅如此，中尺度涡旋还会使黑潮入侵南海的方式发生改变（Zheng et al.，2011）。当强度较大的涡旋靠近吕宋海峡时，此处的黑潮路径将从流套（looping）或脱落旋涡（eddy shedding）态转变为跨越（leaping）态（Hu and Hou，2010）。

2. 黑潮入侵南海的体积输送及其季节和年际变化

黑潮不仅在入侵南海的方式和路径上不同，而且在入侵时间上也有差异。黄企洲（1983）指出，黑潮在吕宋海峡的体积输送（0～1200m）冬季最大、夏季最小。Wyrtki（1961）和 Nitani（1972）都认为，当南海及其邻近海域盛行东北风时，黑潮将入侵南海，而转为西南风时黑潮则不再入侵。这一季节入侵特征得到了其他学者的证实（Farris and Wimbush，1996；Shaw，1991）。可是，另外一些学者却认为，黑潮终年入侵南海。Chu 和 Li（2000）利用气候态水文资料估计了黑潮在吕宋海峡的体积输送并指出，黑潮全年都入侵南海，其中 2 月输送量最大（13.7Sv[①]），而 9 月最小（1.4Sv）；Qu（2000）基于历史温度剖面资料也得到了类似的结果，但输送量却有所不同：在 1～2 月输送量最大，为 5.3Sv，而在 6～7 月输送量最小，仅 0.2Sv。

不仅如此，在黑潮与南海水交换的深度方面也存在着不同的看法。郭忠信和方文东（1988）利用 1985 年 9 月的水文资料得出，在吕宋海峡 1200m 以浅水层黑潮的净西向输

---

① 1Sv=1×10⁶m³/s

送为 11Sv，这是从黑潮主流分离的南海分支，它以 80cm/s 的速度穿过 120°E，进入南海。可是，Shaw 和 Chao（1994）却指出，南海和太平洋间的水交换主要集中在吕宋海峡 300m 以浅水层并有明显的季节特征。夏季，整个海峡的表层流都指向太平洋，但在 300m 以深水层在海峡北部为东向流（即流出南海），而在海峡南部则为西向流（即进入南海）。冬季，表层流指向南海，而在表层流之下的海水则从海峡南、北部流向太平洋。可见，黑潮通过吕宋海峡向南海的体积输送具有冬强、夏弱的季节变化。

黑潮入侵南海的体积输送还存在着显著的年际变化。基于高分辨率的海洋环流模式的模拟结果，Qu 等（2004）得出，黑潮经吕宋海峡向南海的体积输送（Luzon Strait Volume Transport，LST）存在着较显著的年际变化（其年变幅为 3Sv），并与厄尔尼诺-南方涛动（ENSO）有密切的联系。其中，在厄尔尼诺（El Niño）期间 LST 增强，而在拉尼娜（La Niña）期间则减弱。这些结果也得到了 SODA 同化数据的验证（Liu et al.，2012）。

3. 黑潮入侵南海的季节和年际变化的影响因素

黑潮入侵南海的季节和年际变化主要受风应力、北赤道流分叉以及 ENSO 等因素的影响。在季节变化方面，冬季，强盛的东北季风阻碍了黑潮主流的北上，因而有利于黑潮水入侵南海，而夏季西南季风则增强了黑潮主流的北上势力，因而减弱了黑潮水的入侵。在年际变化方面，黑潮入侵南海的输送量与北赤道流的分叉位置变动有很好的对应关系。当北赤道流的分叉点偏南时，吕宋海峡东侧的黑潮输送量增大，不利于黑潮入侵南海，LST 减弱；反之，当北赤道流的分叉点偏北时，吕宋海峡东侧的黑潮输送量减小，有利于黑潮入侵南海，LST 增强（Qiu and Chen，2010；Sheremet，2010；Yaremchuk and Qu，2004）。而北赤道流分叉点位置的变动与 ENSO 和太平洋年代际振荡（Pacific Decadal Oscillation，PDO）有关（Wu，2013；Qu et al.，2010；Wang et al.，2006）。

8.4.3　海表温度

在黑潮流域，与海表温度（SST）相关的关键词主要包括气候变化（climate change）、年代际变化（decadal variability）、海气相互作用（atmosphere-ocean interaction）、厄尔尼诺-南方涛动（ENSO）、冲绳海槽（Okinawa Trough）和北赤道流（North Equatorial Current）等。SST 是表征黑潮热状态的主要指标之一，通过它可以研究黑潮区的海气相互作用、黑潮变化对降水的影响过程、黑潮与全球变暖和气候变化的关系，以及黑潮与 ENSO 和 PDO 的相关性等。从关键词共现图并结合文献解读分析可以看出，关于黑潮 SST 的研究热点主要集中在以下两方面。

1）黑潮区 SST 的时空变化特征

前已提及，黑潮南北跨越达 15 个纬度（20°N～35°N），而东西跨越 40 个经度（120°E～160°E）。在如此宽广的海域，黑潮流域的 SST 除了受黑潮本身的影响外，还受太阳辐射、风场、邻近水团、中尺度涡旋等因素的影响，因此，黑潮 SST 存在着很强的时空变化，在东海、日本以南海域和黑潮延伸体区 SST 的变化尤为显著。

1960~2007 年，东海黑潮区（22°N~34°N，122°E~136°E）的 SST 存在着显著的多时间尺度（季节、年际、年代际和长期变化）的变化特征。其中，SST 的气候态呈夏季高（8 月最高，为 27.2℃）、冬季低（2 月最低，为 17.8℃）的季节变化特征；SST 除了有 2~7 年的年际变化外，还有 10~14 年和 30~50 年的年代际振荡，而且在 20 世纪 90 年代以后呈线性递增趋势。时间滞后相关分析表明，东海黑潮 SST 的年际变化主要是由 ENSO 引起的，而其 30~50 年的振荡则是对全球变暖的响应（孙楠楠，2009）。

在日本以南海域，黑潮经常发生大弯曲，导致该海域的环流结构和水文状况发生剧烈的变化，而黑潮延伸区则是整个北太平洋中涡动动能最大的海域，也是海洋向大气输送净热通量最大的源。Hosoda 和 Kawamura（2005）研究表明，虽然海表温度异常主要受到海洋干扰，如黑潮延伸体处中尺度涡旋的影响，但 SST 的异常变化还要受到大气强迫的影响。王闪闪等（2012）选用日本以南和黑潮延伸体两个区域的 SST，定义了黑潮指数（kuroshiot index，KI），分析了黑潮下游段（日本以南至黑潮延伸区）SST 的变化特征。结果表明，1941~2009 年，KI 具有准 3 年和 7 年的年际振荡及准 20 年的年代际变化规律，并在 1975 年前后经历了一次气候跃变。在 1975 年之前，KI 主要为负值，而之后则基本为正值。进一步分析表明，KI 的年际变化主要是由 ENSO 引起的，而其年代际变化则与 PDO 有关。

2）黑潮 SST 对气候的影响

由于黑潮具有暖流特征，不仅将热带太平洋的暖水向高纬地区输送，同时还向大气释放热量，从而对大气环流和我国东部地区的气候（气温和降水）产生重要影响。研究表明，前期（冬季、春季）黑潮 SST 异常对我国夏季降水都有显著影响。当冬季（1 月）黑潮 SST 异常升高（偏低）时，华南地区的夏季降水减少（增多），将出现干旱（洪涝）（徐海明，1997），而长江流域的降水则增多（减少），易发生洪涝（干旱）（李跃凤和丁一汇，2002）。李忠贤和孙照渤（2006）基于 NCAR CCM3 模式研究了黑潮 SST 对东亚夏季风的影响，并指出当冬季黑潮区海温异常偏高时，西北太平洋副热带高压位置偏西、强度偏强，夏季风较弱，梅雨锋位置偏南，江淮流域及长江中下游地区的降水偏多，而华北和东北地区的降水偏少；反之亦然。春季，当黑潮海温偏高时，中高纬地区的槽和脊加深，西北太平洋副热带高压加强、西伸，导致副热带高压西侧的暖湿气流输送到长江中下游及华南地区，从而使长江中下游及华南地区的夏季降水增多；相反，当海温偏低时，长江中下游及华南地区的夏季降水则减少（张天宇等，2007）。此外，冬季黑潮 SST 对我国东部地区的气温也有明显的影响，特别与华北和华东地区的气温存在着显著的正相关（Wu et al.，2010）。

8.4.4 黑潮大弯曲

与黑潮大弯曲（kuroshio large meander，KLG）相关的关键词主要有数值模拟（data assimilation）、体积输送（volume transport）和海气相互作用（atmosphere-ocean interaction）等。关于黑潮大弯曲的研究主要集中在黑潮的运移路径特征与形成机制方面。

在日本以南海域，黑潮的路径并不总是平直的，有时会发生大弯曲，即黑潮流轴向南移动，远离日本海岸。观测发现，黑潮的运移路径表现为双模态特征（bimodality），即黑潮有两种典型的运移路径：一种是非大弯曲（nonlarge meander，NLM）路径，而另一种则是大弯曲路径（large meander，LM）（Taft，1972）。通常，这两种路径可能都会持续几年到十几年的时间，但是这两种路径的转换时间却较短，通常是 2~3 个月（Kawabe，1986）。长期观测表明，1963~1975 年，黑潮的路径处于 NLM 模态，而且黑潮流量减弱；1975~1980 年、1981~1984 年、1986~1988 年和 1989~1991 年，黑潮路径则为 LM 模态，且其流量增强（Kawabe，1995）。

后来，许多学者运用高分辨率的数值模式对黑潮运移路径的形成机制进行了模拟研究。结果表明，风应力（Kurogi and Akitomo，2003）、中尺度涡（Akitomo and Kurogi，2001；Ebuchi and Hanawa，2001）和低位涡水的累积（Qiu and Miao，2000）等皆对黑潮大弯曲的形成有重要影响。

8.4.5　黑潮延伸体

与黑潮延伸体（kuroshio extension）相关联的关键词主要有资料同化（data assimilation）、中尺度涡旋（mesoscale eddies）、大气（atmosphere）和相互作用（interaction）等。

黑潮延伸体是中纬度海洋–大气相互作用的关键区，也是海洋涡旋最活跃的区域之一。因此，黑潮延伸体的海气相互作用和中尺度涡一直是科研人员研究的重点内容。Qiu（2002）在对黑潮延伸区大尺度变化及其对中纬度海气相互作用的影响研究综述中指出，从年际及年代际时间尺度上看，黑潮延伸体区的 SST 变化对大气环流起着重要的调整作用，而 SST 的变化则是由黑潮延伸体的大尺度波动和风应力旋度变化导致的。高理等（2007）利用 1993~2004 年的卫星高度计资料分析了黑潮延伸体的中尺度涡旋，认为该区的中尺度涡以每年 10 个经度的速度自东向西传播，其平均寿命约为 1 年，而且涡旋的数量和强度皆与厄尔尼诺事件密切相关。

综上可知，以往的黑潮研究大多局限于某一海域，如黑潮源区、东海、日本以南海域和黑潮延伸体。另外，由于缺乏大范围、长时间的海流观测资料，以往有关黑潮流量、热输送及其水交换的分析结果大多是根据水文观测资料和数值模拟结果得到的，这些都需要大量的实测流资料加以验证。此外，在以往的研究中，由于人们根据研究需要，使用了不同版本、不同分辨率的海洋模式，得到的结果存在着较大差异。这也是一项值得深入探讨的工作。

8.5　启示建议

通过对黑潮研究的国际战略部署与 SCI 论文产出情况进行分析可以看出，东海黑潮、黑潮对南海的入侵、海温异常、黑潮延伸体海–气相互作用以及黑潮大弯曲等方面的研究是近年来黑潮研究的主要内容。为了更深入地开展调查研究，提高我国的黑潮研究水平和实力，提出如下建议。

1. 注重海洋再分析资料数据集的建设

目前，已有一批海洋观测、同化和客观分析的高分辨率海洋和大气再分析资料（包括 SODA、COADS、Argo、CTD 数据、OFES 和 CORE 等）问世。这些资料在很多海洋模拟研究中都被作为区域模式驱动场的初始资料，并用来检验模拟结果。可是，中国近海的海洋环流和热盐结构受局地环境的影响而复杂多变，与世界大洋存在着较大差异，因此，有必要对中国海域专门进行资料再分析，研制出一份高质量、高分辨率的，能准确刻画中国近海环流基本特征和变化规律的数据产品。

2. 研制自主产权的我国近海高分辨率海洋模式

近年来，由于读入数值模式的实测数据种类的增多和质量的优化以及模式自身的发展，利用数值模拟手段来研究黑潮的特性和变异机制也越来越普遍，但众多的海洋模式由于其坐标、参数化方案等的不同，其在不同区域的模拟效果也有较大差异（吴力川，2013）。因此，加快研制具有自主产权适合我国近海的高分辨率海洋模式，对我国深入开展黑潮变异及其影响研究具有积极的推动作用，而且无论对国民经济建设、气候变化研究，还是对海上军事活动的安全保障都有重要意义。

3. 加大海洋观测、探测等基础设施研发的投入

技术设备支撑海洋科学发展，科学引领技术先行，美国国家科学基金会地球科学部对海洋仪器设备的投入（包括支持用于极端环境和海底探测的远程传感器的开发和部署）极大地提高了美国海洋科学的研究能力。相比之下，我国在海洋仪器设备研制和深海海洋环境监测技术方面仍较落后。因此，我国应继续加大深海探测考察能力的投入，大力开展水下环境监测新技术、新方法及系统集成创新研究，提高立体化海洋环境信息获取和深海观测探测能力，实现对黑潮相关要素参数的长期在线观测/移动船载监测。

4. 加强国际合作，开展全流域黑潮调查研究

受调查资料的限制，目前对黑潮的研究多集中在某一区域，因此，从全流域的角度对黑潮的时空变化特征与机制进行调查研究，对于全面而深入地了解黑潮的结构特征、变化规律及其影响过程具有重大的理论意义和应用价值。但应指出，由于黑潮流域广阔，涉及多个国家和地区（中国、菲律宾、日本），需要加强国际合作，加大投入，科学布局，并建立一套长期有效的黑潮监测系统，从而为深入开展全流域黑潮研究奠定可靠的资料基础。

参 考 文 献

范元炳, 蒲书箴. 1998. 我国海洋科学领域的全球变化研究进展. 地球科学进展, 13(1): 62-71.

高理, 刘玉光, 荣增瑞. 2007. 黑潮延伸区的海平面异常和中尺度涡的统计分析. 海洋湖沼通报, 1: 14-23.

郭炳火, 葛人峰. 1997. 东海黑潮锋面涡旋在陆架水与黑潮水交换中的作用. 海洋学报, 19(6): 1-11.

郭忠信, 方文东. 1988. 1985 年 9 月的吕宋海峡黑潮及其输送. 热带海洋, 2: 13-19.

郭忠信, 杨天鸿, 仇建忠. 1985. 冬季南海暖流及其右侧的西南向海流, 热带海洋, 4: 1-9.

胡敦欣, 吕良洪, 熊庆成, 等. 1980. 关于浙江沿岸上升流的研究. 科学通报, 25(3): 131-133.

黄企洲. 1983. 巴士海峡黑潮流速流量的变化. 热带海洋, 2(1): 35-41.

贾英来, 刘秦玉, 刘伟, 等. 2004. 台湾以东黑潮流量的年际变化特征. 海洋与湖沼, 35(6), 507-512.

李可, 卢中发. 1987. 冬夏季东海水团的初步分析. 黑潮调查研究论文集. 北京: 海洋出版社.

李立, 苏纪兰, 许建平. 1997. 南海的黑潮分离流环. 热带海洋, (2): 42-57.

李立, 伍伯瑜. 1989. 黑潮的南海流套? 南海东北部环流结构探讨. 台湾海峡, 8(1): 89-95.

李威, 王琦, 马继瑞, 等. 2011. 台湾以东黑潮锋时空分布及形成机制研究. 海洋通报, 13(4): 13-32.

李跃凤, 丁一汇. 2002. 海表温度和地表温度与中国东部夏季异常降水. 气候与环境研究, 7(1): 87-101.

李忠贤, 孙照渤. 2006. 冬季黑潮 sst 影响东亚夏季风的数值试验. 大气科学学报, 29(1): 62-67.

林葵, 陈则实, 郭炳炎, 等. 1995. 东海黑潮水与陆架水的季节性输运和交换. 海洋科学进展, (4): 1-8.

刘超, 康建成, 王国栋, 等. 2012. 东海黑潮区营养盐及其限制作用的月际空间分异. 资源科学, 34(7):
　　　1375-1381.

刘晓辉, 陈大可, 董昌明. 2015. 利用拉格朗日方法研究台湾东北黑潮路径变化. 中国科学: 地球科学,
　　　45(12): 1923-1936.

卢汐, 宋金明, 袁华茂, 等. 2015. 黑潮与毗邻陆架海域的碳交换. 地球科学进展, 30(2): 214-225.

蒲书箴, 于惠苓, 蒋松年. 1992. 巴士海峡和南海东北部黑潮分支. 热带海洋, 11(2): 1-7.

齐继峰, 尹宝树, 杨德周, 等. 2014. 东海黑潮流量的年际和年代际变化. 海洋与湖沼, 45(6): 1141-1147.

宋军, 郭俊如, 鲍献文, 等. 2016. 东海黑潮与陆架水之间的水交换研究. 海洋通报, 35(2): 178-186.

苏纪兰. 2001. 中国近海的环流动力机制研究. 海洋学报, 23: 1-16.

苏纪兰, 潘玉球. 1990. 台湾以北黑潮入侵陆架途径的探讨//国家海洋局科技司. 黑潮调查研究论文选
　　　(二). 北京: 海洋出版社.

苏纪兰, 袁业立. 2005. 中国近海水文. 北京: 海洋出版社.

孙楠楠. 2009. 东海黑潮海表温度变化及其与厄尔尼诺和全球变暖的关系. 青岛: 中国海洋大学硕士学
　　　位论文.

汤毓祥. 1995. 东海黑潮区域性变异的分析. 海洋学报, 17(4): 22-29.

汤毓祥, 林葵, 田代知二. 1994. 关于东海黑潮流量某些特征的分析. 海洋与湖沼, 25(6): 643-651.

王闪闪, 管玉平, 黄建平. 2012. 黑潮及其延伸区海表温度变化特征与大气环流相关性的初步分析. 物
　　　理学报, 61(16): 169201-169201.

王兆毅. 2012. 黑潮对中国近海环流影响的数值模拟研究. 北京: 国家海洋环境预报中心硕士学位论文.

魏艳州, 黄大吉, 朱小华. 2013. 1987~2010 年 pn、tk 断面黑潮流场的时空变化. 海洋与湖沼, 44(1):
　　　30-37.

翁学传, 王从敏. 1984. 台湾暖流水(团)夏季 T-S 特征和来源的初步分析. 海洋科学集刊, 21: 113-133.

吴力川. 2013. 南海区域海洋模式适应性比较分析及改进. 武汉: 武汉理工大学硕士学位论文.

徐海明. 1997. 华南夏季降水与全球海温的关系. 大气科学学报(3): 392-399.

杨德周, 尹宝树, 俞志明, 等. 2009. 长江口叶绿素分布特征和营养盐来源数值模拟研究. 海洋学报,
　　　31(1), 10-19.

杨天鸿. 1984. 东海黑潮水团的初步分析. 海洋科学集刊, 21: 179-199.

宇田道隆. 1934. 日本海及び其の鄰接海区の海况. 水産試驗場報告, 5: 57-190.

张启龙, 王凡. 2004. 舟山渔场及其邻近海域水团的气候学分析. 海洋与湖沼, 35(1): 48-54.

张启龙, 王凡, 赵卫红, 等. 2007. 舟山渔场及其邻近海域水团的季节特征. 海洋学报, 29(5): 1-9.

张天宇, 孙照渤, 李忠贤, 等. 2007. 春季黑潮区海温异常与我国夏季降水的关系. 热带气象学报, 23(2):
　　　189-195.

赵杰. 2010. 吕宋海峡东侧海区中尺度涡旋的统计特征及对黑潮平均流的影响初探. 青岛: 中国海洋大

学硕士学位论文.

中韩海洋科学共同研究中心. 2016. 韩国首次统一规定周边海域的海流名称. http: //www. ckjorc. org/cn/ cnindex_newshow. do?id=2437. [2016-12-30].

Akitomo K, Kurogi M. 2001. Path transition of the kuroshio due to mesoscale eddies: a two-layer, wind-driven experiment. Journal of Oceanography, 57(6): 735-741.

Argo. 2016. How is Argo data being used by researchers? http: //www.argo.ucsd.edu/Research_use.html. [2016-05-19].

Caruso M J, Gawwarkiewicz G G, Beardsley R C. 2006. Interannual variability of the Kuroshio intrusion in the South China Sea. Journal of Oceanography, 62: 559-575.

Chan K M. 1970. The Seasonal Variation of Hydrological Properties in the Northern South China Sea. The Kuroshio-a Symposium on the Japan Current. Honolulu: East-West Center Press.

Chang M H, Jheng S Y, Lien R C. 2016. Trains of large Kelvin-Helmholtz billows observed in the Kuroshio above a seamount. Geophysical Research Letters, 43: 8654-8661.

Chen C T A. 1996. The Kuroshio Intermediate Water is the major source of nutrients on the East China Sea continental shelf. Oceanologica Acta, 19(5): 523-527.

Chen C T A. 2008. Distributions of nutrients in the East China Sea and the South China Sea connection. Journal of Oceanography, 64: 737-751.

Chen C, Ruo R, Pai S C, et al. 1995. Exchange of water masses between the East China Sea and the Kuroshio off northeastern Taiwan. Continental Shelf Research, 15(1): 19-39.

Chu C Y. 1971. Environmental study of the surrounding waters of Taiwan. Acta Oceanogr, 1: 15-32.

Chu P C, Li R. 2000. South China Sea isopycnalsurface circulation. Journal of Physical Oceanography, 30(9): 2419-2428.

Dale W. 1956. Wind and drift currents in the South China Sea. Journal of Tropical Geography, 8: 1-31.

Ebuchi N, Hanawa K. 2001. Trajectory of mesoscale eddies in the kuroshio recirculation region. Journal of Oceanography, 57(4): 471-480.

Fang Y, Fang G H, Yu K J. 1996. ADI barotropic ocean model for simulation of Kuroshio intrusion into China southeastern waters. Chinese Journal of Oceanology and Limnology, 14(4): 357-366.

Farris A, Wimbush M. 1996. Wind-induced Kuroshio intrusion into the South China Sea. Journal of Oceanography, 52(6): 771-784.

Guo B H. 1993. Kuroshio Frontal Eddy Warm Filament and Warm Ring in the East China Sea//Proceedings of the Symposium on the Physical and Chemical Oceanography of the China Seas. Beijing: China Ocean Press.

Guo X, Miyazawa Y, Yamagata T. 2006. The Kuroshio onshore intrusion along the Shelf Break of the East China Sea: The origin of the Tsushima Warm Current. Journal of Physical Oceanography, 36(12): 2205-2231.

Hosoda K, Kawamura H. 2005. Seasonal variation of space/time statistics of short-term sea surface temperature variability in the Kuroshio region. Journal of Oceanography, 61(4): 709-720.

Hsin Y C, Wu C R, Shaw P T. 2008. Spatial and temporal variations of the Kuroshio east of Taiwan, 1982—2005: A numerical study. Journal of Geophysical Research, 113, C04002.

Hsueh Y. 2000. The Kuroshio in the East China Sea. Journal of Marine Systems, 24(1 /2): 131-139.

Hu P, Hou Y J. 2010. Path transition of the western boundary current with a gap due to mesoscale eddies: a 1. 5-layer, wind-driven experiment. Chinese Journal of Oceanology and Limnology, 28(2): 364-370.

Huang Q Z, Zheng Y R. 1995. Currents in the Northeastern South China Sea and Bashi Channel in March 1992//Proceedings of Symposium of Marine Sciences in Taiwan Strait and Its Adjacent Waters. Beijing: China Ocean Press.

Hung J J, Chen C H, Gong G C, et al. 2003. Distributions, stoichio-metric patterns and cross-shelf exports of dissolved organic matter in the East China Sea. Deep Sea Research Part II: TopicalStudies in Oceanography, 50(6 /7): 1127-1145.

Ichikawa H, Beardsley R C. 1993. Temporal and spatial variability of volume transport of the Kuroshio in the

East China Sea. Deep Sea Research Part I: Oceanographic Research Papers, 40(3): 583-605.

Isobe A. 1999. On the origin of the Tsushima Warm Current and its seasonality. Continental Shelf Research, 19: 117-133.

Jayne S R. 2015. Origins of the Kuroshio and Mindanao Currents. http: //sjayne.whoi.edu/origins-of-the-kuroshio- and-mindanao-currents. [2015-05-25].

Johns W E, Lee T N, Zhang D X, et al. 2001. The Kuroshio East of Taiwan: moored transport observations from the WOCEPCM-1 array. Journal of Physical Oceanography, 31: 1031-1053.

Kawabe M. 1986. Transition processes between the three typical paths of the Kuroshio. Journal of Oceanography, 42: 174-191.

Kawabe M. 1995. Variations of current path, velocity, and volume transport of the kuroshio in relation with the large meander. Journal of Physical Oceanography, 25(12): 3103-3117.

Kurogi M, Akitomo K. 2003. Stable paths of the Kuroshio south of Japan determined by the wind stress field. Journal of Geophysical Research, 108(108): 894-895.

Lee J S, Takeshi M. 2007. Intrusion of Kuroshio water onto the continental shelf of the East China Sea. Journal of Oceanography, 63(2): 309-325.

Li R F, Guo D J, Zeng Q C. 1996. Numerical simulation of interrelation between the Kuroshio and the current of the northern South China Sea. Progress in Natural Science, 6(3): 325-332.

Li L, Nowlin W D, Su J. 1998. Anticyclonic rings from the Kuroshio in the South China Sea. Deep Sea Research Part I: Oceanographic Research Papers, 45(9): 1469-1482.

Li W, Liu Q Y. 1997. A preliminary study of the deformation and its dynamics of western boundary current at a gap. Journal of Ocean University of Qingdao, 27(3): 277-281.

Lie H J, Cho C H, Lee J H, et al. 1998. Separation of the Kuroshio water and its penetration onto the continental shelf west of Kyushu. Journal of Geophysical Research, 103: 2963-2976.

Lien R C, Ma B, Cheng Y H, et al. 2014. Modulation of Kuroshio transport by mesoscale eddies at the Luzon Strait entrance. Journal of Geophysical Research-Oceans, 119(4): 2129-2142.

Lim D B. 1971. On the origin of Tsushima Current Water. Journal of the Oceanographical Society of Korea, 6: 85-91.

Liu Q Y, Huang R X, Wang D X. 2012. Implication of the South China Sea through flow for the interannual variability of the regional upper-ocean heat content. Advances in Atmospherric Sciences, 29(1): 54-62.

Liu Q Y, Liu C T, Zheng S P, Xu Q C et al. 1996. The deformation of Kuroshio in the Luzon Strait and its dynamics. Journal of Ocean University of Qingdao, 26(4): 413-420.

Liu Z, Gan J. 2012. Variability of the Kuroshio in the East China Sea derived from satellite altimetry data. Deep Sea Research Part I: Oceanographic Research Papers, 59(3): 25-36.

Metzger E J, Hurlburt H E. 1996. Coupled dynamics of South China Sea, the Sulu Sea, and the Pacific Ocean. Journal of Geophysical Research, 111: 12331-12352.

Nakamura H. 2005. Numerical study on the Kuroshio path states in the northern Okinawa trough of the East China Sea. Journal of Geophysical Research Atmospheres, 110(C4): 169-189.

Nakamura H, Ichikawa H, Nishina A, et al. 2003. Kuroshio path meander between the continental slope and the Tokara Strait in the East China Sea. Journal of Geophysical Research, 108(108): 211-227.

Nan F, Xue H, Yu F. 2014. Kuroshio intrusion into the South China Sea: a review. Progress in Oceanography, 137: 314-333.

Nitani H. 1972. Beginning of the Kuroshio, in Kuroshio: Physical Aspects of the Japan Current. Seattle: University of Washington Press.

Qiu B, Chen S. 2010. Interannual-to-decadal variability in the bifurcation of the North Equatorial Current off the Philippines. Journal of Physical Oceanography, 40(11): 2525-2538.

Qiu B, Miao W. 2000. Kuroshio path variations south of Japan: bimodality as a self-sustained internal oscillation. Journal of Physical Oceanography, 30(8): 2124-2137.

Qiu B. 2002. The kuroshio extension system: its large-scale variability and role in the midlatitude ocean-atmosphere interaction. Journal of Oceanography, 58(1): 57-75.

Qiu D, Yang T, Guo Z. 1984. A west-flowing current in the northern part of the South China Sea in summer.

Journal of Tropical Oceanography, 3(4): 65-73.

Qu T, Kim Y Y, Yaremchuk M, et al. 2004. Can Luzon Strait transport play a role in conveying the impact of ENSO to the South China Sea? Journal of Climate, 17(18): 3644-3657.

Qu T, Mitsudera H, Yamagata T. 2000. Intrusion of the North Pacific waters into the South China Sea. Journal of Geophysical Research Atmospheres, 105(C3): 6415-6424.

Qu T. 2000. Upper-layer circulation in the South China Sea. Journal of Physical Oceanography, 30(6): 1450-1460.

Riser S C, Freeland H J, Roemmich D, et al. 2016. Fifteen years of ocean observations with the global Argo array. Nature Climate Change, 6(2):145-153.

Rudnick D L, Centurioni L, Cornuelle B, et al. 2016. Origins of the Kuroshio and Mindanao Current. http: //www. onr. navy. mil/reports/FY15/porudni1. pdf. [2016-08-20].

Shaw P T, Chao S Y. 1994. Surface circulation in the South China Sea. Deep Sea Research Part I: Oceanographic Research Papers, 41(11-12): 1663-1683.

Shaw P T. 1991. The seasonal variation of the intrusion of the Philippine Sea water into the South China Sea. Journal of Geophysical Research, 96: 821-827.

Sheremet V A. 2010. Hysteresis of a Western Boundary Current Leaping across a Gap. Journal of Physical Oceanography, 31(5): 1247-1259.

Spall M A. 1996. Dynamics of the Gulf Stream/deep western boundary current crossover. Part II: low-frequency internal oscillations. Journal of Physical Oceanography, 26(10): 2169-2182.

Suda K. 1937. On the variations of the oceanographical states of Kuroshio in the original region(Part 1). Geophysical Magazine, 11(4): 373-410.

Taft B A. 1972. Characteristics of the flow of the Kuroshio south of Japan//Stommel H, Yoshida K. Kuroshio–Its Physical Aspects. Tokyo: University of Tokyo Press.

Tang T Y, Hsueh Y, Yang Y J, et al. 1999. Continental slope flow northeast of Taiwan. Journal of Physical Oceanography, 29: 1353-1362.

Wang D, Liu Q, Xin H R, et al. 2006. Interannual variability of the South China Sea through flow inferred from wind data and an ocean data assimilation product. Geophysical Research Letters, 33(14): 110-118.

Wang J, Chern C S. 1996. Some aspects on the circulation in the northern South China Sea. La mer, 34(3): 246-257.

Watts R D, Donohue K A. 2016. KESS. http: //www.po.gso.uri.edu/dynamics/KESS/index.html. [2016-09-21].

Wei Y Z, Huang D J, Zhu X H. 2013. Interannual to decadal variability of the Kuroshio Current in the East China Sea from 1955 to 2010 as indicated by in-situ hydrographic data. Journal of Oceanography, 69(5): 571-589.

Wong G T F, Gong G, Lin K, et al. 1998. Excess nitrate in the East China Sea. Estuarine, Coastal and Shelf Science, 46: 411-418.

Wong G T F, Li S Y, Chao S Y, et al. 2000. Preface, KEEP–exchange processes between the Kuroshio and the East China Sea shelf. Continental Shelf Research, 20: 331-334.

Wu C R. 2013. Interannual modulation of the Pacific Decadal Oscillation(PDO)on the low-latitude western North Pacific. Progress in Oceanography, 110(3): 49-58.

Wu Z Y, Chen H X, Liu N, et al. 2010. Relationship between East China Sea Kuroshio and climatic elements in East China. Marine Science Bulletin, 12(1): 1-9.

Wyrtki K. 1961. Physical oceanography of the Southeast Asia Waters. NAGA Report, 2, Scientific Result of Marine Investigation of the South China Sea and Gulf of Thailand 1959~1961. Scripps Institution of Oceanography, La Jolla, California.

Yang D Z, Yin B S, Liu Z L, et al. 2011. Numerical study of the ocean circulation on the East China Sea shelfand a Kuroshio bottom branch northeast of Taiwan in summer. Journal of Geophysical Research, 116, C05015.

Yang Y, Liu C. 2003. Uncertainty reduction of estimated geostrophic volume transports with altimeter observations east of Taiwan. Journal of Oceanography, 59(2): 251-257.

Yaremchuk M, Qu T. 2004. Seasonal variability of the circulation near the Philippine coast. Journal of

Physical Oceanography, 34(4): 844-855.

Zhang M Y, Li Y S, Wang W Z, et al. 1995. A three dimensional numerical circulation model of the South China Sea in winter. //Proceedings of Symposium of Marine Sciences in Taiwan Strait and Its Adjacent Waters. Beijing: China Ocean Press.

Zhang Q L, Hou Y J, Yan T Z. 2012. Inter-annual and inter-decadal variability of Kuroshio heat transport in the East China Sea. International Journal of Climatology, 32: 481-488.

Zhang Q L, Liu H W, Qin S S, et al. 2014. The study on seasonal characteristics of water masses in the western East China Sea shelf area. Acta Oceanologica Sinica, 33(11): 64-74.

Zheng Q A, Tai C K, Hu J Y, et al. 2011. Satellite altimeter observations of nonlinear Rossby eddy-Kuroshio interaction at the Luzon Strait. Journal of Oceanography, 67(4): 365-376.